本书列入中国科学技术信息研究所学术著作出版计划

重点科技领域
前沿态势报告

2022

中国科学技术信息研究所　著

科学技术文献出版社
SCIENTIFIC AND TECHNICAL DOCUMENTATION PRESS
·北京·

图书在版编目（CIP）数据

重点科技领域前沿态势报告. 2022 / 中国科学技术信息研究所著. —北京：科学技术文献出版社，2023.12

ISBN 978-7-5235-0858-9

Ⅰ．①重…　Ⅱ．①中…　Ⅲ．①科学技术—研究报告—中国—2022　Ⅳ．① N12

中国国家版本馆 CIP 数据核字（2023）第 193485 号

重点科技领域前沿态势报告2022

策划编辑：周国臻　　　责任编辑：张　丹　邱晓春　　　责任校对：王瑞瑞　　　责任出版：张志平

出 版 者	科学技术文献出版社	
地 址	北京市复兴路15号　　邮编　100038	
编 务 部	（010）58882938，58882087（传真）	
发 行 部	（010）58882868，58882870（传真）	
邮 购 部	（010）58882873	
官 方 网 址	www.stdp.com.cn	
发 行 者	科学技术文献出版社发行　全国各地新华书店经销	
印 刷 者	北京地大彩印有限公司	
版 次	2023 年 12 月第 1 版　2023 年 12 月第 1 次印刷	
开 本	787×1092　1/16	
字 数	441千	
印 张	19.25	
书 号	ISBN 978-7-5235-0858-9	
定 价	128.00元	

《重点科技领域前沿态势报告 2022》
编者名单

郑彦宁　于　薇　梁琴琴

李　秾　秦　晴　苑朋彬

周肖贝　李志荣　贠　强

前　言

习近平总书记在 2021 年的两院院士大会和中国科协第十次全国代表大会上指出，当今世界百年未有之大变局正加速演进，新一轮科技革命和产业变革突飞猛进，科学研究范式正在发生深刻变革，学科交叉融合不断发展，科学技术和经济社会发展加速渗透融合，科技创新的广度显著加大，深度显著加深，速度显著加快。科技创新已成为国际战略博弈的主要战场，围绕科技制高点的竞争空前激烈。

作为我国最大的国家级公益性科技信息研究机构，中国科学技术信息研究所（简称"中信所"）为落实《国家中长期科学和技术发展规划纲要（2006—2020年）》，于 2006 年组织成立了"重点科技领域课题组"，启动了重点科技领域的前沿跟踪、专题深度分析与研究工作，密切关注国际重要科技领域前沿部署与技术进展，支撑科学决策。中信所重点科技领域课题组在实践中逐渐形成了"事实型数据＋专用方法工具＋专家智慧"的科技情报研究方法和框架体系，在行业内得到广泛应用和推广，建立了对战略部署、政策措施、技术进展及发展趋势、产业动向等前沿动态进行重点跟踪的长效机制，完成高质量的深度分析研究报告、战略研究报告和调查报告等共计百余份，为国家科技发展战略和政策制定、科技计划与项目管理提供了有力的决策支撑。

当前我国经济发展进入新阶段，稳增长需要新动能，调结构需要新抓手，惠民生需要新途径。新一代信息技术、高端装备、新材料、生物、新能源汽车、新能源和现代农业等战略性新兴产业，代表了新一轮科技革命和产业变革的方向，是培育发展新动能、获取未来竞争新优势的关键领域，这些领域也是科技信息工作应当开展深入研究的重点科技领域。为此，中信所重点科技领域课题组聚焦人形机器人、柔性电子技术、mRNA 技术、6G 太赫兹技术、零碳建筑技术、超材料、线控底盘等科技前沿热点领域开展了深度分析。本研究以专利、论文、科技项目、学术会议、科技论坛等科技数据和信息为基础，从发展概况、政策与动态、竞争与合作、优秀研究团队、创新企业代表、未来展望等6个方面，深入分析了技术的内涵与外延、发展脉络、政府支持、专家观点、行业动态、区域竞争与合作、创新主体、关键人才等，展望了前沿技术的发展前景，提出了未来技术发展尚需解决的问题和方向及我国在该领域发展的建议。

本研究得到了中信所重点工作项目的资助。在本书撰写过程中，课题组成员分工合作，保障了书稿的顺利完成。郑彦宁负责总体策划、选题确定和内容指导；于薇负责总体推进和内容协调；梁琴琴是人形机器人前沿态势报告的主执笔人；李秋是柔性电子技术前沿态势报告的主执笔人；秦晴是mRNA技术前沿态势报告的主执笔人；苑朋彬是6G太赫兹技术前沿态势报告的主执笔人；周肖贝是零碳建筑前沿态势报告的主执笔人；李志荣是超材料前沿态势报告的主执笔人；贠强是线控底盘前沿态势报告的主执笔人；中信所在读研究生白文静、刘海燕、倪晓雨、史钰静等参与了资料收集、数据分析工作。本书出版过程中，科学技术文献出版社编辑周国臻老师等在书稿校对和编辑、版式设计等方面提出了非常专业的建议，在此对他们表示感谢。

由于本书内容涉及多个重点领域，覆盖面广，因此难免有疏漏之处，敬请读者批评指正。希望本书能为政府部门、科研机构、相关行业的研究开发与决策提供参考和支撑。

2022年12月

目　录

第一章
人形机器人前沿态势报告

　　人形机器人是在外形和行为设计上最接近人的一类机器人，具有手部、足部、头部和躯干等，被称为各项用途机器人的最大公约数，能够在人类所处的现实环境中与人类协同或独立开展工作。从技术创新来看，人形机器人集合了机器人领域在硬件机械和软件系统两方面的前沿研究。硬件方面：人形机器人与工业机器人类似也是由机器人主体、驱动系统、控制系统构成，其创新重点为关节驱动器、高灵敏传感器、高性能大扭矩电机等；软件系统方面：人形机器人要实现在人类所处的现实环境中与人类协同或机器人独立开展工作，就需要融合人工智能的各项技术，如感知交互、模型学习、自主导航、群体智能等。从产业发展来看，人形机器人的研究已走过半个多世纪的历程，早期主要由科研院所研发，但从本田 ASIMO 机器人诞生以来，人形机器人的研发主体从科研院所转向高科技企业，同时也拉开了人形机器人产业化的步伐。当前，人形机器人正处于产品百花齐放、产业规模不断扩大、商业前景广阔的阶段，产品以波士顿动力 Atlas、丰田 T－HR3s、优必选 Walker、小米 CyberOne、特斯拉"擎天柱"等为代表。

　　鉴于人形机器人正处于技术创新活跃期和产业发展爆发期，笔者选取人形机器人作为机器人领域的前沿技术进行深入分析，从发展历程、观点与碰撞、竞争与合作等角度考查全球发展情况，并对人形机器人的未来趋势给出判断，为我国人形机器人技术的发展提供参考，同时也为我国机器人产业在新的竞争方向上取得先发优势提供支撑。

一、 发展概况

（一）基本概况

人形机器人（Humanoid Robots）是为模仿人类运动和交互而构建的专业服务机器人。像所有服务机器人一样，它们通过自动化任务来提供价值，从而节省成本和提高生产力。人形机器人是一种相对较新的专业服务机器人形式。人形机器人正被用于发电厂的检查、维护和灾难响应，以减轻人类工人的艰苦和任务的危险性。此外，还准备让人形机器人接管宇航员在太空旅行中的日常任务。人形机器人的其他应用还包括为老年人和患者提供陪伴，以及作为导游并以接待员的角色与客户互动，甚至可能成为人类移植器官生长的宿主。从危险的救援到富有同情心的护理，人形机器人可以自动执行各种各样的任务。随着底层技术的改进，这些机器人的部署方式正在不断扩大，市场也在逐渐扩大。

（二）发展历程

从古至今，人形机器人的研发从未停止。早在《列子·汤问》中就提出了制造人形机器人的构想。直到 1927 年，W．H．Richards 发明出第一个人形机器人，这个机器人内置了马达装置，能够进行远程控制及声频控制。1968 年，美国通用电气公司制作了一款操纵型双足步行机构 Rig，成为世界上第一款仿人步行机器。

1973 年，日本早稻田大学的加藤一郎教授制造出了世界上第一款全尺寸人形机器人 WABOT－1。WABOT－1 实现了语言交流及抓握搬运物体的功能。

1986 年，日本本田公社开始推出 P 系列人形机器人，针对一般居家任务，目标定位于使机器人在布满家具的房间中自由穿梭和执行任务。该型机器人共研发了 3 代。2000 年，本田公司推出新型双足步行机器人 ASIMO，相比于 P 系列更加轻量化，并且更贴近人类行走方式。

1990 年，美国俄亥俄州立大学在 SD－1 型二足步行机器人中实现通过神经网络进行步态规划。在该机器人的研究过程中提出了神经网络步态综合器，由轨迹综合器、自适应单元、直属库和联想单元组成，从而实现随意步行、非随意步行和学习步行 3 种功能。

2000 年，索尼机器人推出仿人机器人 SDR－3X，该机器人可以按照音乐节拍进行舞蹈，并配有音频识别和图像识别功能。此外，该机器人还可以进行高速度的自律运动。3 年后，索尼推出 QRIO 机器人，该机器人是世界上第一台会跑的人形机器人，并可实现单脚站立。索尼公司还为该型机器人加装了语音识别和视觉系统。值得一提的是，该机器在跑动中仍背负着供电电源。

2004 年，韩国科学技术院发布 HuBo 机器人，高 125 cm，重 55 kg，步行速度达 1.2 km/h。经过 10 多年的更新，如今 HuBo 机器人可以完成驾驶车辆、开门、使用电钻、打开阀门等工作。

2006 年，法国 Aldebaran Robotics 公司发布了 Nao，并迅速风靡科研、家居和娱乐领域。Nao 支持多种编程模式，并于 2008 年成为 RobCup 机器人足球赛的标准平台。如今，许多基于 Nao 的研究在 Nao 平台实现了人机互动、舞蹈、玩电子游戏等复杂任务。

2012 年，塞尔维亚贝尔格莱德大学 ETF 研究小组研制出 ECCE 生化机器人。该机器人装配有弹性肌腱和活动关节，以模拟人类的肌肉和骨骼结构，能实现类似人类的动作。肌肉和肌腱的弹性使得机器人不再呆板僵硬，从而做出更逼真的动作。

2013 年，美国工程师利用人造器官、肢体和身体其他组织成功组装出可以行走的生化机器人 Biotic Man。该机器人身高近 2 m，被植入人工心脏、肾脏等器官及耳膜、视网膜等感官系统，以及血液循环系统。Biotic Man 拥有近 65% 的人类功能。

2013 年，美国宇航局研制出 Valkyrie 机器人，高 1.9 m，重 125 kg，具有 44 个自由度。该机器人由航天中心设计和制造，参加了 2013 DARPA 机器人挑战赛（DRC）。该机器人被用于模拟空间机器人挑战，因而覆盖有基于泡沫的服装可以使其免受冲击。继参加了 2013 年比赛以后，Valkyrie 团队改进了该型机器人，主要修改了双手以提高可靠性和耐用性，并重新设计了脚踝以提高稳定性。

2013 年，美国 DARPA 资助波士顿动力公司研发了双足人形机器人 Atlas。其设计初衷在于完成各种灾难环境中的搜救任务。机器人的一只手由 Sandis 国家实验室开发，另一只手由 iRobot 公司开发。Atlas 高 1.8 m、重 150 kg，配备有 2 个视觉系统、一个激光雷达和一个立体相机。2015 年至今，波士顿动力的 Atlas 机器人经过不断地更新升级，具备在地面跑步，摔倒后自主爬起等相当复杂的功能。

2014 年，Aldebaran Robotics 公司和软银推出的 Pepper 机器人在交互功能方面取得了成功。Pepper 可综合考虑周围环境，并积极主动地做出反应。Pepper 配备了语音识别技术、呈现优美姿态的关节技术及分析表情和声调的情绪识别技术，可与人类进行交流。后来 Aldebaran Robotics 布局到 Romeo 机器人，Romeo 是为更深入地探索研究老人或失去自理能力人员的护理问题而设计的。

2016 年，斯坦福大学推出 OceanOne。OceanOne 是一款具有触觉反馈双合一的水下人形机器人，使人类工作人员能够以前所未有的高保真度探索海洋深处。与 DRASSM 合作，Ocean One 登上 Andre Malraux 号，探索地中海以下 100 m 处 La Lune 的残骸。

2017 年，由 Agility Robotics 公司制造的 Cassie 机器人步伐稳健、精准，可适应各种路面。在物流领域拥有较好的应用前景。Agility Robotics 在 2019 年推出人形机器人 Digit。与原先的 Cassie 相比，Digit 增添了上身躯干和两只 4 自由度的手臂，整体上身的设计十分简洁、紧凑与轻量化。增添了双臂的 Digit 会极大提升其操作能力、保持平衡能力及摔倒后起身的能力。

2022 年，特斯拉宣布计划于 2022 年 9 月推出人形机器人 TeslaBot - Optimus（擎天柱），并最早将于 2023 年投入生产，意在代替部分危险、重复性劳动工作及填补劳动力缺口。

整体而言，国外人形机器人产业从日本起步，逐渐由美国主导。起初，人形机器人在本田和软银的研发投入下得到起步，以供展览的机型为主，在日本获得快速的发展。21 世纪之后，逐渐由美国公司主导，包括波士顿动力、Agility Robotics 和特斯拉等一系列科技公司，进行了大量的科研投入，开始训练人形机器人在更复杂的现实环境中进行作业。已经成型的人形机器人产品中，能够产业化的机型仍然屈指可数。

国内人形机器人的研究工作起步较晚。1988 年，我国国防科技大学研制成功 KDW－Ⅰ平面 6 自由度双足机器人。并在随后将其升级为口农机运动型机器人 KDW－Ⅱ和 KDW－Ⅲ。1985 年，哈尔滨工业大学大开始研究双足步行机器人，并先后推出 HIT 的 3 个型号机器人，最终可实现静态步行和动态步行，可以完成转弯、上下楼梯等复杂动作。2000 年，国防科技大学研制成功我国第一台真正意义上的人形机器人"先行者"。该机器人具有头部、躯干、眼睛和四肢，可以实现双足步行并具备语音交互能力。2002 年起，北京理工大学发布第一代"汇童"人形机器人。2011 年，浙江大学研制成功"悟""空"两款会打乒乓球的人形机器人。通过自身携带的视觉传感器可以准确预测乒乓球的轨迹与落点，可以实现与人类对打。

近两年，国内的人形机器人研制也取得了重大进展，2021 年优必选发布了中国首款可商业化的大型双足人形服务机器人 Walker X。北京钢铁侠科技将双足大人形机器人的应用场景拓展到航天领域，开创了 ARTROBOT 系列仿人机器人。

（三）关键技术与核心部件

1. 关键技术

运动控制和人工智能是人形机器人技术落地的核心难点。一方面，人形机器人的机械构造、驱动和控制的复杂程度都远高于现有的机器人。要使人形机器人像人一样运动，并按要求执行任务，开发者需要设计合理高效的机械结构（骨骼），根据各部位运动需求构建执行精度高的驱动系统（肌肉），并开发具有高度稳定性和适应性的控制系统（神经系统）；同时，供应链层面的材料、芯片、电池系统、零部件等也需要持续提质和创新。另一方面，要赋予人形机器人以一定的自主性完成任务的能力，即实现一定程度的认知和决策智能，尚需要人工智能软硬件（大脑）的高度发展，道阻且长。

2. 核心部件

从已有工业和服务机器人的核心零部件出发，可以分析梳理出人形机器人所需的核心部件。伺服系统、减速器和控制器是工业机器人的三大核心零部件。工业机器人应用于特定生产场景，主要强调动作执行的质量，伺服系统、减速器和控制器是其三大核心零部件，分别占据其成本的 20%、30% 以上和 10% 以上。传感器是服务机器人的重要部件。服务机器人应用场景相对非标准化，要求具有对环境的感知能力，传感器是其重要的部件之一。人形机器人所需的核心零部件和工业机器人、服务机器人基本相同，但数量和质量均存在升级需求。作为通用化程度高、高度集成和智能化的机器人，人形机器人既需要极强的运动控制能力，也需要强大的感知和计算能力，因此其核心构成包括驱动与传动系统（伺服系统 + 减速器）、控制系统（控制器）和感知系统（各类传感器），核心零部件种类和现有机器人类似，但数量和质量要求可能更高（图 1-1）。

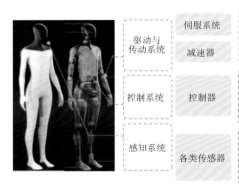

图 1-1　人形机器人核心零部件及发展逻辑

（四）典型产品

1. 本田机器人 ASIMO

ASIMO 是日本本田研制的人形机器人，双手动作和人机协同是 ASIMO 的亮点。ASIMO 诞生于 2000 年，它设计紧凑小巧、质地轻，可以稳定流畅地双足行走，代表了当时最先进的机器人技术。ASIMO 可以跑、踢球、端托盘、避开障碍，后续版本甚至可以识别语音和动作并做出反应，手部也更为灵活，可做出复杂的手语动作。

ASIMO 被定义为一款友好的社交/服务机器人，在其生命周期内具有极高知名度和社会影响力。ASIMO 先进的技术和惹人喜爱的"宇航员"外形（图 1-2），使其一经推出便成为万众瞩目的明星，在日本国内外进行多次"巡演"，甚至数次"出席"外交场合。除了演出、教育，ASIMO 亦可用于接待引导工作，如 IBM 等 7 家企业曾租用其作为接待员。在获得无数关注并为机器人基础研究做出诸多贡献后，ASIMO 项目于 2018 年 7 月终止，本田宣布停止对 ASIMO 的生产和开发，以专注于将其生命周期内研究的成果投入实际应用。

图 1 - 2　ASIMO 机器人

2. 韩国科学技术院机器人 HUBO

HUBO 是韩国科学技术院（KAIST）研发的人形机器人，直腿行走是 HUBO 的亮点。HUBO 是 KAIST 旗下人形机器人研究中心 HUBO Lab 研发的机器人，最早诞生于 2004 年，由 Jun-Ho Oh 教授主持开发。2012 年，HUBO Lab 团队发布了用于出售的 HUBO 2。不同于同期大部分人形机器人屈膝行走的姿势，HUBO 2 能够以直腿步态行走，更接近人的步态，这是一个非常大的进步。截至 2013 年 7 月，已有 12 台 HUBO 2 出口到美国、中国和新加坡的大学、研究机构和公司，用于机器人技术研究。

2013 年 7 月，HUBO Lab 团队宣布推出新型号 HUBO，称为 DRC - HUBO，专为参与 DARPA 机器人挑战赛（DARPA Robotics Challenge，DRC）设计。它拥有更长的手臂和腿，可以在双足、四足行走和轮式前进之间切换；全身有 34 个自由度，左、右手分别有 3、4 个手指，可以操纵方向盘、攀爬梯子等（图 1 - 3）。2015 年，DRC - HUBO 超过 Atlas 赢得了 DARPA 机器人挑战赛冠军。

图 1 - 3　HUBO 2 机器人

3. 机器人 NAO

NAO 是日本软银机器人公司创造的第一个机器人，也是 Alderbran 公司开发的一款人形机器人，于 2006 年推出，主要功能定位为开发平台是 NAO 的亮点。NAO 身高 58 cm，25 度的自由度使 NAO 能够移动并适应环境。位于头部、手和脚上的 7 个触摸传感器、声呐和一个惯性单元来感知 NAO 的环境并在空间中定位自己；4 个定向麦克风和扬声器与人类互动；NAO 还提供 20 种语言的语音识别和对话。同时，2 个 2D 相机可以识别形状、物体甚至人。自 2006 年开始以来，NAO 一直在不断进化。2008 年发布第一个版本，于 2011 年正式开始销售。2011 年和 2014 年推出了其升级版本 Nao Next Gen 和 Nao Evolution。2018 年推出的第 6 版（NAO 6）集成了一个新的 CPU，增强了它的性能（图 1-4）。世界闻名的 NAO 是一个巨大的编程工具，尤其是它已经成为教育和研究的标准。NAO 还被公司和医疗保健中心用作欢迎、通知和招待来访者的助手。

4. 波士顿动力机器人 Atlas

Atlas 是美国波士顿动力旗下的人形机器人，运动能力惊人，"跑酷"模式探索机器人运动极限是 Atlas 的亮点。目前仅用于科研，尚未产品化，定位为波士顿动力内部的研究平台。Atlas 亮相于 2013 年 7 月，最初被设计用于搜救等任务，其前身是公司 2009 年推出的双足机器人 PETMAN。Atlas 拥有世界上最紧凑的移动液压系统、先进的控制系统和遍布整个身体的智能算法，可实现敏捷的运动与复杂环境的交互。同时，Atlas 使用 3D 打印部件为其提供跳跃和翻跟头所需的强度重量比。Atlas 机动性优良，经过编程已经可以执行复杂的任务。在 2015 年的 DARPA 机器人挑战赛决赛中，25 支团队有 6 支使用 Atlas 机器人参赛，其中 IHMC ROBOTICS 团队的 Atlas 用 50 分 26 秒完成了全部比赛任务，获得亚军。

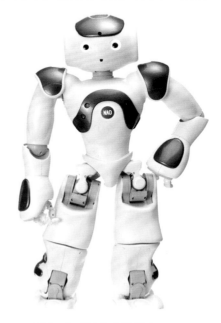

图 1-4　NAO 6 机器人

开发团队以跳舞、跑酷等高难度挑战为目标持续优化 Atlas，使其在运动能力和实时反应能力上不断突破极限。2020 年 12 月，波士顿动力发布了 Atlas 跳舞的视频，动作流畅且富有表现力。在舞蹈中，机器人需要在起跳悬空状态下调整姿势，以保持平衡并精确做出动作。2021 年 8 月，在官方最新视频中，Atlas 可以在障碍环境内"跑酷"，做出跳跃、俯冲翻滚、空翻等一系列高难度全身动作。与预先编程的跳舞动作不同，在跑

图 1-5　波士顿动力 Atlas

酷中，Atlas 需要感知周围环境，从预设的动作模板（行动库）中做出选择，来应对所遇到的障碍。可见，Atlas 在运动控制和实时反应上具有世界前沿水平，且仍在持续突破（图 1-5）。

5. Pepper 机器人

Pepper 是一款人形机器人，由日本软银集团和法国 Aldebaran Robotics 研发，并于 2014 年 6 月推出。与人类的交互是 Pepper 的亮点，它身高 120 cm，拥有拟人化的设计与肢体语言，能够与人交流。它可以根据人类的表情、声音，综合考虑周围环境等判断人类的心情，从而根据不同的心情，选择不同的谈话内容并积极主动地做出反应。相比其他机器人，它有一个显示屏，屏幕上可以显示一些文字、图片等，还可以显示 Pepper 自己的心情（图 1-6）。Pepper 配备了语音识别技术、呈现优美姿态的关节技术，以及分析表情和声调的情绪识别技术，可与人类进行交流。Pepper

图 1-6　Pepper 机器人

是一个可编程平台，在商业与教育领域提供各种不同的服务。在商业领域，全球超过 2000 家企业采用 Pepper，服务零售、金融、健康护理等众多行业。在教育领域，

可面向小、中、大学各阶段学生编程学习提供配套教材。

6. 本田 E2 - DR 机器人

E2 - DR 是日本本田 ASIMO 的一个后继者，用于灾难场景下搜救是 E2 - DR 的亮点。它于 2017 年 10 月亮相，契机是在 IROS 2017 上发表的论文。论文的链接中给出了 E2 - DR 的一些 Demo，演示了机器人攀爬、过障碍、通过不同地形的能力。E2 - DR 高 1.68 m，重 85 kg。它可以以高达 4.3 km/h 的速度直立行走，以高达 2 km/h 的速度像大猩猩一样四肢爬行，爬上台阶和梯子。它配备了一系列传感器来导航其潜在的危险环境，包括 3 个配备 LED 的相机、旋转激光测距仪、红外投影仪和嵌入其手中的 3D 相机。这些传感器允许机器人应对棘手的地形和障碍物，越过管道并在碎片中爬行（图 1 - 7）。E2 - DR 旨在在一系列对人类救援人员来说过于危险的情况下充当救援人员，如在高辐射的地区（如福岛灾难发生后）或在严重受损结构不健全的建筑物中。

图 1 - 7　E2 - DR 机器人

7. Cassie 机器人

2017 年，Agility Robotics 推出了双足机器人 Cassie，适应多样化和复杂的地形是 Cassie 的亮点。它没有上半身，只有胯部和两条类似鸵鸟的腿（图 1 - 8）。Cassie 具有三自由度臀部，能够在行走时转动。机器人还具有自动脚踝，使其能够保持平衡。Cassie 是一种动态的双足机器人，可以以类似于人类或动物的方式行走和奔跑。它可以处理各种复杂的地形，非常适合搜索和救援或包裹递送。

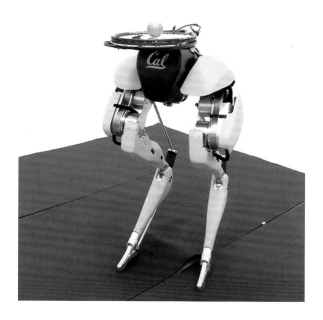

图 1 – 8 Cassie 机器人

8. Agility Robotics Digit 机器人

如前所述，Agility Robotics 于 2017 年推出了没有上半身的双足机器人 Cassie。2019 年，Agility 推出了数字人形机器人 Digit，在 Cassie 的基础上加上了躯干、手臂，并增加了更多计算能力。专注物流领域应用是 Agility 的亮点。Digit 从功能出发进行设计，有望在物流领域实现应用。不同于波士顿动力 Atlas 对运动能力的冗余设计，Agility 致力于将机器人投入实际应用。Digit 主要为物流场景设计，可以拿起和堆叠 18 kg 重的箱子，进行移动包裹、卸货等工作（图 1 – 9），"最后一公里"配送功能也正在开发当中。Agility 公司创始人认为，与小车相比，双足机器人在物流领域会展现出更大的灵活性。

9. 丰田 T – HR3 机器人

2017 年，日本丰田推出 T – HR3 人形机器人，通过遥控操作和 VR 技术由人类便捷准确地进行控制是 T – HR3 的亮点。

图 1 – 9 Agility Robotics Digit 机器人

T－HR3 主要由一个"主操纵系统"（MMS）控制，用户可通过一套可穿戴式控制装置对其进行操控，该控制装置将手、臂和脚的运动映射到机器人身上（图 1－10）。头戴式显示器则帮助用户从机器人的视线观看。T－HR3 本身具有平衡感，可以与人类一起工作。Torque Servo Modules（TSM）技术允许机器人以出色的灵活性和平衡

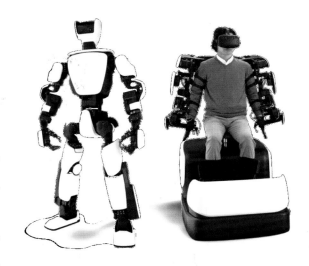

图 1－10　丰田 T－HR3 机器人

性模仿用户的动作。29 个身体组成部分（包括 10 根手指）可实现全方位动作行为，为用户提供平稳顺畅的同步体验。

10. 优必选 Walker

Walker 是优必选的大型人形服务机器人，家庭服务功能是 Walker 的亮点。原型机于 2016 年搭建，2018 年正式发布。2019 年，Walker 被美国 *The Robot Report* 评选为值得关注的五大人形机器人之一。Walker 主打家庭服务功能，强调环境适应和人机交互能力。Walker 高 130 cm，重 63 kg，行走速度 3 km/h，可灵活适应斜坡、楼梯、碎石等地面环境。Walker 已开发的功能主要围绕家庭场景，包括操作吸尘器等家电、控制智能家居、端茶倒水、陪伴儿童等。由于价格对于个人用户较高，Walker 目前主要面向商业客户，在科技展示、商业演出、展厅导览等场景使用。

二、 政策与动态

（一）政策

1. 美国

美国的"国家机器人计划"（NRI）是为美国政府支持的基础机器人研发而发

起的。NRI-2.0 鼓励学术、行业、非营利组织和其他组织之间的合作，以在基础科学、工程、技术开发、部署和使用之间建立更好的联系。一个关键部门是"太空机器人"，美国宇航局在那里启动了一项名为"阿尔忒弥斯"（Artemis）的月球计划。Artemis 登月计划的目的是在 2024 年之前让宇航员返回月球表面，并在 2024 年之后为火星任务构建有前景的能力。Artemis 登月计划是美国宇航局、美国商业航天机构和国际合作伙伴的联合航天计划，包括 ESA（包括 22 个国家）、加拿大、日本和俄罗斯。

美国国家科学基金会（NSF）机器人基础研究（FRR）计划支持机器人系统的研究，这些系统在计算能力和物理复杂性方面都表现出显著的水平。项目还可以专注于智能，计算或实施的独特方面，只要拟议的研究在一类机器人的背景下明确证明是合理的。FRR 计划的重点是机器人技术的基础性进步。

2. 欧盟

由欧盟第八框架计划（FP8）——"地平线 2020"计划（Horizon 2020）资助的机器人项目代表了广泛的研究和创新主题——从制造业、商业和医疗保健到消费者、运输和农业食品机器人。通过这个项目，欧洲委员会在 7 年的时间里为机器人研究和创新提供了大约 7.8 亿美元的资金。《2018—2020 年工作计划》的主要议题涉及通过机器人技术实现工业数字化、机器人技术在有希望的新领域的应用，以及机器人核心技术，如人工智能和认知、认知机电一体化、社会合作人机交互及基于模型的设计和配置工具，总预算为 1.73 亿美元。

3. 德国

德国的"高科技战略 2025"是德国研发和创新计划的第 4 版。目标是将好的想法迅速转化为创新的产品和服务。其中，与机器人相关的工作计划嵌入在集群：数字、工业和空间中。机器人相关的研发与创新项目将专注于制造和建筑行业的数字化转型、支持工人的自主解决方案、增强认知和人机协作。该战略为集群中 2021—2022 年机器人相关工作计划提供 2.4 亿美元（约合 1.987 亿欧元）的总资金。

4. 意大利

2019 年 12 月，意大利陆军发起了 Prometeo 行动，这是一项为期 3 年的计划，旨在探索机器人和自治系统（RAS）在陆军领域的应用。陆军邀请了 RAS 领域工业界、学术界、民用和军事研究中心的所有潜在参与者以及 18 个商定的参与者成为该计划的技术合作伙伴。2022 年 1 月，北约支持和采购局（NSPA）授予供应商 Milrem Robotics 一份合同，为意大利陆军提供机器人和自主系统（RAS）概念开发和实验（CD&E）服务。

5. 日本

日本"新机器人战略"旨在使该国成为世界第一的机器人创新中心。日本制定三大战略目标发展机器人产业。一是使日本成为世界机器人创新基地。二是日本的机器人应用广度世界第一。三是日本迈向领先世界的机器人新时代。到 2020 年的 5 年间，要最大限度地应用各种政策，扩大机器人研发投资，推进 1000 亿日元规模的机器人扶持项目。

6. 韩国

韩国的《智能机器人开发和供应促进法》正在推动韩国将机器人产业发展为第四次工业革命的核心产业。重点领域是：制造企业（具有提高中小企业制造基地竞争力的特殊计划）、选定的服务机器人领域（包括医疗保健和物流）、下一代关键零部件和关键机器人软件。

2022 年 3 月 6 日，韩国产业通商资源部审议通过了《2022 年智能机器人实行计划》（以下简称《计划》）。韩国政府拟通过该《计划》持续对工业和服务机器人进行投资和支持，并放宽限制打造促进机器人产业发展的环境。2022 年，韩政府将投入 2440 亿韩元（约合 2 亿美元）开展工业及服务机器人研发和普及，较上年增长 10%。

7. 中国

近 3 年，机器人产业频频受到政策层面青睐。中国国家和部委陆续出台《关于促进快递业与制造业深度融合发展的意见》《国务院办公厅关于推动公立医院高质量发展的意见》《"十四五"智能制造发展规划》等文件。2021 年 3 月发布的《中华人民共和国国民经济和社会发展第十四个五年规划和 2035 年远景目标纲要》明确提出，培育先进制造业集群，推动集成电路、航空航天、船舶与海洋工程装备、机器人、先进轨道交通装备、先进电力装备、工程机械、高端数控机床、医药及医疗设备等产业创新发展。加强矿山深部开采与重大灾害防治等领域先进技术装备创新应用，推进危险岗位机器人替代。这与人形机器人的设计应用场景不谋而合。

（二）专家观点

1. 优必选科技创始人周剑

人形机器人是机器人皇冠上的一颗明珠，它的挑战难度是最大的。全球真正做商业化人形机器人的公司非常少，中国在人形机器人方面一直以来都在扮演追赶者的角色。从 2016 年起，我们投入研发大型仿人服务机器人 Walker，在 4 年左右的时间里，取得了美国、日本企业几十年的研究水平。2019 年，Walker 被全球机器人领域专业媒体 *The Robot Report* 评选为"全球值得关注的五大人形机器人"，是榜单中唯一一个由中国企业自主研发的人形机器人。

2. Engineered Arts 创始人兼 CEO Will Jackson

机器人永远不可能完全人性化，但它们正在努力一次次地接近人类。关于人形机器人摧毁人类的问题，如果人工智能想要摧毁人类，就不会出现人形机器人。人工智能将专注于引爆弹头，这比机器人跑来跑去并用枪追逐人更快。总之，人形机器人本身并不是真正的问题。

3. 波士顿动力机器人研究高级总监 Scott Kuindersma

"我认为这是机器人技术的乐趣之一，我们正在解决非常困难的问题，随之而来的是不可避免的挫折感，"Kuindersma 说，"我发现很难想象 20 年后的世界，没有能力的移动机器人，它们优雅，可靠地移动，并与人类一起工作以丰富我们的生活。但我们仍处于创造这一未来的早期阶段。"

4. 爱丁堡大学教授 Sethu Vijayakumar

下一代机器人将与人类、其他机器人更紧密地合作，并与周围的环境进行显著的互动。因此，关键范式正在从孤立的决策系统转向涉及共享控制的决策系统，将显著的自主权下放到机器人平台及循环中的最终用户仅做出高层决策。

5. Hanson Robotics 创始人及 CEO David Hanson

在机器人生命之树上，人形机器人扮演着特别有价值的角色，这是有道理的。

人类是聪明的、美丽的、富有同情心的、可爱的、有能力爱的，那么我们为什么不渴望以这些方式使机器人像人类一样呢？难道我们不希望机器人拥有爱、同情和天才等奇妙的能力吗？

6. Hanson Robotics 的首席科学家 Ben Goertzel

我们正在研究使机器人更小，制造成本更低的可能性，以及化身版本，就像平板电脑上的会说话的头一样。

7. 特斯拉 CEO Elon Musk

机器人基本上将开始处理无聊，重复和危险的工作。机器人将对经济产生"深远"影响。体力劳动将是未来的一种选择，但技术可能会消除许多人的工作，所以有些人将需要另一个收入来源。

（三）行业动态

1. 重要会议

（1）The 2022 IEEE - RAS International Conference on Humanoid Robots

IEEE - RAS International Conference on Humanoid Robots 即 IEEE - RAS 人形机器人国际会议，由 IEEE Robotics and Automation Society 主办，是该领域规模（千人以上）和影响力最大的顶级国际会议之一。IEEE 从 2000 年起举办第一届 IEEE - RAS 人形机器人国际会议，此后基本每年都会举办一次（2020 年未举办）。会议征求人形机器人所有相关领域原创论文稿件和研讨会或教程提案。目前，已经举办到第 20 届人形机器人国际会议（2021 年）。2022 年 IEEE - RAS 人形机器人国际会议在日本冲绳宜野湾市举行。

（2）ICRA 2022

IEEE 国际机器人与自动化会议（ICRA）是一年一度的学术会议，涵盖了机器人和机器人技术的进步。在会议的第 15 个年头，ICIRA 2022 重点关注"社会智能机器人"，以表彰机器人知识和技术，为我们的社会质量改善和影响最大化做出贡献。其中，计算机科学与工程系教授 Laurel Riek 在"物理人机交互中的共享自主性：适应性和信任"研讨会上发表演讲，演讲的工作题目是"人形机器人组队：流畅而值得信赖的互动"。

（3）The DARPA Subterranean（SubT）Challenge Competition

DARPA 地下（SubT）挑战赛首要目标是开发能够绘制和搜索复杂地下环境的机器人解决方案。SubT 是 DARPA 机器人挑战赛的最新版本，之前的项目包括 DARPA 机器人挑战赛（人形机器人）、DARPA 城市挑战赛（自主城市驾驶）和 DARPA 大挑战赛（自主地面车辆）。响应典型灾难场景的机器人可能面临瓦砾和其他障碍物，不稳定的地面，关闭或卡住的门窗，梯子和其他挑战。能够驾驭人类规模环境并使用人类工具的人形机器人将具有优势。最重要的是，将机器人送入危险境地可以避免人类面临的风险。

（4）机器人世界杯（RoboCup）

机器人世界杯（RoboCup）是世界机器人竞赛领域影响力非常大、综合技术水平高、参与范围广的专业机器人竞赛。在其人形联盟中，具有类似人类的身体计划和类似人类的感官的自主机器人相互踢足球。除了足球比赛外，还存在技术挑战。动态行走、奔跑和踢球、视觉感知、自我定位和团队合作是人形联盟中研究的许多研究问题之一。世界上多数自主人形机器人都会参加 RoboCup 人形联盟的比赛。

（5）FIRA – HuroCup

国际体育协会联合会（FIRA）由韩国 KAIST 的 Jong-Hwan Kim 教授于 1996 年创立，是世界上最古老的机器人足球比赛。如今，FIRA 已经发展成为一项主要的机器人竞赛，其目标是使用体育作为机器人和其他相关领域最先进研究的基准问题。其中，HuroCup 比赛鼓励对人形机器人的许多领域进行研究，特别是行走和平衡，复杂的运动规划和人机交互。除了单项赛事（如射箭、短跑、马拉松、联合足球、障碍跑、跳远、斯巴达赛、马拉松、举重和篮球）外，还有一项针对单人机器人的全方位比赛，该机器人在所有赛事中表现最佳。

（6）RoboGames

RoboGames 是机器人的奥林匹克运动会。参加比赛的机器人包括战斗机器人、消防员、乐高机器人、曲棍球机器人、行走的人形机器人、足球机器人、相扑机器人，甚至做功夫的机器人。其中，人形机器人参与自由泳、相扑、爬楼梯、功夫、举重、障碍跑及篮球等活动项目。

（7）Robo－One

Robo－One 是专门针对双足机器人的赛事。Robo－One 举办双足机器人格斗比赛，旨在提高制造技术，普及双足机器人。

（8）2022 世界机器人大会

2022 世界机器人大会于 8 月 18—21 日在北京亦创国际会展中心举办。本届大会设置论坛、博览会、大赛三大板块及系列配套活动。本次大会上人形机器人专区将首次亮相，更有 100 余家企业将携 500 余件展品亮相，设置创新技术展区、工业机器人展区、服务机器人展区、特种机器人展区，专区将集中展示机器人先进技术和产品，打造集成应用新高地。

2. 市场行为

（1）乐聚机器人完成 B 轮融资

乐聚机器人宣布于 2019 年初完成 2.5 亿元 B 轮融资，由洪泰基金、深报一本文化基金联合投资，原股东腾讯跟投。洪泰基金表示，主要是看重乐聚在人形机器人领域的技术优势和未来商业化的空间；公司在机器人算法及核心驱动上实现了突破，同时乐聚的市场增长也很迅速。乐聚机器人成立于 2015 年 10 月，主要研发类人形机器人，推出 Aelos、塔洛斯等系列机器人。据介绍，乐聚机器人目前有 2 条产品线：一方面，以娱乐为主要功能，主要面向儿童、机器人爱好者、发烧友等；另一方面，从家庭服务切入，主打智能家居，让机器人未来作为家庭保姆、私人管家等角色。

（2）现代汽车集团收购波士顿动力

2021 年 6 月 22 日，现代汽车集团宣布完成对波士顿动力的收购，现代现在拥有波士顿动力 80% 的股份，而软银则通过其附属公司之一拥有剩余 20% 的股份。现代汽车集团将要利用制造业优势，扩大人形机器人的市场影响力。他们将会在未来推出包含复杂功能的人形机器人。现代汽车集团对机器人的投入主要来源于现代创始人郑周永的孙子郑义宣。郑义宣于 2017 年正式组建了机器人部门——Hyundai Robotics，2020 年时该部门才对外公开，同年，郑义宣被任命为现代汽车集团董事长。目前，Hyundai Robotics 计划开发一款用于医疗服务的人形机器人，其复杂程度远远超过了波士顿动力的 Atlas。

（3）特斯拉公司欲推出人形机器人

2021 年 8 月 19 日，在 AIDay 上马斯克宣布特斯拉将在 2022 年推出人形机器人的原型 Tesla Bot。并在其招聘页面上发布了与特斯拉人形机器人（Tesla Bot）项目相关的诸多新岗位。2022 年 4 月 8 日，在得克萨斯州工厂开幕时，马斯克称 Tesla Bot 预计在 2023 年量产。2022 年 6 月 21 日，马斯克又在推特发布了他"造人"计划的最新进展——Tesla Bot 的原型机将被命名为 Optimus，而且非常有可能在 9 月 30 日的特斯拉 AI 日（AI Day）上与世人见面。

（4）Engineered Arts 推出 Ameca 人形机器人

Engineered Arts 的 Ameca 人形机器人于 2022 年 1 月 5—8 日在拉斯维加斯举行的 CES 2022 上展出。经过 20 年不断的机器人创新，Ameca 系列在运动和自然手势、智能交互及面向未来的软件系统方面取得了突破性进展，旨在通过自适应学习来拥抱人工智能和计算机视觉，为用户提供前所未有的 API 定制途径。

（5）Beyond Imagination 与 SELF Labs 达成人形机器人购买协议

机器人创新者 Beyond Imagination 已与 SELF Labs 达成协议，提供至少 1000 个用于农业"种植箱"的人形机器人。Beyond Imagination 提供的 Beomni Omni – Purpose AI 驱动的人形机器人将在棚内自主工作，以照顾正在生长的作物。这些棚将使用太阳能运行，并且通过使用大气水发生器技术将不需要任何外部来源的电力或水，使它们自给自足。

（6）Apptronik 筹集种子资金

总部位于奥斯汀的机器人初创公司 Apptronik 在 2022 年 6 月筹集了 1460 万美元的种子资金，由 Capital Factory、Grit Ventures 和 Perot Jain 领导。Apptronik 旨在利用这些资金将人形机器人商业化。此外，这家初创公司计划制造机器人，并在 2022 年 7 月推出了一款名为 Astro 的人形机器人，它是一种通用机器人，可以与人类一起工作。

三、 竞争与合作

从专利和论文数据角度，对全球人形机器人领域的研究态势、竞争格局、合作创新进行了分析。其中，专利数据来源于美国 Dialog 公司旗下 Innography 专利数据库，论文数据来源于英国科睿唯安公司的 Web of Science 论文数据库。专利和论文的检索关键词涵盖了人形机器人的关键部件，如芯片、传感器、伺服电机、控制器、减速器等；人形机器人所具有的功能，如计算机视觉、机器学习、语音识别、语义分析、图像识别、图像分析等；以及人形机器人的应用场景，如服务、家用、医疗、清洁等。

（一）创新趋势

1. 论文视角

考查了人形机器人 2000—2020 年的论文发表情况（图 1 – 11），截至 2021 年 6 月底，SCI 论文 1439 篇、会议论文 1651 篇，论文数量随时间呈缓慢增长的态势。可以看出，关于人形机器人的基础研究一直较为活跃。

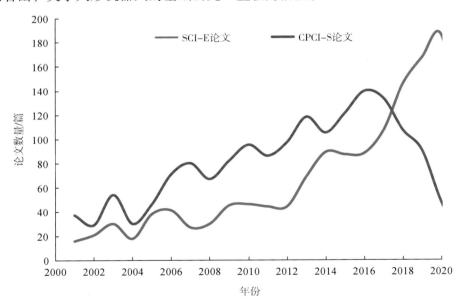

图 1 – 11 2000—2020 年人形机器人论文发表情况

2. 专利视角

考查了人形机器人 2000—2020 年的专利申请情况（图 1 – 12），在 6478 件相关专利中，包含申请专利 3790 件和授权专利 2688 件，专利总体授权率为 41.5%。麻省理工学院、意大利理工学院、苏黎世联邦理工学院、韩国科学技术院，我国的山东大学、哈尔滨工业大学、浙江大学等高等院校，以及美国波士顿动力公司、瑞士ANYbotics公司，我国的腾讯、宇树科技、优必选科技、德鲁动力、小米等创新企业均在人形机器人领域有一定数量的专利布局。

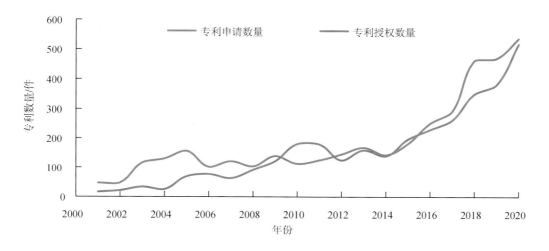

图 1-12　2000—2020 年人形机器人专利申请趋势

（二）国家（地区）竞争态势

1. 论文视角

考查了不同国家的论文发表情况，居前 5 位的国家为中国、美国、日本、韩国和瑞士（图 1-13）。可以看出，中国在人形机器人领域的基础研究成果最为丰富，突出的研究机构有哈尔滨工业大学、北京理工大学、上海交通大学、中国科学院等；美国的论文数量仅次于中国排在第 2 位，研究较多的机构有麻省理工学院、斯坦福大学、哈佛大学、卡内基梅隆大学等；日本排在第 3 位，突出的机构有东京大学、东京工业大学等；韩国的研究主要集中在韩国科学技术院，瑞士的研究成果主要来自于苏黎世联邦理工学院。

从论文发表数量居前 5 位的国家历年发表趋势来看（图 1-14），以 2010 年为时间节点呈现出不同的格局分布。2001—2010 年，美国和日本在人形机器人领域的基础研究较多，论文发表主要来自这 2 个国家。2010 年后，情况发生了改变，从

2012 年开始，中国在该领域的基础研究逐步升温，论文数量远大于其他国家，美国依旧保持稳健的研究成果输出，日本、韩国和瑞士论文产出相差不大。

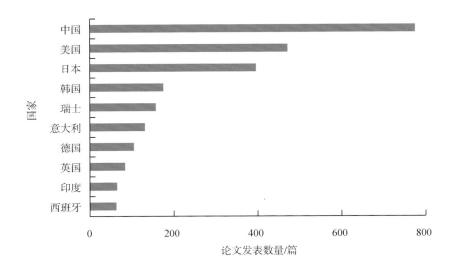

图 1－13　全球人形机器人论文发表数量居前 10 位的国家

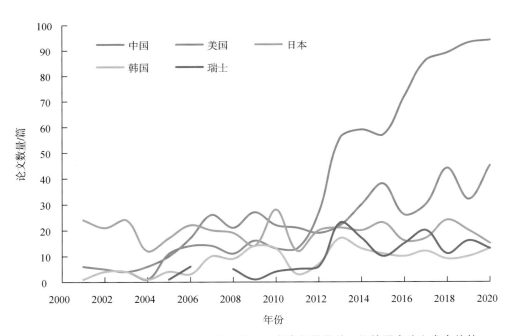

图 1－14　2000—2020 年人形机器人领域论文发表数量居前 5 位的国家论文发表趋势

2．专利视角

从专利数量视角考查了主要国家的技术创新情况。专利申请数量居前 5 位国家为中国、日本、美国、韩国、法国（图 1 - 15）。从专利申请趋势来看（图 1 - 16），以 2012 年为时间节点，2001—2012 年，人形机器人领域的专利申请主要来自日本，2012 年后，中国机构在该领域的专利布局数量快速增加，目前已遥遥领先于其他国家。

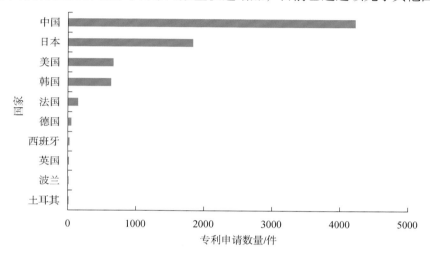

图 1 - 15　人形机器人领域专利申请数量居前 10 位的国家情况

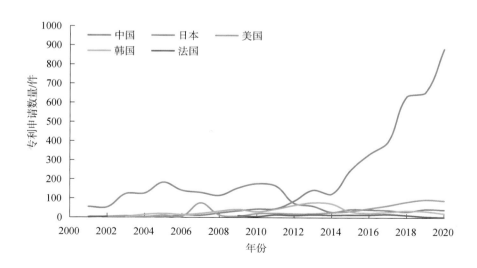

图 1 - 16　2000—2020 年人形机器人领域专利申请数量居前 5 位的国家专利申请趋势

（三）机构竞争态势

1. 论文视角

从全球主要论文发表机构分布来看（图 1 – 17），论文数量居前 20 位的机构全部为科研院所。论文数量排在前 10 位的依次为苏黎世联邦理工学院、麻省理工学院、意大利理工学院、哈尔滨工业大学、北京理工大学、上海交通大学、中国科学院、山东大学、北京航空航天大学和加利福尼亚大学。论文平均被引次数排在前 10 位的依次为洛桑联邦理工学院、麻省理工学院、卡内基梅隆大学、法国国家科学研究中心、日本电气通信大学、宾夕法尼亚大学、苏黎世联邦理工学院、加利福尼亚大学、西班牙国家研究委员会和意大利理工学院。综合来看，瑞士、美国、意大利的机构在人形机器人领域的基础研究实力较强。

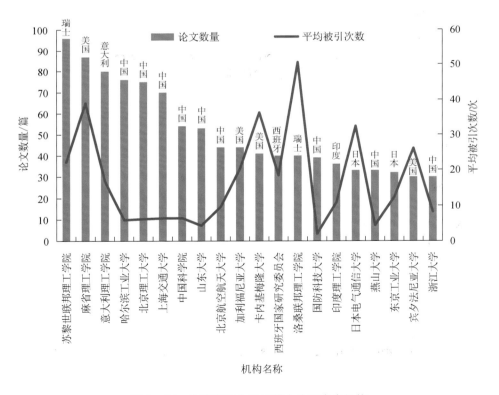

图 1 – 17　全球主要人形机器人论文发表机构

就中国的具体机构分布来看（图 1−18），论文发表数量排在前 10 位的依次为哈尔滨工业大学、北京理工大学、上海交通大学、中国科学院、山东大学、北京航空航天大学、国防科技大学、燕山大学、浙江大学、清华大学。论文平均被引次数排在前 10 位的依次为同济大学、哈尔滨工程大学、北京航空航天大学、清华大学、浙江大学、中国科学院、上海交通大学、北京理工大学、哈尔滨工业大学、华中科技大学。综合上述结果，在人形机器人领域基础研究综合实力较强的中国机构有哈尔滨工业大学、北京理工大学、上海交通大学、中国科学院、山东大学、同济大学、浙江大学等。

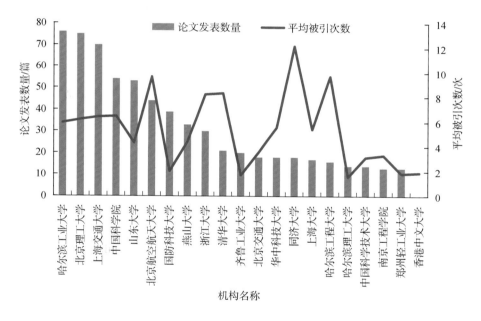

图 1−18 中国主要人形机器人论文发表机构情况

2. 专利视角

全球主要人形机器人专利申请机构分布中（图 1−19），专利申请数量居前 20 位的申请人中，有 11 家高校和 1 家科研机构。值得注意的是排在前 5 位的全部为企业，分别为日本的本田、软银、索尼、丰田，以及韩国的三星。第 6 到第 10 位的机构来自韩国、美国和中国，分别为来自韩国的韩国工业技术研究院和来自美国的麻省理工学院，其余 3 家机构来自中国，分别为山东大学、优必选科技和浙江大学。本田和丰田公司已经在足式机器人领域有了多年的研究积累，虽然目前并未发布人形机器人产品，但布局的专利数量非常多。值得注意的是，人形机器人领军企业波士顿动力公司并未出现在图中，但深入分析后发现图中多家公司参与人形机器人领域都是源自波士顿动力公司。2013 年，谷歌收购波士顿动力公司，2017 年谷歌将其卖给软银，2020 年软银又将波士顿动力出售给韩国现代汽车。以波士顿动力公司作为原始申请人的专利，已在不同阶段转让给了不同的母公司。

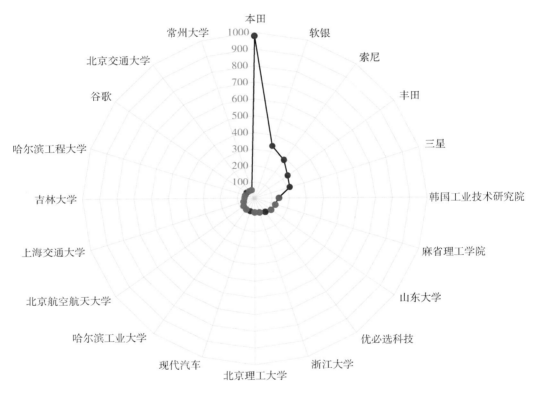

图 1-19　全球主要人形机器人专利申请机构分布情况（前 20）

在中国主要人形机器人专利申请机构分布中（图 1-20），高校是专利申请的主要来源，山东大学、浙江大学、北京理工大学、哈尔滨工业大学等高校专利较多。前 20 位机构中还有 2 家企业，分别为优必选科技和腾讯。

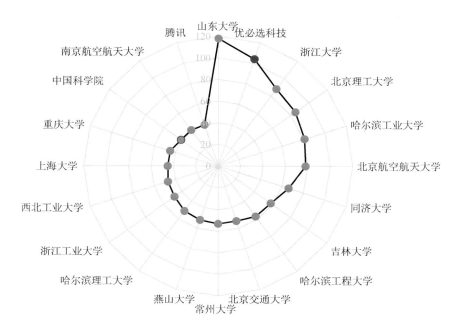

图 1-20 中国主要人形机器人专利申请机构情况（前20）

（四）技术分布

1. 论文视角

对人形机器人领域论文发表所属学科的分布情况进行了考查（图1-21），可

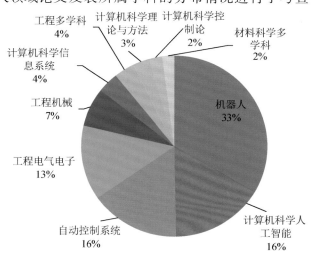

图 1-21 人形机器人领域论文发表所属学科分布情况

以看出，人形机器人的研究是多学科交叉融合的结果。其中，涉及机器人学科的最多，其次还有计算机科学人工智能、自动控制系统、工程电气电子等学科。

2. 专利视角

专利视角的技术分布从 CPC 和关键词聚类 2 个维度进行分析。图 1 - 22 为所涉及 CPC 的分布情况。可以看出，涉及 B62 D57/00 这一 CPC 大组的专利最多。具体来看，主要涉及的是其中的一个小组 B62D57/032（带交替升起或顺序升起的支承座或支腿；带交替或顺序升起的支腿或滑道）；排在第 2 的 CPC 大组为 B25 J9/00（程序控制机械手）。

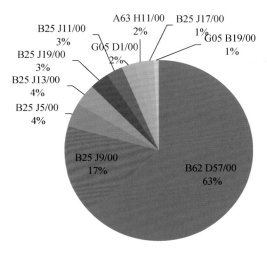

图 1 - 22　人形机器人领域专利申请 CPC 分布情况

四、　优秀研究团队

（一）意大利理工学院 **Claudio Semini** 教授团队

1. **Claudio Semini** 教授简述

Claudio Semini（MSc 2005，PhD 2010）是意大利理工学院（IIT）动态腿系统（DLS）实验室的负责人，他于 2005 年在瑞士苏黎世联邦理工学院获得 EE 和 IT 硕士学位。2004—2006 年，他首先访问了东京工业大学的 Hirose 实验室，后来访问了日本东芝研发中心，研究移动服务机器人。2010 年，他获得 IIT/UniGE 博士学位，

2012 年起继续担任博士后并领导 DLS 实验室。他的研究重点是足式机器人设计、腿运动、液压驱动等。

2. Claudio Semini 教授研究合作网络

Claudio Semini 教授与多个国家的研究人员展开了人形机器人领域的合作研究（表 1−1）。合作对象均来自大学或研究院所，包括巴西的圣卡塔琳娜联邦大学，日本的东京工业大学和国际电气通信基础技术研究所，瑞士的苏黎世联邦理工学院，美国的特拉华大学和乔治·华盛顿大学，瑞典的厄勒布鲁大学，丹麦的奥尔堡大学，法国的皮埃尔和玛丽·居里大学、法国国家科学研究中心和南特高等矿业学院，波兰的格但斯克工业大学，英国的牛津大学和爱丁堡大学，德国的马克斯·普朗克智能系统研究所等。

表 1−1　Claudio Semini 教授团队研究合作情况

机构名称（英文）	机构名称（中文）	类型	国家
Universidade Federal de Santa Catarina	圣卡塔琳娜联邦大学	大学	巴西
Tokyo Institute of Technology	东京工业大学	大学	日本
Swiss Federal Institute of Technology Zurich	苏黎世联邦理工学院	大学	瑞士
University of Delaware	特拉华大学	大学	美国
George Washington University	乔治·华盛顿大学	大学	美国
Orebro University	厄勒布鲁大学	大学	瑞典
Aalborg University	奥尔堡大学	大学	丹麦
Pierre and Marie Curie University	皮埃尔和玛丽·居里大学	大学	法国
Advanced Telecommunication Research InstituteInternational（ATR）	国际电气通信基础技术研究所	研究院所	日本
Gdańsk University of Technology	格但斯克工业大学	大学	波兰
University of Oxford	牛津大学	大学	英国
Max Planck Institute for Intelligent Systems	马克斯·普朗克智能系统研究所	研究院所	德国
Centre national de la recherche scientifique（CNRS）	法国国家科学研究中心	研究院所	法国
University of Edinburgh	爱丁堡大学	大学	英国
Ecole des mines de Nantes	南特高等矿业学院	大学	法国

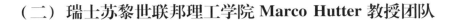

（二）瑞士苏黎世联邦理工学院 Marco Hutter 教授团队

1. Marco Hutter 教授简述

Marco Hutter 自 2015 年起担任瑞士苏黎世联邦理工学院（ETH ZURICH）机器人系统助理教授，自 2014 年起担任 Branco Weiss 研究员。在此之前，他是苏黎世联邦理工学院自主系统实验室腿部机器人领域的副主任和组长。Marco Hutter 分别于 2009 年和 2013 年在瑞士苏黎世联邦理工学院获得机械工程和机器人学博士学位，之后专注于动态腿式机器人系统的设计、驱动和控制。

2. Marco Hutter 教授研究合作网络

Marco Hutter 教授团队合作的研究人员来自英国、澳大利亚、意大利、德国、瑞士、美国等 10 个国家（表 1–2）。包括英国的牛津大学，澳大利亚联邦科学与工业研究组织，意大利理工学院，德国的马克斯·普朗克智能系统研究所，荷兰的代尔夫特理工大学，巴西的里约热内卢天主教大学，波兰的波兹南工业大学，美国的密歇根大学，韩国的韩国科学技术院等。另外值得注意的是，Marco Hutter 教授团队与企业的合作也非常紧密，合作对象包括瑞士 ANYbotics 公司、美国波士顿动力公司、德国英特尔实验室等。

表 1 – 2　Marco Hutter 教授团队研究合作情况

机构名称（英文）	机构名称（中文）	类型	国家
University of Oxford	牛津大学	大学	英国
Commonwealth Scientific and Industrial Research Organisation（CSIRO）	澳大利亚联邦科学与工业研究组织	研究院所	澳大利亚
Istituto Italiano di Tecnologia（IIT）	意大利理工学院	大学	意大利
Max Planck Institute for Intelligent Systems	马克斯·普朗克智能系统研究所	研究院所	德国
Disney Research Zurich	迪士尼研究苏黎世研究所	企业	瑞士
ANYbotics	ANYbotics 公司	企业	瑞士
Technische Universiteit Delft	代尔夫特理工大学	大学	荷兰
Boston Dynamics	波士顿动力公司	企业	美国
Pontifical Catholic University of Rio de Janeiro	里约热内卢天主教大学	大学	巴西

机构名称（英名）	机构名称（中文）	类型	国家
University of Oxford	牛津大学	大学	英国
Carnegie Mellon University	卡内基·梅隆大学	大学	美国
Intel Lab	英特尔实验室	企业	德国
Poznan University of Technology	波兹南工业大学	大学	波兰
University of Michigan	密歇根大学	大学	美国
Korea Advanced Institute of Science and Technology	韩国科学技术院	研究院所	韩国

五、　创新企业代表

（一）美国波士顿动力公司

1. 公司概况

波士顿动力（Boston Dynamics）公司是一家美国工程和机器人设计公司，成立于 1992 年，总部位于马萨诸塞州沃尔瑟姆市（Waltham）。主要开展机器人相关研究工作，其目标是打造像人或动物那样，能够在现实世界中灵活工作的智能机器人。该公司之前（2013—2017 年）是 GoogleX 旗下的谷歌机器人部门，2017—2020 年是日本软银集团的全资子公司，2020 年被韩国现代汽车收购。

2. 主营业务和产品

波士顿动力公司产品/机器人包括 BigDog、SpotMini、Handle、Spot. SandFled、WildCat、LS3、Atlas、RHex，以前的老版本还包括 LittleDog、Cheetah、RiSE 和 PETMAN。

3. 专利布局

波士顿动力公司针对人形机器人研发的专利申请主要集中在近 10 年间（图 1 - 23）。可以看出，2019—2021 年是专利布局的主要年份。从该公司专利的价值分布来看（图 1 - 24），专利价值主要集中在 10 ~ 30，这一区间的专利数量占专利总量的比值为 44%，专利价值大于 50 的专利占比为 25%，该公司目前还没有专利价值在 90～100 的专利。

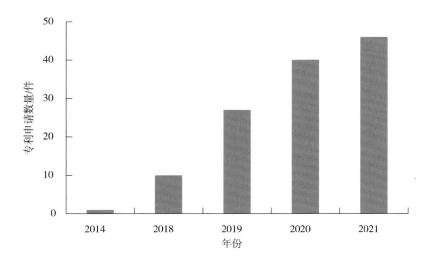

图 1－23　波士顿动力公司专利布局态势

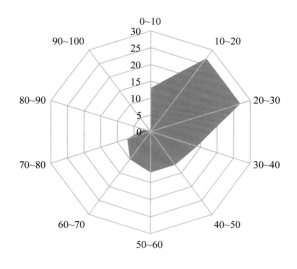

图 1－24　波士顿动力公司专利价值分布

（二）中国优必选科技公司

1．公司概况

优必选科技公司成立于 2012 年 3 月，位于中国深圳市，是全球领先的集人工智能和人形机器人研发、制造和销售为一体的高科技创新企业。秉承着"让智能机器人走进千家万户,让人类的生活方式变得更加便捷化、智能化、人性化"的使命,优必选科技自研人工智能算法成为机器人的"大脑",同时实现了机器人伺服驱动器的大规模量产,赋予机器人灵活运动的"关节与躯干"。公司专注于人工智能及机器人核心技术的应用型研发、前瞻性研发与商业化落地,研发了高性能伺服驱动器及控制算法、运动控制算法、面向服务机器人的计算机视觉算法、智能机器人自主导航定位算法、ROSA 机器人操作系统应用框架、语音等核心技术,在此基础上推出了商用服务机器人和个人/家用服务机器人等一系列产品,同时提供人工智能教育、商业服务、安防巡检、公共卫生防疫、智慧物流、智慧康养等多行业解决方案。优必选科技以智能机器人为载体,人工智能技术为核心,为各行各业的客户提供一站式服务,致力于打造"硬件 + 软件 + 服务 + 内容"的智能服务生态圈,与腾讯、苹果等知名企业建立了长期合作关系。

2. 主营业务和产品

2021 年 7 月,优必选科技发布了最新一代人形机器人 Walker X(图 1 - 25),身高 130 cm,体重 63 kg,集六大 AI 技术于一身,搭载 41 个高性能伺服关节及多维力觉、多目立体视觉、全向听觉和惯性、测距等全方位的感知系统,拥有视觉定位导航和手眼协调操作技术,自主运动及决策能力大幅提高,能实现平稳快速的行

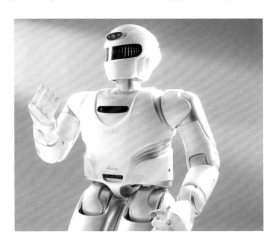

图 1 - 25　优必选 Walker X 机器人

走和精准安全的交互，可在多种场景下提供智能化、有温度的服务。

3. 专利布局

优必选机器人公司从 2018 年开始申请人形机器人相关专利（图 1－26），2020 年和 2021 年的专利申请数量相对较多。从该公司专利的价值分布来看（图 1－27），专利价值主要集中在 0～20，这一区间的专利数量占专利总量的比值为 72%，专利价值大于 50 的专利占比仅为 8%，该公司目前还没有专利价值大于 80 的专利。

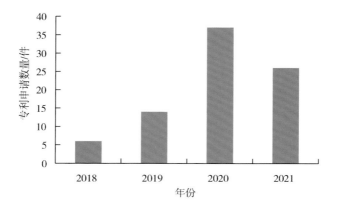

图 1－26　优必选机器人专利布局态势

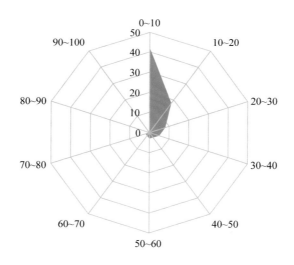

图 1－27　优必选机器人专利价值分布

六、 未来展望

人形机器人代表人类对机器人制造技术和应用的终极幻想，机器代人是未来大趋势，人形机器人作为人工智能的实体化，目前已完成了初步的探索和技术积累，未来结合产业应用具有广阔的发展前景，有望成为继计算机、手机、智能电动车之后的新一代移动智能设备。

人形机器人需要融合控制技术、传感器技术、人工智能、仿生学、材料学等，目前很多技术处于初期探索阶段，离商业化尚有不小的距离；未来或将经历 3 个发展阶段：①人工躯体仿真，具有躯干、头部、两条手臂、两条腿，外形上仿人，甚至可能仅对身体的一部分建模；②外观与人相似，拥有与人相似的功能，如双足直立行走；③不仅外观像人，拥有与人相似的功能，还能像人一样思考，获得更多的感知与决策认知能力。

一是在本体方面，本体材料高强度、轻量化、高可塑性。本体在整个机器人中属于辅助部分，主要起到支撑、连接各个关节的作用，人形机器人的本体一般采用密度更小的复合材料或密度更小的金属材料，如铝硅、铝镁等，其密度比合金钢更小，但强度、支撑能力也能够满足负载的要求，关键是材质相对更软，可塑性更好。除此之外，有些机器人的本体也会采用碳纤维，在保证横端拉力的情况下，质量也较轻。而在手指等末端、对质感和触感要求较高的部位也会采用硅胶作为材料。此外，一些机器人的关键零部件，可能会采用工业级 3D 打印技术。

二是在控制系统方面，独立控制器位于头部或躯干，开源系统或为多场景应用解决方案。运动控制器相当于人形机器人的"大脑"。人形机器人一般有一个单独的控制器，也被称作"上位"。通常人形机器人的控制器会被放在头部，如果视觉、激光雷达、听觉传感器等占用空间过大，控制器也可能被放置在躯干中。人形机器人的控制器是与应用场景紧密相关的，由于人形机器人的传感器众多，数据来源有多个口径，需要处理的数据也很庞大和复杂，难度较大，另外，机器人对每个场景的学习和训练过程也需要一定时间，因此单独一家厂商还很难将人形机器人做到各个场景的通用。一种可能的解决方案是，人形机器人厂商主要负责生产本体，将控制部分做成开源系统，让不同的人对应用场景进行二次开发。

三是在智能系统方面，传感技术支撑其视觉、语音、触觉、力觉、测距、姿态等功能。从已经发布的几款人形机器人来看，视觉、语音、触觉、力觉、测距、姿态等功能基本都需要配备相应的传感器，传感器的数量少则数十个，多则上百个（如 NAO 机器人）。传感器可以分为内部传感器、外部传感器。内部传感器一般用来检测机器人本身状态，多为检测位置和角度的传感器。外部传感器一般用来检测机器人所处的环境，如物体识别传感器、物体探伤传感器、接近觉传感器、距离传感器、力觉传感器、听觉传感器等。一般视觉传感多采用双目或多目的高清摄像头、立体摄像机，姿态传感器采用陀螺仪，探测器包括激光雷达、声纳、超声波感应器等，语音识别多以麦克风形式呈现。

参考文献

[1] 吴仲雪，韦金玲，金凤，等. 仿人形机器人 [J]. 电子世界，2017（19）：168 – 170.

[2] 赵冬滨. 人形机器人技术的发展展望 [J]. 黑龙江科学，2019，10（21）：26 – 27.

[3] 宋天宇，杨杰，束元，等. 仿人形机器人的设计与实现 [J]. 科技与创新，2019（13）：74，77.

[4] 丁宏钰，石照耀，岳会军，等. 国内外双足人形机器人驱动器研究综述 [J]. 哈尔滨工程大学学报，2021，42（7）：936 – 945.

[5] 陈梓瀚，杜玉晓，李步恒，等. 基于双控制器的人形机器人系统 [J]. 自动化与信息工程，2018，39（5）：33 – 36.

[6] 刘春龙，叶天迟. 人形机器人的步态研究与设计 [J]. 吉林工程技术师范学院学报，2019，35（11）：107 – 110.

[7] 梁学修，安晖. 双足机器人最新成果对我国机器人产业发展的启示 [J]. 机器人产业，2021（5）：29 – 31.

[8] 赵宸，陈殿生. 双足机器人 NAO 爬楼步态规划 [J]. 机器人技术与应用，2013（4）：31 – 36.

[9] 周云龙，徐心和. 双足机器人的鲁棒控制 [J]. 机器人，2004，26（4）：357 – 360.

第二章
柔性电子技术前沿态势报告

当前，新科技革命与产业变革正蓄势待发。石墨烯、碳基纳米材料、有机高分子材料，以及激光与光通信、光存储、光显示等将成为新一代信息技术产业"碳基材料＋光电过程"的显著特征。"碳基材料＋光电过程"催生了柔性电子和柔性电子产业，并为其开辟了极为广阔的发展空间，将深刻变革人类生产方式、生活方式和思维方式。

柔性电子技术以柔性材料为基础、柔性电子器件为平台、光电技术应用为核心，是在将物理学、化学、材料科学与工程、力学、光学工程、生物学、生物医学工程、基础医学等学科高度交叉融合基础上形成的颠覆性科技创新形式，在表观机械柔性方面超越了经典电子信息系统，为新一代信息科技革命和智能制造时代的发展提供了全新机遇。

一、 发展概况

（一）基本概况

1. 柔性电子技术内涵

柔性电子（Flexible Electronics）技术是指在柔性衬底上大面积、大规模集成不同材料体系、不同功能元器件，构成可拉伸/弯曲变形的柔性信息器件与系统的技术。柔性电子器件具有质量轻、形态可变、功能可重构的特点，颠覆性地改变了传统电子系统刚性的物理形态。

另外，柔性电子与印刷电子（Printed Electronics）、塑料电子（Plastic Electronics）、有机电子（Organic Electronics）、聚合物电子（Polymer Electronics）等概念密切相关。柔性电子最初专指柔性印刷电路，后来泛指以柔性塑料作为基材制作的电子器件，即塑料电子。

事实上，目前柔性基材已不仅仅局限于高分子塑料基材，一方面，纸张、金属箔、超薄玻璃等都已可用于制作柔性电子产品；另一方面，有机导体、半导体、发光体的发现和随后的深入研究，逐渐形成了有别于硅基半导体微电子学的新型电子技术，科学家先后在实验室进行有机晶体管、有机发光二极管和有机光伏电池等新型有机电子器件的研发工作，从而奠定了有机电子学的基础，而有机电子器件往往具有柔性。

柔性电子技术的"柔性"体现在"结构柔性"和"功能柔性"这2个方面。结构柔性是柔性电子技术区别于传统刚性电子技术的根本，基于柔性电子技术的器件、电路与系统从形态上可体现出弯曲、可折叠、可延展等特性，这使得柔性电子系统具有空间结构的高度适应性。功能柔性是指在结构柔性的基础上，通过系统变形、重组等方式，使得柔性电子系统实现不同的功能或性能。

2. 柔性电子系统基本结构

柔性电子系统主要由柔性衬底、柔性电子元件、柔性电极和互联导体、柔性封装层4个部分组成。

柔性衬底是制造柔性电子系统的基础。柔性衬底不仅要具有传统刚性衬底绝缘性好和成本低的特点，还要具备轻、薄、软的优点，从而保证在拉伸、弯曲、扭转、卷绕、折叠等复杂大变形下保持稳定的电学和力学特性，因而对材料和器件的柔韧性和延展性提出了更高要求。另外，柔性衬底往往还需要具有较高的表面平整度、热稳定性和化学稳定性，一些照明显示和生物医学相关的应用还要求柔性衬底具有透光性。玻璃薄板、金属箔片和聚合物是主要的衬底材料。

柔性电子元件即由有机材料、无机材料或有机－无机混合材料等各种功能材料在柔性衬底上构成的电阻、电感、电容、晶体管、LED 等元器件，是柔性电子系统中不可或缺的基本组成部分。柔性电子元件在功能上与传统微电子元件并无本质差异，但更加注重其拉伸、弯曲、扭转、卷绕、折叠等大变形能力，因而在结构设计和制造工艺上与传统微电子器件有所不同。

柔性电极和互联导体是将柔性电子系统中各个电子元件连接在一起的关键。由于柔性电子系统通常会发生大变形，因而对柔性电极和互联导体的可拉伸性提出了很高要求。传统电极和互联导体主要由导电氧化物、金属和有机导电高分子材料构成，属于典型的脆性材料，难以应用于柔性电子系统。为此，研究人员曾试图采用导电高分子材料和导电高分子复合材料作为柔性电极和互联导体，但存在成本高、稳定性差和集成度低等问题。目前，研究人员通过在柔性衬底表面沉积或在其内嵌入金属导体薄膜来制造柔性电极和互联体系，可以在保证整个柔性电子系统电学特性稳定性的基础上极大地提高其变形能力，并具有成本较低、稳定性较强和集成度较高的优势。

柔性封装层主要用于保护柔性电子系统使其不受环境影响。另外，将器件和电路置于多层薄膜结构的力学中性面，还可有效降低变形过程中电路产生的应变，并抑制电路与柔性衬底间的分离。传统封装材料主要采用金属等无机涂层材料，水氧阻隔率为有机高分子密封材料的 1000 倍以上，但由于其属于脆性材料而难以承受大变形。有机高分子密封材料具有良好的柔性，但容易吸收环境中的水气而影响被封装器件的稳定性。另外，一些现实照明和生物医学等相关应用往往要求封装材料具有透明性。因此，阻隔性、柔韧性和透光性俱佳的封装材料已成为柔性电子技术发展的重大挑战之一。

（二）发展历程

柔性电子技术的发展可追溯至 20 世纪 60 年代，其以应用为牵引，带动了柔性基板/衬底、功能材料、导电材料、封装材料等，以及转移印刷（转印）、喷墨打印、纤维织造、凸版印刷、凹版印刷、丝网印刷、纳米压印、软刻蚀等制造工艺的快速进步。

1. 20 世纪 60—80 年代

1965 年，Helfrich 和 Schneider 首次在单晶和薄膜蒽中观测到了电致发光效应。

1967 年，英国皇家空军研究院的 Crabb 和 Treble 首次通过减薄单晶硅晶圆（100 μm）的方式来提高太阳能电池单位质量下的有效功率，并将其集成到塑料衬底上，研制出世界上第一块用于卫星供电的柔性太阳能电池板。这一开创性工作表明不仅任何超薄物质体有天然柔性，更标志着柔性电子技术的出现。

1976 年，美国 RCA 实验室的 Wronski 等利用低温技术在不锈钢薄板上制备出基于氢化非晶硅（$\alpha - Si:H$）的 $Pt/\alpha - Si:H$ 肖特基势垒太阳能电池。

1968 年，Brody 领导的研究团队开创性地提出在纸条上制备基于碲化物的薄膜晶体管（TFT），并将其集成在显示点阵电路电极的交叉点，以用于显示像素的有效寻址与开关，并随后在聚酯、聚乙烯、阳极氧化的铝箔等柔性衬底上制备出薄膜晶体管器件，证实其可以在 1/16 英寸的弯曲挠度下保持正常工作。

20 世纪 80 年代早期，Nath 和 Okaniwa 等又分别利用卷到卷（Roll - to - Roll）制备技术在柔性薄钢片和有机聚合物衬底上制备出基于 $\alpha - Si:H$ 的柔性太阳能电池。同时，CdS/Cu_2S 量子点、染料敏化、聚合物及有机钙钛矿材料的柔性太阳能电池不断涌现，迅速推动了该领域的发展和进步。到 1985 年，日本产业界采用原本用于制备 $\alpha - Si:H$ 太阳能电池的大面积等离子增强化学气相沉积技术来发展基于 TFT 背板的主动式液晶显示器（AMLCD），进一步促进了在新型柔性衬底上制备硅基薄膜电路的研究。

1987 年，柯达公司的邓青云通过真空沉积双层有机结构在低驱动电压下观测到了更高的发光效率。

1987 年，美国物理化学家 Tang 和 Van Slyke 制备了第一个实用的有机发光二极管（OLED）器件，他们采用具有分离空穴传输和电子传输的双层结构，使得电子和空穴在有机层的中间进行复合和发光，降低了器件的工作电压，并提高了器件效率。

2. 20 世纪 90 年代

从 20 世纪 90 年代开始，柔性电子技术领域迅速发展，各种基于不锈钢箔片和

方面也具有一定的共性，可相互借鉴、相互促进。如果这些材料能恰当地相互融合，有望实现更高层次的柔性电子器件。

与传统电子系统不同，柔性电子系统大量采用有机聚合物材料作为衬底，包括：聚对苯二甲酸乙二醇酯（Polyethyleneterephthalate，PET）、聚萘二甲酸乙二醇酯（Polyethylene Naphthalate，PEN）、聚醚砜（Polyether Sulfone，PES）、聚碳酸酯（Polycarbonate，PC）、多芳基聚合物（Polyarylates，PAR）、聚多环烯烃（Polycyclic Olefin，PCO）、聚偏氟乙烯（Polyvinylidenefluoride，PVDF）、聚醚酰亚胺（Polyetherimide，PEI）、聚酰亚胺（Polyimide，PI）、聚二甲基硅氧烷（Polydimethylsiloxane，PDMS）和 Ecoflex 等，具有柔性好、成本低、可卷到卷加工等优点。其中，PC、PES、PAR 和 PCO 光学透明且玻璃化转变温度相对较高，但化学稳定性不好。PET、PEN、PEI 和 PI 热膨胀系数小、弹性模量和化学稳定性好。PI 具有非常高的工作温度，是目前应用最多的柔性电子用衬底材料。PDMS 和 Ecoflex 具有良好的可拉伸性和生物兼容性，在生物传感器等领域具有广泛的应用前景。

（四）产品和应用

柔性电子器件突破了经典硅基电子学的局限，具有可弯曲、折叠、扭曲、压缩、拉伸甚至变形成任意形状但仍保持高效光电性能、质轻可穿戴等特性，是兼具可靠性和高集成度的薄膜电子器件，将为后摩尔时代电子器件设计集成、传统能源产业革命、健康医疗技术变革、武器装备更新换代等提供引领。目前，柔性电子器件主要涉及五大应用领域，包括：柔性显示器件、柔性能源器件、柔性传感器、柔性通信器件、柔性集成电路。

1. 柔性显示器件

柔性显示器件是指在塑料、金属或者玻璃薄板等柔性衬底上制备的，具有可拉伸、扭转、弯曲或折叠等变形能力的发光器件。柔性显示器件通常由超薄发光半导体单元阵列作为像素点，依附在非平面衬底或可拉伸衬底表面。由于器件结构可变形，柔性显示器件/结构可与非规则曲面共形贴合，并可在动态变形的表面实现显示功能，从而充分利用环境空间表面，并通过自适应调节几何形态匹配环境形貌。

柔性显示器件的提出和发展，依赖于柔性材料、柔性器件结构设计及相关制造工艺的发展。从技术构架来看，柔性显示器件在发光显示原理上，与传统液晶显示没有区别，都是通过程序化驱动发光二极管（LED）阵列有序发光来实现图案、文字信息的视觉呈现，实质都是 LED 阵列。柔性无机显示器件是在柔性衬底上实现的无机 LED 阵列，主要包括 TFT－LCD、Mini LED 和 Micro LED 等。柔性有机显示器件则是在柔性衬底上实现的有机 LED 阵列，主要包括 OLED。

TFT－LCD 和 OLED 是目前主流的柔性显示器件。柔性显示电子器件具有轻薄、可弯曲及便于携带等优点，在笔记本电脑、手机、电子书等显示方面的应用研究越来越多。柔性显示设备与传统显示设备相比具有更多的潜在优点，如可弯曲折叠、轻薄、易携带、时尚等，并且具有高对比度、高反射性及宽视角等特点，在工程设计方面也有很大的自由度，它可以广泛应用于消费电子产品、可穿戴设备、智能家居、商业广告等领域。柔性显示与照明技术的发展与发光材料和柔性晶体管开关的发展是分不开的，同时显示技术的发展方向与趋势也对发光材料和柔性晶体管开关的寿命、效率等性能提出了更高的要求。

2. 柔性能源器件

柔性能源器件是柔性电子器件的重要组成部分，主要包括柔性光伏、柔性锂电池、柔性超级电容和柔性天线等。为了实现与人体完全兼容的柔性电子器件，实现柔性电子器件供能系统的柔性化变得十分迫切和必要，可以说柔性电子产品的发展离不开与之匹配的柔性能源的发展。柔性能源技术的发展重点在于柔性电池、柔性超级电容器等能量存储部件，以及柔性能量传输、能量补给器件，如无线充电、能量收集等器件，提升器件的稳定续航性能。

柔性光伏是柔性能源领域的重要技术方向。柔性光伏即柔性太阳能电池，是薄膜太阳能电池的一种，具有重量轻、可弯曲、安装成本低等优点，在未来光伏应用方面潜力巨大，可以应用于太阳能背包、太阳能敞篷、太阳能手电筒、太阳能汽车、太阳能帆船、太阳能飞机、卫星和深空探测器上。柔性光伏最重要的应用领域是光伏建筑一体化（Building Integrated Photovoltaic，BIPV）和建筑贴附式光伏（Building Attached Photovoltaic，BAPV），可集成在窗户或屋顶、外墙或内墙上。柔性光伏技术尚处于产业化发展初期，技术路线包括非晶硅、铜铟镓硒、铜锌锡硫、有机聚合物、染料敏化、钙钛矿和 II – VI 族化合物半导体等。

3. 柔性传感器

柔性传感器能够将外界的其他信号转换为可直接测量的电信号。柔性传感器根据工作原理可以分为压电型、电阻型、电容型和其他类型（如摩擦发电型、有机场效应管），当外界施加的压力发生改变时，柔性传感器的阻值、电容值或者电压值随之发生相应的变化。柔性传感器根据是否需要进行物理连接分为接触式和非接触式传感器，接触式的传感器主要是传统的传感器，通过一些物理的触碰和接触，引起自身的形变，从而引发电信号的变化。非接触式传感器可以实现远距离读取，采集被测物体的信息，达到非物理接触采集信息的功能。

柔性传感器灵敏度高、灵活性好、稳定性好，是检测人体生物学信号、运动和环境的理想选择。同时，柔性传感器在弯曲和伸展下表现出良好的导电性和响应性，在可穿戴电子器件和智能机器人领域的广泛应用而受到关注。例如，在医疗领域的柔性可穿戴设备的核心部件就是柔性传感器，不仅可以实时监测患者的健康状况，其隐形效果还可以减少患者对监测仪器的抗拒；在智能机器人领域，柔性传感器主要应用于电子皮肤，不仅具有强大的信息采集功能，还能让机器人皮肤的仿真效果更佳。目前，柔性传感器主要包括柔性生物传感电极（如柔性脑电极、柔性外周神经电极、柔性皮肤电极）、柔性光电传感器、柔性压力传感器、柔性应变传感器、柔性温度传感器、柔性生化传感器（如泪液传感器、汗液传感器、血液传感器）。

4. 柔性通信器件

柔性电子器件的信息交互离不开柔性通信器件。柔性通信器件无法独立存在，通常与具备特定功能的电子器件集成在一起，构成完整的电子器件系统。柔性通信器件可分为柔性近场通信器件和柔性天线。

近场通信（Near Field Communication，NFC）技术是由飞利浦和索尼两家公司共同开发的一种非接触式识别和互联技术，可以实现近距离无线通信。NFC 系统由 NFC 读写器和 NFC 标签构成。NFC 读写器持续向外发射电磁波，处于有效范围内的 NFC 标签通过电磁耦合获得能量，发送身份信息，与 NFC 读写器完成信息交互。NFC 标签包括天线线圈、芯片和其他功能电路 3 个部分。柔性 NFC 器件具有柔性、体积小、功能复杂等特点。利用柔性电子技术制备的柔性 NFC 器件可以与人体表面紧密贴合，即使在大变形条件下也不会脱黏，不会对皮肤的变形产生阻碍，无明显异物感，真正实现可穿戴。

NFC 技术主要应用于近距离通信，当考虑到远距离信号传输时，则需使用到天线。天线是收发电磁波的关键部件，在所有无线通信设备中必不可少。传统天线具备刚性的特点、不适应复杂曲面环境、难以与人体良好集成，为解决这些难题，柔性天线受到了科研工作者的青睐和广泛研究。柔性天线主要从材料和结构设计上实现天线整体的柔性化，主要包括 5 种类型：基于金属蛇形线结构的天线、三维自组装天线、织物天线、液态金属天线和纳米材料天线（如金属纳米线、碳纳米管）。

5. 柔性集成电路

柔性集成电路是指利用柔性芯片和多种功能元件的综合集成，实现多功能的柔性系统，包括柔性芯片技术和基于柔性芯片技术发展起来的新型柔性封装技术两大方面。柔性芯片技术是柔性集成电路及系统的核心基础，主要解决高品质柔性芯片规模化量产的问题。新型柔性封装技术是指通过在柔性衬底上大面积、大规模、多维度集成柔性功能芯片和其他核心元器件，构成可任意拉伸/弯曲变形的柔性系统，是在柔性芯片核心基础上的关键外延技术。

基于柔性集成电路及系统技术开发的柔性系统具有的典型特征是结构柔性、功能高度集成和轻量化。关键芯片的柔性化和柔性系统集成工艺使结构形态具有高度适应性，能够满足与各种异形空间的共形贴合。采用低制程工艺快速实现柔性能源器件、柔性传感器件、柔性通信器件、柔性集成电路等多种功能器件的高密度混合集成封装，满足集成系统高性能要求。相比传统电子系统，柔性芯片与微系统技术能够实现同等性能下的极限减重，有利于柔性电子未来在医疗健康、通信、存储、军事等各领域的应用。

与传统的硅基集成微系统技术相比，柔性集成电路及系统技术将为半导体行业在"后摩尔时代"带来超薄化、柔性化的解决方案，为"超越摩尔"开辟新的发展路径。传统遵循"摩尔定律"的半导体 SoC（系统级芯片）的开发期和制造成本会随着系统复杂度提升而急剧增加，将不可避免地出现瓶颈。采用基于传统芯片的SiP（系统级封装）或三维集成技术尽管能够大幅度减小系统的体积并提高系统集成度，但是系统整体依然较厚，具有较大刚性且难以承受大的变形，无法满足与人体、非平面物体共形贴合的需求。而柔性芯片与微系统技术采用极限减薄后的柔性芯片，通过三维集成封装，单位体积功能单元的集成度将会得到进一步提升，而且系统厚度也会急剧减小，可同步实现系统结构柔性化和功能柔性化。

二、 政策与动态

（一）政策

柔性电子技术目前仍处于起步阶段，尽管还没有明确的统一定义，但各国政府都给予了大力的支持。

1. 美国

1992 年，美国显示联盟（US Display Consortium，USDC）在加利福尼亚州圣克拉拉县圣何塞市成立，目标旨在开发新兴平板显示行业所需的材料、设备和工艺。通过仿照半导体制造技术协会（SEMATECH）的公私合作模式，USDC 将显示器制造商、材料与设备供应商、显示器集成商、大学和政府组织在一起，定义和实施研发项目，并提供市场信息和技术路线图，使全行业受益。截至 2007 年，USDC 已经实施了 130 多个研发项目，产生了许多重要的制造工具和新型材料，并在全球范围内广泛使用。

2008 年，美国显示联盟更名为柔性技术联盟（FlexTech Alliance），以支持新兴的柔性电子和印刷电子发展，尤其是支持下一代显示器开发，如 OLED、柔性显示器、基于 MEMS 的显示器和 3D 显示器。

目前，柔性技术联盟成员达到 162 个，包括 96 家企业、41 所大学、14 个州和地方政府组织、11 家实验室及非营利性机构。该联盟旨在确保美国在下一代可弯曲、可穿戴电子器件制造业中居于领导地位。联盟重要成员包括美国主要的电子及半导体公司（如应用材料公司、苹果公司、联合技术公司等）、可将相关电子器件嵌入从医疗设备到超音速飞机等各种平台的终端用户公司（如波音公司、通用汽车公司等），以及斯坦福大学、哈佛大学、麻省理工学院等前沿研究机构。

2012年，美国先进制造伙伴关系计划（Advanced Manufacturing Partnership，AMP）列举了15个美国需要加强竞争优势的先进制造业技术方向，包括：3D打印、轻量化材料、数字化制造、光子集成电路、柔性电子材料和设备、复合材料、宽带隙半导体、再制造、先进功能织物、再生医学和生物器官、机器人、智能制造、生物制药、工艺工程和模块化、生物制造。同年，奥巴马政府出台了与企业、大学、社区共同建立国家制造业创新网络（National Network for Manufacturing Innovation，NNMI）的倡议，提出由联邦政府出资10亿美元，在10年内创建15个制造业创新研究所（Institute for Manufacturing Innovation，IMI），以发展上述先进制造业技术。

2015年，美国第七家制造业创新研究所——柔性混合型电子制造创新研究所（Flexible Hybrid Electronics Manufacturing Innovation Institute，FHEMII）在加利福尼亚州圣克拉拉县米尔皮塔斯市成立。该研究所由国防部主导，总投资额为1.71亿美元，其中7500万美元来自联邦资金，9600万美元来自州政府财政和私人投资。FHEMII由柔性技术联盟负责运营管理，聚焦于柔性混合电子制造业方面的前沿研究，利用高性能的装配和打印技术，在可延展或可穿戴的平台上集成各种硅电路和传感器。

2. 欧盟

2004年，欧盟启动"PolyApply计划"，旨在开发一种低成本的、基于合成塑料的电子技术，并致力于为RFID应用开发低成本的塑料芯片产品。该计划启动资金1200万欧元，参与方包括欧洲的20家电子制造商和研究机构。

2007年，欧盟通过"欧盟研究、技术开发及示范活动第七框架计划（7th Framework Programme，FP7）"向"PolyApply计划"投入1.5亿欧元，以支持柔性显示器、聚合物电子材料、柔性电子器件大规模制造等方面的基础研究。具体支持项目涉及材料科学、零部件、产业工艺和应用等领域，主要包括：柔性电子

（OLAE）、Flex－o－Fab 柔性 OLED 照明、有机光伏（OPV）、实验电子皮肤技术（CONTEST）、嵌入式有机存储（MOMA）、柔性导电互联（INTERFLEX）和电子与织物集成（PASTA）。

3. 英国

2009 年，为确保英国在柔性电子行业领域的世界领先地位，英国商业、创新与技能部（BIS）部长曼德尔森勋爵发布了题为 "Plastic Electronics：A UKStrategy for Success" 的英国柔性电子发展战略。该战略阐述了柔性电子的优势、全球市场情况、英国的优势、未来的目标市场等，并确定了软性电子行业所面临的主要挑战和解决方案。战略提出投入 2000 万英镑拓展位于谢奇菲尔德（Sedgefield）的印刷电子技术中心，并投入 800 万英镑用于鼓励企业投入柔性电子技术研发与示范项目，加强英国柔性电子行业供应链。

4. 日本

2002 年，日本夏普、NEC、日立显示器、可乐丽、住友化学、住友电木、大日本印刷和凸版印刷等 13 家企业共同成立新一代移动显示材料技术研究协会（TRADIM），聚焦于在薄膜基板上形成液晶面板。2011 年，TRADIM 与日本产业技术综合研究所（AIST）共同成立了日本先进印刷电子技术研发联盟（JAPERA），重点发展印刷与柔性电子材料与工艺关键技术。同年，日本新能源和工业技术发展组织投入约 43 亿日元开展 "基于卷到卷方式的高生产－连续－高精度层叠技术与相关材料技术的开发" 项目，众多企业参与到该项目的研发，包括柯尼卡美能达、住友化学、大日本油墨、大日本印刷、东亚化成、东丽、凸版印刷、日本电气、日立化成工业、日本夏普和日立显示器等。

5. 韩国

2011 年，韩国知识经济部提出了发展印刷电子技术的 6 年计划。从 2012 年到 2018 年，韩国政府与工业界共同投资 1725 亿韩元研发印刷电子技术，并由政府主导成立了国家印刷电子研发中心，联合韩国三星、LG 等电子产业巨头，对印刷电子进行产业和研发的整合与集成。

6. 中国

2009 年，中国印制电路行业协会（China Printed Circuit Association，CPCA）成

立了印刷电子分会。

2011 年，北京印刷学院、中科院苏州纳米所与中科院化学所等单位发起了全国印刷电子产业创新联盟。

2002 年以来，科技部牵头部署了一系列柔性电子相关研发项目。国家自然科学基金委针对柔性电子技术专门设立了重大国际合作项目和系列面上项目，如面向柔性制造的人－机技能共享与互助协作方法与技术、柔性与可穿戴材料化学、个性定制与柔性制造智能化技术、有机/柔性光电子器件与集成、柔性光电子技术及器件等；国家"973 计划"则支持了高效有机聚合物太阳电池材料与器件研究、可印刷塑料电子材料及其大面积柔性器件相关基础研究、可延展柔性无机光子/电子集成器件的基础研究等项目；国家"863 计划"也设立了"柔性显示关键材料与器件技术"专项；国家重点研发计划设立了 12 个与柔性电子技术相关的项目；科技创新2030—"新一代人工智能"重大项目中的"面向新一代人工智能的新型感知器件和芯片技术"方向，则要求开发功能类似生物、性能超越生物的柔性感知系统等。

2021 年，浙江清华柔性电子技术研究院、西北工业大学柔性电子研究院、华中科技大学柔性电子研究中心、电子科技大学材料与能源学院、重庆大学光电与工程学院、厦门柔性电子研究院、京东方科技集团、中国科学院重庆绿色智能技术研究院等 30 余家单位共同发起柔性电子产业发展联盟（Flexible Electronic Industry Development Alliance，FEIDA）。FEIDA 旨在配合各地方政府对当地柔性电子产业发展的规划，深入贯彻"十四五"规划中对电子信息产业发展的建议，联合联盟成员单位，发挥产学研合作和整体资源优势，加快中国柔性电子产业核心技术的发展和全球市场竞争力的提升。

（二）专家观点

1. 西北工业大学黄维院士

2021 年 10 月 21—24 日在武汉举办的"中国新材料产业高峰论坛——第三届中国新材料产业发展大会暨 2021'科创中国'新材料专家、技术、需求推介会"上，中国科学院院士、俄罗斯科学院外籍院士、亚太工程组织联合会主席，西北工业大学学术委员会主任、柔性电子前沿科学中心首席科学家黄维指出，柔性电子是将有机、无机或有机无机复合（杂化）材料沉积于柔性基底上形成以电路为代表的电子（光电子、光子）元器件及其集成系统的一门新兴、交叉科学技术。作为高度交叉融合的颠覆性一级学科，柔性电子起源于有机电子，后拓展到塑料电子、生物电子、印刷电子、能源电子和健康电子等多个二级学科和前沿技术领域，并与《中华人民共和国学科目录》中 14 个门类中的二十多个学科都存在跨领域密切关系。在国家颠覆性创新核心领域中包含八大颠覆性科学技术发展方向，其中首位就是柔性电子。柔性电子是国家战略需求，未来信息芯片、新型装备、电子器件创新都有赖于柔性电子的发展。由美国引领的硅基材料加电子过程的微纳电子产业即将过去，未来或将是由中国引领的碳基材料加光电过程的柔性电子时代。

2. 美国西北大学约翰·罗杰斯（John Rogers）教授

2021 年 11 月 6 日，在腾讯科学 WE 大会上，全球柔性电子技术研究的领军人物、美国西北大学教授、被誉为"柔性电子之父"的约翰·罗杰斯分享了关于柔性电子领域电子皮肤方向的最新研究和应用成果。在演讲中，罗杰斯表示柔性电子、柔性屏、柔性电池等在生活中的应用尚未普及，其瓶颈不只在于材料或技术，而是人们希望科技能带来切切实实满足人们需要的必需品，而不是锦上添花的产品。柔性电子皮肤不只是一种可穿戴设备，更是一种皮肤接口，不需要电池，可实现无线连接，通过无线的方式输送电量，无须去医院或实验室就可以实现持续的精确监测，在家中和任何其他环境中都可以持续监测。但是，柔性电子皮肤并不是要完全取代具有硬件连接的传统设备，而是提供全新的解决方案。

3. 日本东京大学染谷隆夫（Takao Someya）教授

2022 年 1 月 16 日，世界柔性电子领域知名专家、日本东京大学电子信息工程系教授染谷隆夫到访清华大学，献上了题为"应用于机器人和可穿戴设备的电子皮肤（Electronic Skins for Robotics and Wearables）"的报告。染谷隆夫表示，柔性电子技术的发展需要经历 4 个阶段：柔性（Flexible）→可拉伸（Stretchable）→共形贴合（Conformable）→生物兼容（Biocompatible）。从初始仅仅可弯曲的柔性，逐步发展为可拉伸的柔性，最后实现与皮肤的共形贴合及生物兼容，保证柔性电子器件能长期与人体组织贴合，实现人体生理参数的长期实时监测，使得柔性电子器件在健康医疗、可穿戴电子、智能机器人及增强现实/虚拟现实（AR/VR）等方面迈向新的高度。

（三）行业动态

1. 重要会议

（1）柔性电子国际学术大会

柔性电子国际学术大会（International Conference on Flexible Electronics，ICFE）由清华大学柔性电子技术研究中心和浙江清华柔性电子技术研究院联合主办。ICFE旨在提供一个报告柔性电子方法和技术突破的世界卓越论坛，包括但不限于有机柔性电子学、柔性显示、无机柔性电子、可拉伸电子学，柔性电源、仿生电子学等，可重构电子、瞬变电子、生物集成电子、穿戴式电子、软致动器/机器人等。ICFE从 2018 年首届开始，至今已举办三届，ICFE 2020 因疫情取消，ICFE 2021 在线上举办。

ICFE 咨询委员会成员包括：美国斯坦福大学鲍哲南、北京大学黄如、西北工业大学黄维、美国西北大学黄永刚、中国科学院李树深、中国科学院刘云圻、美国西北大学约翰·罗杰斯（John Rogers）、德国莱布尼茨固态与材料研究所奥利弗·施密特（Oliver Schmidt）、比利时根特大学扬·范弗莱特伦（Jan Vanfleteren）和浙江大学杨卫。ICFE 组织委员会成员包括：清华大学冯雪、美国西北大学黄永刚、清华大学段炼、清华大学罗毅、清华大学沈洋、浙江大学宋吉舟、清华大学王晓峰、清华大学张一慧，2021 年新增清华大学马寅佶、浙江清华柔性电子技术研究院王禾翎。历届 ICFE 概况如表 2-1 所示。

表 2-1　历届 ICFE 概况

时间	地点	主办方	大会报告学者	主题演讲学者
2018/07	杭州	清华大学 浙江清华柔性电子技术研究院 清华大学柔性电子技术研究中心	John Rogers，美国西北大学 黄永刚，美国西北大学 黄维，西北工业大学 刘云圻，中国科学院化学研究所	陈晓东，新加坡南洋理工大学 Byung-Doo Chin，韩国檀国大学 段炼，清华大学 冯雪，清华大学 Roozbeh Ghaffari，美国西北大学 周卓辉，台湾清华大学 Dae-Hyeong Kim，韩国国立首尔大学 Martin Kaltenbrunner，奥地利林茨大学 Tae-Woo Lee，韩国国立首尔大学 李江宇，美国华盛顿大学 田博之，美国芝加哥大学 Jan Vanfleteren，比利时根特大学 Jianliang Xiao，美国科罗拉多大学博尔德分校 赵铌，香港中文大学 郑立荣，瑞典皇家理工学院/复旦大学 朱勇，美国北卡罗来纳州立大学
2019/07	杭州	柔性电子技术协同创新中心 清华大学柔性电子技术研究中心 柔性电子与智能技术全球研究中心 浙江清华柔性电子技术研究院	John Rogers，美国西北大学 刘明，中国科学院微电子研究所 Takao Someya，日本东京大学 George Malliaras，英国剑桥大学	Jong-Hyun Ahn，韩国延世大学 Paul Burn，澳大利亚昆士兰大学 陈晓东，新加坡南洋理工大学 程文龙，澳大利亚蒙纳士大学 Michael Dickey，美国北卡罗来纳州立大学 高伟，美国加州理工学院 David Gracias，美国约翰斯·霍普金斯大学 Martin Kaltenbrunner，奥地利林茨大学 Dae-Hyeong Kim，韩国国立首尔大学 李佩诗，新加坡南洋理工大学 林水德，新加坡国立大学 Oliver Schmidt，德国莱布尼茨固态与材料研究所 沈洋，清华大学 Dominic Vella，英国牛津大学 徐晓光，京东方科技集团股份有限公司 杨澍，美国宾夕法尼亚大学 郑子健，香港理工大学

续表

时间	地点	主办方	大会报告学者	主题演讲学者
2021/11	杭州	清华大学柔性电子技术研究中心钱塘科技创新中心浙江清华柔性电子技术研究院	John Rogers，美国西北大学彭练矛，北京大学俞书宏，中国科学技术大学Takao Someya，日本东京大学Oliver Schmidt，德国莱布尼茨固态与材料研究所陈晓东，新加坡南洋理工大学	程文龙，澳大利亚蒙纳士大学蔡一茂，北京大学高伟，美国加州理工学院姜汉卿，西湖大学蒋兴宇，南方科技大学Kourosh Kalantar-Zadeh，澳大利亚新南威尔士大学李江宇，南方科技大学刘静，清华大学李佩诗，新加坡南洋理工大学林媛，电子科技大学吕朝锋，浙江大学George Malliaras，英国剑桥大学裴启兵，美国加州大学洛杉矶分校任天令，清华大学沈国震，中国科学院半导体研究所王建浦，南京理工大学谢涛，浙江大学张海霞，北京大学朱勇，美国北卡罗来纳州立大学

（2）国际柔性电子技术会议

国际柔性电子技术会议（IEEE International Conference on Flexible and Printable Sensors and Systems，FLEPS）是电气与电子工程师协会传感器委员会赞助的唯一致力于柔性、可印刷的大面积传感器系统和应用的会议。FLEPS旨在推动柔性、可印刷的大面积传感器和系统领域技术发展，支持新兴电子产品的应用技术开发。历届FLEPS概况如表2-2所示。

表 2 – 2　历届 FLEPS 概况

时间	地点	主办方	大会报告学者	主题演讲学者
2019/07	英国格拉斯哥	英国格拉斯哥大学 英国剑桥大学	Takao Someya，日本东京大学 Arokia Nathan，英国剑桥触控科技有限公司 Corne Rentrop，荷兰霍尔斯特中心	Davide Deganello，斯旺西大学 Kurt Schroder，美国 NovaCentrix 公司 Vassili Karanassios，加拿大滑铁卢大学 Emre Ozer，安谋公司研究中心 Kourosh Kalantar-Zadeh，澳大利亚新南威尔士大学 崔铮，中国科学院苏州纳米技术与纳米仿生研究所 Felice Torrisi，英国帝国理工学院 Niko Münzenrieder，英国萨塞克斯大学 Stephen Beeby，英国南安普顿大学 Esma Ismailova，法国圣太田国立高等矿业学院
2020/08	英国曼彻斯特	英国格拉斯哥大学 英国剑桥大学	John Rogers，美国西北大学 Joseph Wang，美国加州大学圣地亚哥分校 Richard Price，英国 PrgamatIC 公司	Kaspar Althoefer，英国伦敦大学 John Batchelor，英国肯特大学 Joseph Chang，新加坡南洋理工大学 Matti Mäntysalo，芬兰坦佩雷大学 Kris Myny，比利时微电子研究中心 Maria Smolander，芬兰国家技术研究中心 Magnus Wilander，瑞典林雪平大学
2021/07	英国曼彻斯特	英国格拉斯哥大学 英国剑桥大学	Robert Reuss，独立研究者 Thomas D. Anthopoulos，沙特阿拉伯阿卜杜拉国王科技大学 Gael Depres，法国奥维纸业	Cinzia Casiraghi，英国曼彻斯特大学 Jukka Hast，芬兰国家技术研究中心 Tingrui Pan，美国加州大学戴维斯分校 李佩诗，新加坡南洋理工大学 郑光廷，香港科技大学 Yong-Young Noh，韩国浦项科技大学 Ali Javey，美国加州大学伯克利分校 支春义，香港城市大学 Yong-taek Hong，韩国首尔国立大学 秦峰，天马微电子 Gregory Whiting，美国科罗拉多大学博尔德分校 Dae-Hyeong Kim，韩国国立首尔大学 陆南庶，美国得克萨斯大学奥斯汀分校 Gijs Krijnen，荷兰特文特大学 Shweta Agarwala，丹麦奥胡斯大学 Aaron Mazzeo，美国罗格斯大学 Tohru Sugahara，日本大阪大学 Stephanie Lacour，瑞士洛桑联邦理工学院 Jacob Robinson，美国莱斯大学 Ashok Sridhar，荷兰霍尔斯特中心 Manos Tentzeris，美国佐治亚理工学院 Aida Todri-Sanial，法国国家科学研究中心 Boyi Hu，美国佛罗里达大学

续表

时间	地点	主办方	大会报告学者	主题演讲学者
2022/07	奥地利维也纳	奥地利维也纳技术大学 英国剑桥大学 意大利巴里大学 英国格拉斯哥大学	Thuc-Quyen Nguyen，美国加州大学圣巴巴拉分校 Antonio Facchetti，美国西北大学 Tsuyoshi Sekitani，大阪大学	Clara Santato，加拿大蒙特利尔综合理工学院 陈晓东，新加坡国立大学 Khaled Salama，沙特阿拉伯阿卜杜拉国王科技大学 Sahika Inal，沙特阿拉伯阿卜杜拉国王科技大学 Kristina Edström，瑞典乌普萨拉大学 Kaarle Jaakkola，芬兰国家技术研究中心 刘嘉，哈佛大学 Luisa Torsi，意大利巴里大学 Eva Melnik，奥地利国家技术研究院 Hans Kleemann，德国德累斯顿大学 Erika Covi，德国 NaMLab 研究所 Mario Caironi，意大利理工学院 Jasmin Aghassi-Hagmann，德国卡尔斯鲁厄理工学院 Radu Sporea，英国萨里大学 Colin Fitzpatrick，爱尔兰利莫瑞克大学 Gregory Whiting，美国科罗拉多大学博尔德分校 Stefania Carapezzi，法国蒙彼利埃大学 高伟，美国加州理工学院

2. 行业活动

中国柔性电子产业发展大会由成都高新技术产业开发区管理委员会主办，目前已于2021年9月和2022年5月举办两届。大会围绕柔性电子产业创新创业大赛、路演、对接会、论坛、柔性电子产业发展联盟理事大会等一系列活动，旨在通过招才引智、产业引进、合作交流等方式继续增强柔性显示领域研发创新能力，带动柔性产业制造及应用的转型升级，助力成都成为柔性电子产业高地。

在首届中国柔性电子产业发展大会上，成都高新区组委会与浙江清华柔性电子技术研究院、西北工业大学柔性电子研究院、华中科技大学柔性电子研究中心、电子科技大学材料与能源学院、重庆大学光电与工程学院、厦门柔性电子研究院、京东方科技集团、中国科学院重庆绿色智能技术研究院等30余家单位共同发起成立了柔性电子产业发展联盟（Flexible Electronic Industry Development Alliance，FEIDA）。FEIDA旨在为联盟成员单位提供合作交流平台，从而发挥产业各项资源的整体优势，进而推动我国柔性电子产业技术产品发展。

FEIDA 理事长单位为西北工业大学柔性电子研究院,秘书长单位为南都传媒,副秘书长单位为深圳市半导体显示行业协会。副理事长单位包括:成都电子信息产业生态圈联盟、电子科技大学材料与能源学院、华中科技大学柔性电子研究中心、江苏柔性电子重点实验室、京东方科技集团股份有限公司、南京工业大学柔性电子学院、南京邮电大学柔性电子学院、厦门大学柔性电子研究院、厦门柔性电子研究院、四川柔电科技发展有限公司、四川省电子学会、有机电子与信息显示国家重点实验室、浙江清华柔性电子技术研究院、中国科学院重庆绿色智能技术研究院。理事单位包括:成都电子学会、成都路维光电有限公司、重庆大学光电工程学院、福建师范大学海峡柔性电子学院、江苏大学智能柔性机械电子研究院、南京信息工程大学柔性电子研究院、上海海思技术有限公司、信息产业电子第十一设计研究院科技工程股份有限公司深圳分公司、中山大学深圳柔性电子学院。成员单位包括:成都柔性电子技术研究院、成都新型显示行业协会、成都职业技术学院、东莞市鸿超芯科技有限公司、惠州达成绿川薄膜开关有限公司、宁波博雅聚力新材料科技有限公司、山东东晨软件科技有限公司、深圳市吉隆洁净技术有限公司、深圳市三利谱光电科技股份有限公司、苏州市光电产业商会、中国电子科技集团公司第二十四研究所。

3. 市场动态

根据英国著名市场研究公司 IDTechEx 关于柔性电子领域最新的调研报告 *Flexible,Printed and Organic Electronics 2020 – 2030:Forecasts,Technologies,Markets*,印刷、柔性和有机电子产品的总市场规模将从 2020 年的 412 亿美元增长到 2030 年的 740 亿美元。其中,大部分是有机发光二极管、印刷生物传感器和印刷导电油墨。另外,可拉伸电子产品、逻辑和内存、柔性电池和电子织物等是较小的细分市场,但具有强劲的增长潜力。

三、 竞争与合作

基于专利和论文分析,对全球柔性电子领域的竞争格局进行分析。论文方面,在 Web of Science 论文数据库检索到 SCIE 论文和 CPCI – S 会议论文 32 426 篇,其中 SCIE 论文 24 628 篇。专利方面,近 20 年以来(2002 年 1 月 1 日至 2021 年 12 月 31

日），在 Innography 专利数据库检索到柔性电子相关申请专利 120 866 件。柔性电子相关专利申请与论文发表数量如图 2-1 所示。

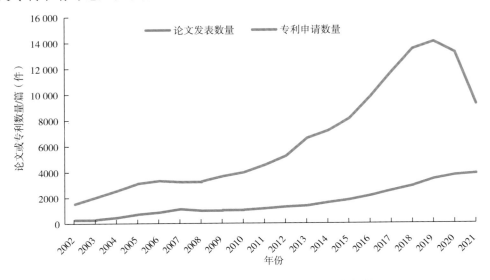

图 2-1　柔性电子相关专利申请与论文发表数量

（一）创新趋势

1. 论文视角

如图 2-2 所示，截至 2021 年 12 月，在 32 426 篇柔性电子相关 SCIE 论文和

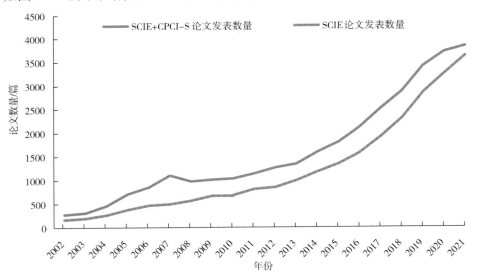

图 2-2　柔性电子相关 SCIE 论文数量与 CPCI-S 论文数量

CPCI - S 会议论文中，有 SCIE 论文 24 628 篇。总体上看，柔性电子相关论文发表量与专利申请量的变化趋势大体一致。

2．专利视角

如图 2 - 3 所示，截至 2021 年 12 月，在 120 866 件相关专利中，授权专利 72 599 件，专利总体授权率为 60%。然而，柔性电子相关专利申请在 2009 年之前一直处于较低水平，直到三星电子于当年研制出具有高透光率的 OLED 产品后，柔性电子相关专利申请开始出现爆发式增长，此后一直维持了高增长态势。专利授权量与专利申请量变化趋势大体一致。

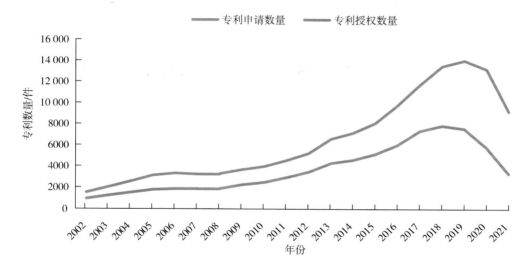

图 2 - 3　专利申请数量与专利授权数量

（二）国家（地区）竞争态势

1．论文视角

从论文视角分析，如图 2 - 4 与图 2 - 5 所示，中国大陆、韩国、美国、中国台湾和日本在柔性电子相关论文发表上也处于全球领先地位。相对于专利申请数量，印度、意大利取代法国、荷兰，进入论文发表数量前 10 名。侧重方向上，中国大陆侧重于柔性光伏储能和柔性传感，韩国侧重于柔性显示照明，美国侧重于柔性传感和柔性集成电路，日本、韩国和中国台湾均侧重于柔性显示照明。

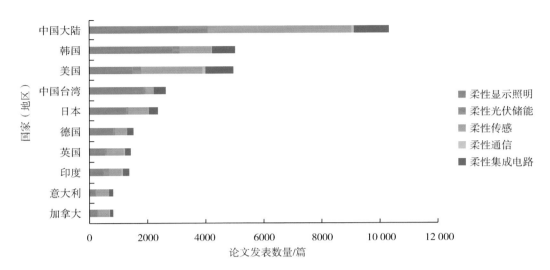

图 2 – 4　柔性电子技术论文发表数量排名前 10 位的国家和地区

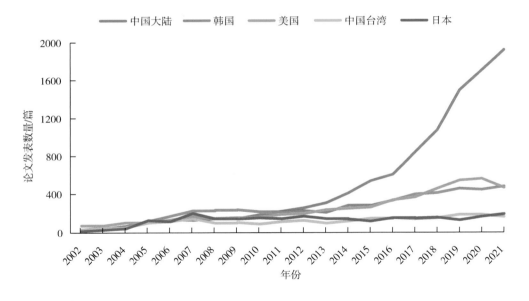

图 2 – 5　柔性电子技术论文发表数量排名前 5 位的国家和地区年度变化

2. 专利视角

从专利视角分析，如图 2 – 6 与图 2 – 7 所示，中国大陆、韩国、美国、日本和中国台湾地区在柔性电子相关专利申请上处于全球领先地位。侧重方向上，中国大陆侧重于柔性光伏储能和柔性传感，韩国侧重于柔性显示，美国侧重于柔性传感和柔性集成电路，日本和中国台湾侧重于柔性集成电路。

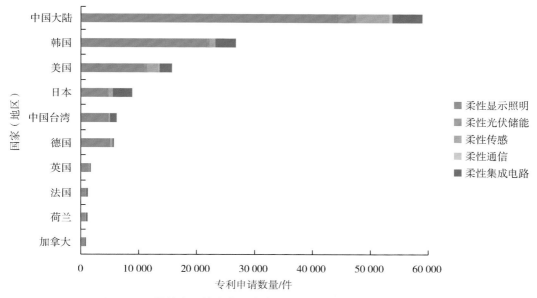

图 2 - 6 柔性电子技术专利申请数量排名前 10 位的国家和地区

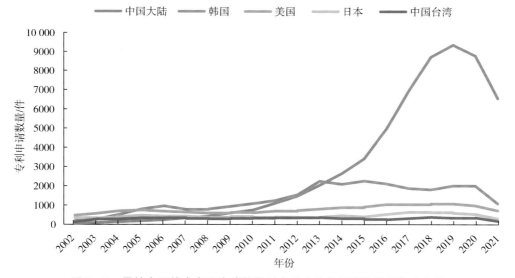

图 2 - 7 柔性电子技术专利申请数量排名前 5 位的国家和地区年度变化

(三) 机构竞争态势

1. 论文视角

如图 2 - 8 与图 2 - 9 所示,从论文发表数量看,全球排名前 20 位的机构,除三星电子外，全部为高校与科研院所，中国排名前 20 位的机构全部为高校与科研院所。从全球来看，中国科学院申请数量排名第一，美国加州大学系统和美国佐治亚大学系统发表论文的平均被引次数显著高于其他机构。

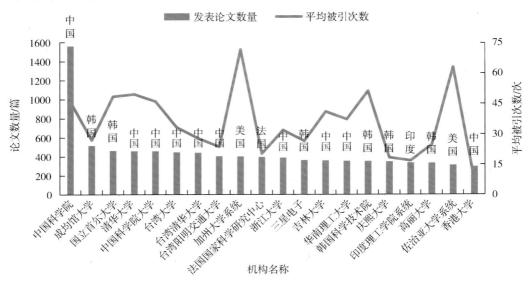

图 2 - 8　全球柔性电子论文发表数量排名前 20 位的机构

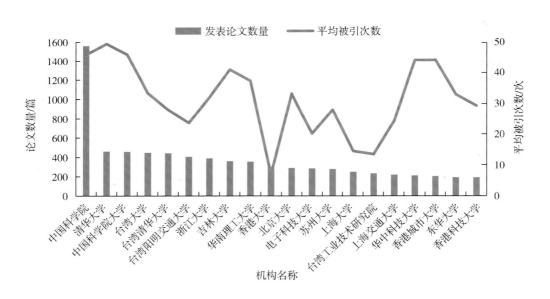

图 2 - 9　中国柔性电子论文发表数量排名前 20 位的机构

次，h 因子达 119。约翰·罗杰斯教授团队近 10 年来发表 SCI 论文数量和平均被引次数如图 2-14 所示，前十大被引论文如表 2-4 所示。

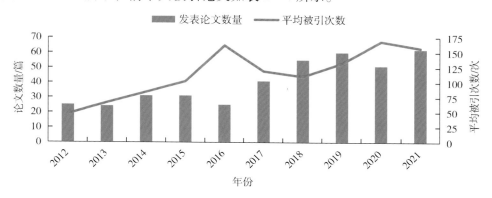

图 2-14　约翰·罗杰斯教授团队近 10 年发表 SCI 论文数和被引次数

表 2-4　约翰·罗杰斯教授前十大被引论文

序号	发表年份	论文题目	发表期刊	被引量
1	2010	Materials and mechanics for stretchable electronics	Science	3469
2	2011	Epidermal electronics	Science	3159
3	2008	Stretchable and foldable silicon integrated circuits	Science	1286
4	2010	Dissolvable films of silk fibroin for ultrathin conformal bio-integrated electronics	Nature Materials	1167
5	2008	A hemispherical electronic eye camera based on compressible silicon optoelectronics	Nature	974
6	2012	A physically transient form of silicon electronics	Science	854
7	2014	Soft microfluidic assemblies of sensors, circuits, and radios for the skin	Science	831
8	2013	High performance piezoelectric devices based on aligned arrays of nanofibers of poly (vinylidene fluoride-co-trifluoroethylene)	Nature Communications	823
9	2013	Ultrathin conformal devices for precise and continuous thermal characterization of human skin	Nature Materials	796
10	2013	Injectable, cellular-scale optoelectronics with applications for wireless optogenetics	Science	794

（二）美国斯坦福大学鲍哲南团队

1. 团队概况

美国斯坦福大学化学工程系鲍哲南教授是柔性电子领域的领军人物，同时是美国国家工程院院士和美国艺术与科学院院士，并当选中国科学院外籍院士。主要发表期刊包括：*Science*、*Nature*、*Nature Materials*、*Nature Nanotechnology*、*Nature Energy*、*ACS NANO*、*Journal of the American Chemical Society*、*Advanced Materials*、*Applied Physics Letters* 等。

2. 主要技术方向

鲍哲南教授团队专注于有机和高分子半导体材料、传感材料、有机半导体晶体管、有机太阳能电池、电子纸、人工电子皮肤、印刷有机电子和仿生有机电子等柔性电子材料和器件领域，是国际公认的柔性电子技术开创和领导团队，为医疗设备、能源存储和环境应用方面带来了前所未有的性能或功能，其研究成果为下一代基于有机光电材料的柔性电子技术提供了重要的原理和技术支撑。

3. 代表性论文

鲍哲南教授团队累计发表 SCI 论文近 705 篇，累计引用次数超过 89 963 次，h 因子达 153。鲍哲南教授团队近 10 年来发表 SCI 论文数和平均被引次数如图 2 − 15 所示，前十大被引论文如表 2 − 5 所示。

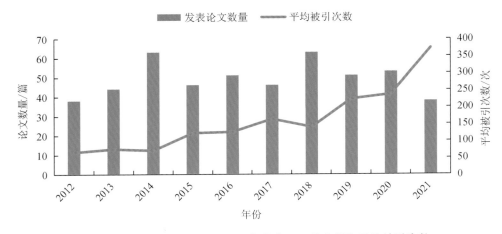

图 2 − 15　鲍哲南教授团队近 10 年发表 SCI 论文数和平均被引次数

表 2-5　鲍哲南教授团队前十大被引论文

序号	发表年份	论文题目	发表期刊	被引量
1	2008	Evaluation of solution-processed reduced graphene oxide films as transparent conductors	ACS NANO	2687
2	2011	Skin-like pressure and strain sensors based on transparent elastic films of carbon nanotubes	Nature Nanotechnology	2426
3	2010	Highly sensitive flexible pressure sensors with micro-structured rubber dielectric layers	Nature Materials	2148
4	2013	The evolution of electronic skin (e-skin): a brief history, design considerations, and recent progress	Advanced Materials	1582
5	2013	Flexible polymer transistors with high pressure sensitivity for application in electronic skin and health monitoring	Nature Communications	1443
6	2016	Pursuing prosthetic electronic skin	Nature Materials	1342
7	2019	Pathways for practical high-energy long-cycling lithium metal batteries	Nature Energy	1207
8	2013	Integrated materials design of organic semiconductors for field-effect transistors	Journal of the American Chemical Society	1147
9	2018	Skin electronics from scalable fabrication of an intrinsically stretchable transistor array	Nature	1082
10	2011	Solution-processed graphene/MnO_2 nanostructured textiles for high-performance electrochemical capacitors	Nano Letters	1061

（三）日本东京大学染谷隆夫团队

1. 团队概况

东京大学电气与电子工程系教授、普林斯顿大学的全球学者染谷隆夫是柔性电子领域的领军人物。东京大学横田智之（Tomoyuki Yokoda）是染谷隆夫教授重要搭档和团队主要成员。染谷隆夫教授团队主要发表期刊包括：*Nature*、*Science*、*Proceedings of the National Academy of Sciences*、*Nature Materials*、*Nature Communications*、*Nature Photonics* 等。

2. 主要技术方向

染谷隆夫教授团队的主要研究方向包括：有机晶体管、柔性电子、塑料集成电路、大面积传感器和塑料执行器。目前，其团队主要关注的研究主题是有机器件的生物医学应用。通过利用有机器件的柔软性和有机分子的独特功能，将生物体与电子设备协调、融合，并开发出生物有机电子器件。染谷隆夫教授团队已成功开发出世界上最轻、最薄的柔性集成电路、发光器件和有机太阳能电池，并已应用于可穿戴电子产品中。

3. 代表性论文

染谷隆夫教授团队累计发表 SCI 论文近 266 篇，累计引用次数超过 25 648 次，h 因子达 66。染谷隆夫教授团队近 10 年来发表 SCI 论文数和平均被引次数如图 2 - 16 所示，前十大被引论文如表 2 - 6 所示。

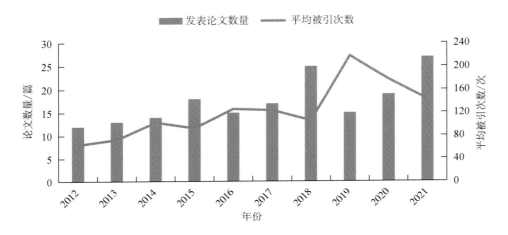

图 2 - 16　染谷隆夫教授团队近 10 年发表 SCI 论文数和平均被引次数

表 2 - 6　染谷隆夫教授团队前十大被引论文

序号	发表年份	论文题目	发表期刊	被引量
1	2010	Materials and Mechanics for Stretchable Electronics	Science	3412
2	2013	An ultra-lightweight design for imperceptible plastic electronics	Nature	1736
3	2009	Stretchable active-matrix organic light-emitting diode display using printable elastic conductors	Nature Materials	1358
4	2012	Ultrathin and lightweight organic solar cells with high flexibility	Nature Communications	1257
5	2008	A rubberlike stretchable active matrix using elastic conductors	Science	1114
6	2010	Flexible organic transistors and circuits with extreme bending stability	Nature Materials	961

序号	发表年份	论文题目	发表期刊	被引量
7	2016	The rise of plastic bioelectronics	Nature	893
8	2009	Organic Nonvolatile Memory Transistors for Flexible Sensor Arrays	Science	810
9	2013	Ultrathin, highly flexible and stretchable PLEDs	Nature Photonics	690
10	2016	Ultraflexible organic photonic skin	Science Advances	597

五、 创新企业代表

（一）韩国三星电子

1. 公司概况

三星电子（Samsung Electronics Co., Ltd.）在柔性电子领域申请专利数量最多。1938 年，该公司在韩国大邱成立，是韩国最大的电子工业企业，也是三星集团旗下最大子公司。三星电子当前总部位于韩国首尔，主力产品涉及半导体、移动电话、显示器、笔记本、电视机、电冰箱、空调、数码摄像机及 IT 产品等多领域。公司柔性电子相关业务主要包括 OLED。

2. 主营业务和产品

三星电子是小尺寸 OLED 市场"王者"，全球市场份额超过 70%，但是中大尺寸 OLED 由于技术路线错误，落后于乐金显示（LGDisplay）。目前，公司已完全退出 TFT - LCD 面板市场，而专攻 OLED 柔性显示，重点发力大中尺寸 OLED，同时投资水平蒸镀 8.5 代 QD - OLED（量子点 OLED）和垂直蒸镀 8.5 代 RGB OLED（红绿蓝 OLED）两种 OLED 技术路线。据悉，其 QD - OLED 良率已从 2021 年 11 月的 50% 上升到 2022 年 7 月的 85%。

3. 专利布局

专利方面，2002 年 1 月 1 日至 2021 年 12 月 31 日，在 Innography 专利数据库检索到三星电子（包括 Samsung Electronics、Samsung SDI、Samsung Display、Samsung Mobile Display 等）申请柔性电子相关专利 11 775 件，其中授权专利 4616 件。三星

电子柔性电子技术历年专利申请数量与授权数量如图 2 – 17 所示。

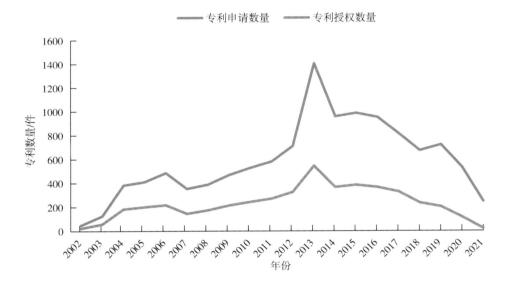

图 2 – 17　三星电子柔性电子技术历年专利申请数量与授权数量

专利布局方面，三星电子在韩国、美国、中国和欧洲市场布局了大量专利，表明其极端重视这 4 个市场。三星电子柔性电子技术全球专利布局情况如图 2 – 18 所示。

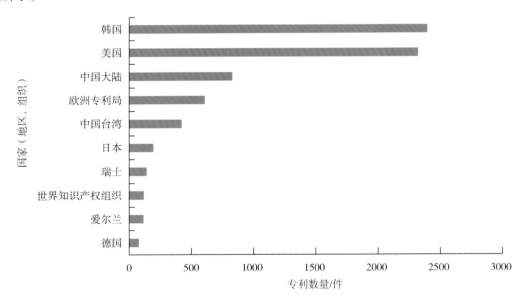

图 2 – 18　三星电子柔性电子技术全球专利布局情况

专利涉及技术领域方面，三星电子在柔性显示领域申请专利与公司业务高度贴合，在半导体（H01L）和显示屏（G09G）方面布局最多，在与其相关的数字电路（G06F）和光学器件（G02F）方面也有较多布局。三星电子申请专利前十大领域（CPC Sub Class 分类）如图 2-19 所示，分类解释如表 2-7 所示。

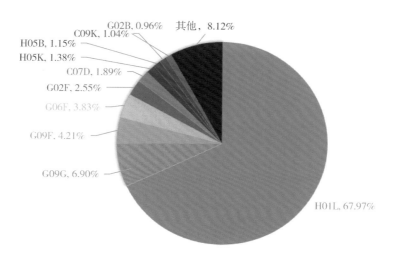

图 2-19　三星电子柔性电子技术申请专利前十大领域（CPC Sub Class 分类）

表 2-7　三星电子柔性电子技术申请专利前十大领域（CPC Sub Class 分类）释义

序号	分类号	英文含义	中文释义	申请量
1	H01L	Semiconductor devices electric solid state devices not otherwise provided for	半导体器件，其他类目中不包括的电固体器件	8004
2	G09G	Arrangements or circuits for contro of indicating devices using static means to present variable information	用静态方法表示可变信息的指示装置的控制设备或电路	813
3	G09F	Displaying；advertising，signs；labels or name-plates；seals	展示；广告、标志；标签或铭牌；封条	496
4	G06F	Electric digital data processing	电数字数据处理	451
5	G02F	Optical devices or arrangements for the control of light by modification of the optical properties of the media of the elements involved therein；non-linear optics；frequency-changing of lightoptical logic elements；optical analogue/digital converters	通过改变所涉及元件介质的光学特性来控制光的光学器件或装置；非线性光学；光逻辑元件的频率变化；光学模拟/数字转换器	300

序号	分类号	英文含义	中文释义	申请量
6	C07D	Heterocyclic compounds	杂环化合物	222
7	H05K	Printed circuits，casings or constructional details of electric apparatus，manufacture of assemblages of electrical components	印刷电路、电设备的外壳或结构零部件、电气元件组件的制造	162
8	H05B	Electric heating；electric light sources not otherwise provided for，circuit arrangements for electric light sources，in general	电加热；未另作规定的电光；一般电光源的电路装置	135
9	C09K	Materials for miscellaneous applications，not provided for elsewhere	其他杂项应用材料	123
10	G02B	Optical elements，systems or apparatus	光学元件、系统或装置	113

（二）中国京东方

1. 公司概况

京东方科技集团股份有限公司（BOE Technology Group Co.，Ltd.）简称京东方，在柔性电子领域申请专利数量仅次于三星电子。该公司于 1993 年在北京成立，是中国最大的显示屏制造企业。京东方当前总部位于北京市经济技术开发区，目前发展三大核心业务，包括：端口器件（显示与传感器件、传感器及解决方案）、物联网（智造服务、IoT 解决方案和数字艺术）和智慧医工（移动健康和健康服务）。公司柔性电子相关业务主要包括 TFT – LCD 和 OLED。

2. 主营业务和产品

京东方在 TFT – LCD 领域排名第一，全球市场份额约 29%，在中小尺寸 OLED 领域排名仅次于三星电子，全球市场份额约 10%。总体来看，京东方的显示屏业务在手机、平板电脑、笔记本电脑、显示器、电视等五大应用领域市占率稳居全球第一。目前，公司在 Mini/Micro LED、Micro OLED、量子点及光场显示等技术领域也已有良好布局。

3. 专利布局

专利方面，2002 年 1 月 1 日至 2021 年 12 月 31 日，在 Innography 专利数据库检索到京东方申请柔性电子相关专利 8414 件，其中授权专利 2941 件。京东方柔性电子技术历年专利申请数量与授权数量如图 2 - 20 所示。

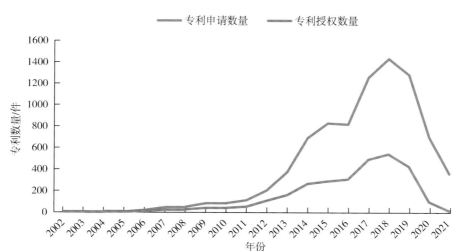

图 2 - 20　京东方柔性电子技术历年专利申请数量与授权数量

专利布局方面，京东方在中国、美国和欧洲市场布局了大量专利，表明其极端重视这 3 个市场。京东方柔性电子技术全球专利布局情况如图 2 - 21 所示。

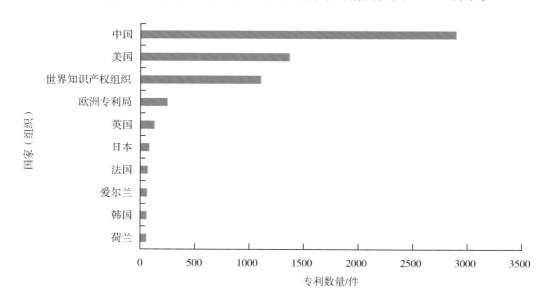

图 2 - 21　京东方柔性电子技术全球专利布局情况

专利涉及技术领域方面，京东方在柔性显示领域申请专利与公司业务高度贴合，在半导体（H01L）和显示（G09F）方面布局最多，在与其相关的显示屏

（G09G）和数字电路（G06F）方面也有较多布局。京东方申请专利前十大领域（CPC Sub Class 分类）如图2－22所示，分类解释如表2－8所示。

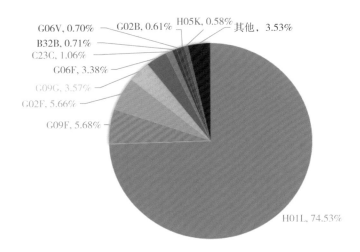

图2－22　京东方柔性电子技术申请专利前十大领域（CPC Sub Class 分类）

表2－8　京东方柔性电子技术申请专利前十大领域（CPC Sub Class 分类）释义

序号	分类号	英文含义	中文释义	申请量/件
1	H01L	Semiconductor devices electric solid state devices not otherwise provided for	半导体器件，其他类目中不包括的电固体器件	6271
2	G09F	Displaying; advertising, signs; labels or name-plates; seals	展示；广告、标志；标签或铭牌；封条	478
3	G02F	Optical devices or arrangements for the control of light by modification of the optical properties of the media of the elements involved therein; non-linear optics; frequency-changing of lightoptical logic elements; optical analogue/digital converters	通过改变所涉及元件介质的光学特性来控制光的光学器件或装置；非线性光学；光逻辑元件的频率变化；光学模拟/数字转换器	476
4	G09G	Arrangements or circuits for contro of indicating devices using static means to present variable information	用静态方法表示可变信息的指示装置的控制设备或电路	300
5	G06F	Electric digital data processing	电数字数据处理	284
6	C23C	Coating metallic material; coating material with metallic material; surface treatment of metallic material by diffusion into the surface, by chemical conversion or substitution; coating by vacuum evaporation, by sputtering, by ion implantation or by chemical vapour deposition, in general	金属材料涂层；用金属材料涂覆材料；通过向表面扩散、化学转化或替代的方法对金属材料进行表面处理；一般通过真空蒸发、溅射、离子注入或化学气相沉积等方法进行涂层	89

序号	分类号	英文含义	中文释义	申请量/件
7	B32B	Soldering or unsoldering; welding, cladding or plating by soldering or welding; cutting by applying heat locally	钎焊或非钎焊；通过钎焊或焊接进行焊接、覆层或电镀；局部加热切割	60
8	G06V	Image or video recognition or understanding	图像或视频识别或理解	59
9	G02B	Optical elements, systems or apparatus	光学元件、系统或装置	51
10	H05K	Printed circuits, casings or constructional details of electric apparatus, manufacture of assemblages of electrical components	印刷电路、电设备的外壳或结构零部件、电气元件组件的制造	49

（三）韩国乐金显示

1. 公司概况

乐金显示（LG Display Co., Ltd.）简称 LGD，隶属于韩国 LG 集团，在柔性电子领域申请专利数量排名第三。该公司成立于 1985 年，是全球第三大韩国第二大显示屏厂商。乐金显示当前总部位于韩国首尔，主力产品涉及电视、监视器、笔记本电脑、手机等应用领域。公司柔性电子相关业务主要包括 TFT-LCD 和 OLED。

2. 主营业务和产品

乐金显示是大尺寸 OLED 市场的主导厂商，全球电视 OLED 市场份额超过 60%，车用 OLED 市场份额超过 90%。目前，公司正在布局 RGB OLED 技术，并准备进一步深耕大尺寸电视、游戏和 AR/VR 市场。

3. 专利布局

专利方面，2002 年 1 月 1 日至 2021 年 12 月 31 日，在 Innography 专利数据库检索到乐金显示（包括 LG Display、LG Electronics、LG Chem Ltd.、Global OLED Technology LLC）申请柔性电子相关专利 6630 件，其中授权专利 2469 件。乐金显示柔性电子技术历年专利申请数量与授权数量如图 2-23 所示。

专利布局方面，乐金显示在韩国、美国和中国市场布局了大量专利，表明其极端重视这 3 个市场。乐金显示柔性电子技术全球专利布局情况如图 2-24 所示。

专利涉及技术领域方面，乐金显示在柔性显示领域申请专利与公司业务高度贴

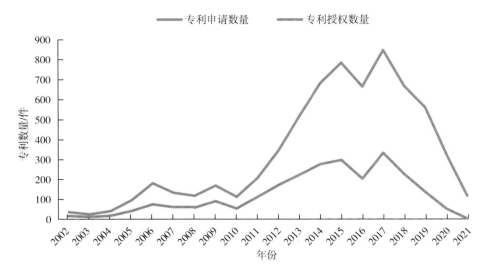

图 2 – 23 乐金显示柔性电子技术历年专利申请数量与授权数量

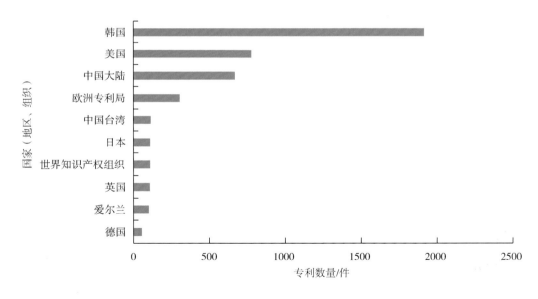

图 2 – 24 乐金显示柔性电子技术全球专利布局情况

合,在半导体(H01L)和显示屏(G09G)方面布局最多,在与其相关的数字电路(G06F)和光学器件(G02F)方面也有较多布局。乐金显示申请专利前十大领域(CPC Sub Class 分类)如图 2 – 25 所示,分类解释如表 2 – 9 所示。

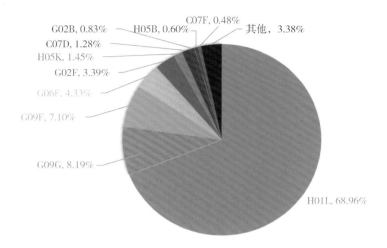

图 2 - 25　乐金显示柔性电子技术申请专利前十大领域（CPC Sub Class 分类）

表 2 - 9　乐金显示柔性电子技术申请专利前十大领域（CPC Sub Class 分类）释义

序号	分类号	英文含义	中文释义	申请量/件
1	H01L	Semiconductor devices electric solid state devices not otherwise provided for	半导体器件，其他类目中不包括的电固体器件	4572
2	G09G	Arrangements or circuits for contro of indicating devices using static means to present variable information	用静态方法表示可变信息的指示装置的控制设备或电路	543
3	G09F	Displaying；advertising，signs；labels or name-plates；seals	展示；广告、标志；标签或铭牌；封条	471
4	G06F	Electric digital data processing	电数字数据处理	287
5	G02F	Optical devices or arrangements for the control of light by modification of the optical properties of the media of the elements involved therein；non-linear optics；frequency-changing of lightoptical logic elements；optical analogue/digital converters	通过改变所涉及元件介质的光学特性来控制光的光学器件或装置；非线性光学；光逻辑元件的频率变化；光学模拟/数字转换器	225
6	H05K	Printed circuits，casings or constructional details of electric apparatus，manufacture of assemblages of electrical components	印刷电路、电设备的外壳或结构零部件、电气元件组件的制造	96
7	C07D	Heterocyclic compounds	杂环化合物	85
8	G02B	Optical elements，systems or apparatus	光学元件、系统或装置	55

序号	分类号	英文含义	中文释义	申请量/件
9	H05B	Electric heating; electric light sources not otherwise provided for, circuit arrangements for electric light sources, in general	电加热；未另作规定的电光；一般电光源的电路装置	40
10	C07F	Acyclic, carbocyclic or heterocyclic compounds containing elements other than carbon, hydrogen, halogen, oxygen, nitrogen, sulfur, selenium or tellurium	含有除碳、氢、卤素、氧、氮、硫、硒或碲以外的元素的无环、碳环或杂环化合物	32

六、 未来展望

未来，柔性电子技术在显示与信息交互、物联网、健康医疗、脑机接口、航空航天等领域具有广泛应用前景。

在显示与信息交互方面，柔性显示与信息交互系统不再受传统刚性显示系统的重量、体积等问题的限制，必须是方正的"平面"，取而代之的可以是墙面、桌面、弯曲表面甚至衣物等，显示与交互系统可折叠、展开，轻易实现"大""小"转换，不再受限于屏幕尺寸、重量。柔性显示技术将会在未来深入到日常生活的多个方面。未来人们将会要求在电子书、手表、智能卡上实现柔性显示的弯曲，在移动设备如手机、通话手环、平板电脑、笔记本电脑的显示和信息交互上实现小型化、折叠化和可拉伸的特性，对交通、车载、机载、医疗和智能系统领域同样要实现显示的柔性化，使其利用起来更加方便，在电视、显示器和户外大型显示上，柔性显示技术则意味着更多空间资源的利用，更广视角的显示、更充分的信息交互及更加绚丽的显示模式。

在物联网方面，通过应用先进的柔性材料、器件、电路和系统技术，可以实现柔性感知、柔性显示、柔性信息处理、柔性能源、柔性信息传输等功能。柔性电子技术以其良好的与生物和各种物体的共融性对曲面的适应性，将取代刚性的电子元器件，用于在各种复杂表面的集成，从而将人类社会中的各种物品和生物体连成网络，实现信息在这个网络中的自由传递。在农业、工业、交通、健康和城市基础设施等方面产生变革性的新应用和新系统。柔性电子技术对结构的健康监测也能够推动交通能源领域的发展，如用于高速铁路轮轴状态、风力发电叶片、高速旋转部件、发动机结构等的运行状态评估。

在医疗健康方面，柔性电子技术在相关行业具有非常巨大的应用前景。柔性健康监测系统可以替代目前医院和家庭中使用的大体积、难携带的医疗电子设备，通过植入、粘贴、共生等方式融入生物体，推动电子系统和生物系统的深度融合。柔性电子系统不但能够替代现有的大型医疗仪器和可穿戴医疗设备，还有希望催生出颠覆性的医疗器件和新型诊疗方式，乃至具有疾病自诊断自修复功能的人机混成生物体。基于柔性电子技术的植入式健康医疗设备可以在不影响人体正常活动的同时保持良好的工作状态，通过集成识别、监测、无线传输等系统可以做到实时监测人的生理状态，及时发现问题，做出正确的诊断和治疗，甚至做到"足不出户、看病就医"这将在很大程度上缓解现代社会医疗资源的日益紧缺的压力。

在脑机接口方面，柔性电子技术建立大脑与外部计算系统的通信，实现人机交互从机械地向计算机输入信息表达指令到通过柔性电子器件智能化地直接读取人体信息的变革，由此实现更加丰富、全面和深入的生理信息获取，从而为基础医学研究提供强大的测量工具，为更好地解释疾病的成因、发展、控制和治疗效果提供了重要的数据支持。通过柔性电子器件建立脑信号对机械臂等外部设备的控制，则能对丧失行动能力的患者提供康复服务，极大地改善其生活质量。

在航空航天方面，可靠性一直是该领域的关键问题，其中涉及飞行器、航天器的可靠性和人的可靠性。柔性电子技术用于飞行器、航天器的结构健康监测以提高载体的可靠性；用于监测飞行员、航天员训练、服役过程生理指标的变化过程，为长期心理素质评估提供准确数据，以提高人的可靠性；从而促进航空航天技术的发展和应用。

参考文献

[1] AHN J H，KIM H S，MENARD E，et al. Bendable integrated circuits on plastic substrates by use of printed ribbons of single-crystalline silicon［J］. Applied physics letters，2007，90

（21）：213501.

[2] CARLSON A，BOWEN A M，HUANGY G，et al. Transfer printing techniques for materials assembly and micro/nanodevice fabrication [J]. Advanced materials，2021，24（39）：5284 – 5318.

[3] CHASON M，BRAZIS P W，ZHANG J，et al. Printed organic semiconducting devices [J]. Proceedings of the IEEE，2005，93（7）：1348 – 1356.

[4] CONSTANT A，BURNS S G，SHANKS H，et al. Development of thin film transistor based circuits on flexible polyimide substrates [J]. Journal of the electrochemical society，1995，94（35）：392 – 400.

[5] CRABB R L，TREBLE F C. Thin silicon solar cells for large flexible arrays [J]. Nature，1967，213（5082）：1223 – 1224.

[6] GUSTAFSSON G，CAO Y，TREACY G M，et al. Flexible light-emitting diodes made from soluble conducting polymers [J]. Nature，1992，357（6378）：477 – 479.

[7] HUANG Y，CHEN H，WU J，et al. Controllable wrinkle configurations by soft micro-patterns to enhance the stretchability of Si ribbons [J]. Soft matter，2014，10（15）：2559 – 2566.

[8] HUANG Y，ZHENG N，CHENG Z Q，et al. Direct laser writing-based programmable transfer printing via bioinspired shape memory reversible adhesive [J]. ACS applied materials & interfaces，2016，8（51）：35628 – 35633.

[9] JU S，FACCHETTI A，XUAN Y，et al. Fabrication of fully transparent nanowire transistors for transparent and flexible electronics [J]. Nature nanotech，2007，2（6）：378 – 384.

[10] KHANG D Y，JIANG H Q，HUANG Y，et al. A stretchable form of single-crystal silicon for high-performance electronics on rubber substrates [J]. Science，2006，311（5758）：208 – 212.

[11] KIM D H，SONG J Z，CHOI W M，et al. Materials and noncoplanar mesh designs for integrated circuits with linear elastic responses to extreme mechanical deformations [J]. Proceedings of the National Academy of Sciences of the United States of America，2008，105（48）：18675 – 18680.

[12] KYOUNG-YONG C，SEUNGHWAN S，CHANG-SOO H. Wearable all – gel multimodal cu-

taneous sensor enabling simultaneous single-site monitoring of cardiac-related biophysical signals [J]. Advanced materials, 2022, 34 (16): 2110082.

[13] LEI T, GUAN M, LIU J, et al. Biocompatible and totally disintegrable semiconducting polymer for ultrathin and ultralightweight transient electronics [J]. Proceedings of the National Academy of Sciences of the United States of America, 2017, 114 (20): 5107 – 5112.

[14] LI H C, MA Y J, LIANG Z W, et al. Wearable skin-like optoelectronic systems with suppression of motion artifacts for cuffless continuous blood pressure monitor [J]. National science review, 2020, 7 (5): 849 – 862.

[15] HARTNEY M A. The US display consortium program on flexible, printed, and organic electronics [C] // 2007 International Semiconductor Device Research Symposium, December 12 – 14, College Park, MD, USA 2007.

[16] NATH P, IZU M. Performance of large area amorphous Si-based single and multiple junction solar cells [C] // Rec 18th IEEE Photovoltaic Specialists Conference, 1985: 939 – 942.

[17] NATHAN A, AHNOOD A, COLE M T, et al. Flexible electronics: the next ubiquitous platform [C] // Proceedings of the IEEE, 2012, 100: 1486 – 1517.

[18] OKANIWA H, NAKATANI K, ASANO M, et al. Preparation and properties of α-Si:H solar cells on organic polymer film substrate [J]. Japanese journal of applied physics, 1982, 21 (Suppl2): 239 – 244.

[19] OKANIWA H, NAKATANI K, ASANO M, et al. Production and properties of α-Si:H solar cells on organic polymer film substrate [C] // Rec 16th IEEE Photovoltaic Specialists Conference, 1982: 1111 – 1116.

[20] PARK S, HEO S W, LEE W, et al. Self-powered ultra-flexible electronics via nano-grating-patterned organic photovoltaics [J]. Nature, 2018, 561 (7724): 516 – 521.

[21] SU Q, ZOU Q, LI Y, et al. A stretchable and strain-unperturbed pressure sensor for motion interference-free tactile monitoring on skins [J]. Science advances, 2021, 7 (48): eabi4563.

[22] QIN GX, SEO J H, ZHANG Y, et al. RF characterization of gigahertz flexible silicon thin film transistor on plastic substrates under bending conditions [J]. IEEE electron device

letters, 2013, 34 (2): 262 – 264.

[23] SEKITANI T, NAKAJIMA H, MAEDA H, et al. Stretchable activematrix organic light-emitting diode display using printable elastic conductors [J]. Nature materials, 2009, 8 (6): 494 – 499.

[24] TANG C W, VAN SLYKE S A. Organic electroluminescent diodes [J]. Applied physics letters, 1987, 51 (12): 913 – 915.

[25] THEISS S D, WAGNER S. Amorphous silicon thin-film transistors on steel foil substrates [J]. IEEE electron device letters, 1996, 17 (12): 578 – 580.

[26] USDC changes name to flextech alliance: expands mission to include flexible, printed electronics [J]. Information display, 2008, 24 (8): 583 – 592.

[27] WANG S H, XU J, WANG W C, et al. Skin electronics from scalable fabrication of an intrinsically stretchable transistor array [J]. Nature, 2018, 555 (7694): 83 – 88.

[28] WANG Y, HASEGAWA T, MATSUMOTO H, et al. High-performance n-channel organic transistors using high-molecular-weight electron-deficient copolymers and amine-tailed self assembled monolayers [J]. Advanced materials, 2018, 30 (13): e1707164.

[29] WRONSKI C R, CARLSON D E, DANIEL R E. Shottky-barrier characteristics of metal-a-morphous – silicon diodes [J]. Applied physics letters, 1976, 29 (9): 602 – 605.

[30] WRONSKI T P. The birth and early childhood of active matrix: a personal memoir [J]. Journal of the society for information display, 1996, 4 (3): 113 – 127.

[31] BRODY T P. The thin film transistor: a late flowering bloom [J]. IEEE transactions on electron devices, 1984, 31 (11): 1614 – 1628.

[32] YIN Z P, HUANG Y A, BU N B, et al. Inkjet printing for flexible electronics: materials, processes and equipments [J]. 中国科学通报（英文版）, 2010, 55: 3383 – 3407.

[33] YOUNG N D, HARKIN G, BUNN R M, et al. Novel fingerprint scanning arrays using polysilicon TFT's on glass and polymer substrates [J]. IEEE electron device letters, 1997, 18 (1): 19 – 20.

[34] ZENG W, SHU L, LI Q. et al. Fiber-based wearable electronics: a review of materials, fabrication, devices, and applications [J]. Advanced materials, 2014, 26 (31): 5310 – 5336.

［35］ ZHENG Y Q，LIU Y，ZHONG D，et al. Monolithic optical microlithography of high-density elastic circuits ［J］. Science，2021，373（6550）：88 – 94.

［36］ ZHOU H，SEO J H，PASKLEWICZ D M，et al. Fast flexible electronics with strained silicon nanomembranes ［J］. Scientife reports，2013，3（1）：1291.

［37］ 常若菲，冯雪，陈伟球，等. 可延展柔性无机电子器件的结构设计力学 ［J］. 科学通报，2015，60（22）：2079 – 2090.

［38］ 冯雪. 柔性电子技术 ［M］. 北京：科学出版社，2021.

［39］ 黄维. 让中国柔性电子爆发硬核实力 ［J］. 中国科技奖励，2020（7）：8 – 9.

［40］ 李润伟，刘钢. 柔性电子材料与器件 ［M］. 北京：科学出版社，2018.

［41］ 李仲豪，郑富中. 柔性传感器研究现状与进展 ［J］. 传感器世界，2021，27（10）：1 – 7，25.

［42］ 彭增辉. 有机显示器和电子器件的柔性基板和封装 ［J］. 现代显示，2006，1：24 – 29.

［43］ 许巍，卢天健. 柔性电子系统及其力学性能 ［J］. 力学进展，2008，38（2）：137 – 150.

［44］ 邹竞. 国外印刷电子产业发展概述 ［J］. 影像科学与光化学，2014，32（4）：342 – 381.

第三章
mRNA 技术前沿态势报告

信使核糖核酸（Messenger RNA，mRNA）是一种单链核糖核酸分子，由 DNA 转录而来，继而指导蛋白质合成，是生物体内 DNA 转化为蛋白质的中转站。在过去的 20 年间，随着 mRNA 序列和递送系统的不断完善，mRNA 技术逐渐走向成熟。2020 年，新冠疫情推动了人类首次大规模应用 mRNA 技术，特别是基于 mRNA 技术开发新冠疫苗。mRNA 疫苗相比其他疫苗技术有诸多优势，包括研发周期短、生产工艺简单、免疫原性强、安全性较高等。

mRNA 技术的应用价值不仅体现在研发新冠疫苗上，还能够作为一种通用型技术平台。只需更改遗传序列即可生产针对不同病原体的疫苗或治疗药物，从而保证庞大的制造力，可迅速转型，节约时间。此外，mRNA 还可以在细胞中翻译产生任何治疗性蛋白质激活免疫系统抵抗癌症，或者替代缺陷或缺失的蛋白质。因此，mRNA 技术还有望应用于开发预防性或治疗性疫苗、药物、肿瘤免疫治疗、细胞疗法、基因编辑等多种场景，具备广阔的应用前景。

在技术创新方面，mRNA 技术具有广阔的发展空间。以 mRNA 序列优化和递送系统为核心的创新将进一步提升 mRNA 表达蛋白质的效率，拓宽 mRNA 技术的应用场景。在产业发展方面，随着 mRNA 新冠疫苗开发取得成功，mRNA 技术已成为生物医药行业关注的热点。辉瑞首席执行官 Alber Bourla 称 mRNA 技术是一种"改

（NCT02316457）。

2017 年，首个 LNP-mRNA 流感疫苗进入临床试验（NCT03076385）。同年，首个用于蛋白质替代疗法的 LNP-mRNA 制剂进入临床试验（NCT03375047）。自此，LNP 递送技术及 mRNA 序列修饰技术逐渐成熟。

2020 年至今，2020 年全球首个 mRNA 商业化产品上市，迅速得到资本市场的追捧。

2020 年，全球第一批 mRNA 新冠疫苗上市，分别是美国辉瑞（Pfizer）公司和德国 BioNTech 公司合作开发的 Comirnaty（BNT162b2）疫苗，以及美国 Moderna 公司和美国国家过敏和传染病研究所（The National Institute of Allergy and Infectious Diseases，NIAID）合作开发的 Spikevax（mRNA – 1273）疫苗。我国 mRNA 技术行业也于此时开始蓬勃发展，随着前期的技术积累逐渐成熟及资本市场的助力，mRNA 技术将进入快速发展的黄金十年。

2021 年 2 月，由美国 Moderna 公司开发的首款 mRNA 艾滋病病毒（HIV）疫苗进入临床试验。从公布的 I 期临床试验数据看，在接种疫苗的参与者中，有 97% 的人产生了有针对性的免疫反应。

2021 年 9 月，有"诺奖风向标"之称的拉斯克奖将临床医学奖授予了为 mRNA 新冠疫苗问世做出突出贡献的 Katalin Karikó 和 Drew Weissman。

2022 年 1 月，来自美国宾夕法尼亚大学的研究人员利用一次 mRNA 注射，就在患心衰的小鼠体内实现 CAR – T 细胞疗法，成功修复了小鼠心脏的功能。相关研究成果发表在 *Science* 期刊上。

2022 年 6 月，唐奖"生物医药奖"授予了 Katalin Karikó、Drew Weissman 和 Pieter Cullis，以表彰他们发现关键疫苗学观念和方法，成功开发对抗新冠肺炎的 mRNA 疫苗。

（三）关键技术

mRNA 技术产品的生产过程包括 4 步：抗原选择和 DNA 扩增、mRNA 转录和加帽、mRNA 纯化、mRNA – 递送载体复合物的形成。抗原选择和 DNA 扩增是指在确定需要表达的蛋白质（抗原或替代蛋白质）序列后，将其克隆到 DNA 质粒中，随后通过大肠杆菌扩增得到大量 DNA 作为下一步体外转录模板。mRNA 转录和加帽是指以 DNA 为模板在 RNA 聚合酶作用下体外转录生成 mRNA。mRNA 纯化是指去除转录反应所用酶、剩余核苷酸、DNA 模板、双链 RNA 等杂质。mRNA – 递送载体复合物的形成是指将 mRNA 与递送载体混合形成均一地包裹着 mRNA 的载体颗粒。整个合成过程中涉及的关键技术主要包括 mRNA 分子序列设计、递送系统优化和生产规模化。

1. 分子序列设计

mRNA 通常是不稳定的，为了提高 mRNA 的稳定性、翻译效率和表达量，增加 mRNA 疫苗的安全性和有效性，需要对 mRNA 序列进行优化。此外，mRNA 具有免疫原性，在开发 mRNA 疫苗时需要激发适当的免疫原性，而在开发基于 mRNA 的治疗性药物时需要避免免疫原性，这是在制造 mRNA 产品时需要考虑的一个重要问题。

mRNA 分子序列通常由 5' 帽子（5' – cap）、5' 非编码区（5'UTR）、编码区（ORF）、3' 非编码区（3'UTR）和 Poly A 尾（PolyAtail）组成（图 3 – 2）。对这些部分进行优化能够提升 mRNA 稳定性、降低 mRNA 免疫原性、提升蛋白质表达量（表 3 – 1）。

5' 帽子　5' 非编码区　　　　　　编码区　　　　　　3' 非编码区　Poly A 尾

图 3 – 2　mRNA 分子序列

5' 帽子：可以保持 mRNA 的稳定，提高翻译效率，同时抑制外切核酸酶对 mRNA 的降解并抑制免疫原性。在 mRNA 的 5' 端添加帽子一般有 2 种途径：①共转录加帽，即通过帽子类似物在转录过程同时加帽；②转录后加帽，即在转录后再通过加帽酶催化加帽。

5' 非编码区：调控翻译和蛋白质表达，影响 mRNA 的翻译效率、半衰期和蛋白质表达水平等。一般可以通过引入 Kozak 序列或缩短 5' 非编码区长度来增强翻译效率。

编码区：由 3 个碱基组成的密码子串联而成，可以翻译成氨基酸，形成肽链后结构化成蛋白质。通过密码子的优化（规避不常见/不安全组合）、核苷酸修饰（使用假尿嘧啶、N1 - 甲基假尿嘧啶、5 - 甲氧基尿嘧啶、2 - 硫脲嘧啶、5 - 甲基胞嘧啶、N6 - 甲基腺嘌呤等修饰核苷酸）等增强 mRNA 的稳定性和翻译效率、减少免疫原性和 mRNA 降解。尿嘧啶修饰是将 mRNA 上的尿嘧啶转变为假尿嘧啶或 N1 - 甲基假尿嘧啶，从而降低 mRNA 免疫原性及增加其稳定性。密码子优化是将密码子替换为偏好的同义密码子以及减少 5' 末端局部二级结构加快翻译速率，从而提高蛋白质表达水平。

3' 非编码区：调控翻译和蛋白质表达，影响 mRNA 的翻译效率、半衰期和蛋白质表达水平。可以通过引入稳定元件（α - 珠蛋白和 β - 珠蛋白）来增强 mRNA 的稳定性和翻译效率。

Poly A 尾：抑制 mRNA 脱帽和降解，尾巴的长度与翻译效率和蛋白质表达水平密切相关。通常 64 ~ 150 个核苷酸长度的 Poly A 尾能够实现最高水平的蛋白质表达。加尾途径一般有 2 种：①从 DNA 模板转录 Poly A 尾；②转录后酶修饰添加 Poly A 尾。

表 3 - 1 mRNA 序列优化作用

结构	修饰	作用
5' 帽子	提升 5' 端加帽效率，优化帽子结构	免疫原性下降，稳定性升高，蛋白质表达量升高
	核苷酸修饰（甲基化修饰）	降解减少，免疫原性下降，稳定性升高，蛋白质表达量升高
5' 和 3' 非编码区	长度和结构	稳定性升高，蛋白质表达量升高
编码区	核苷酸修饰（假尿嘧啶替代尿嘧啶/N1 - 甲基假尿嘧啶修饰等）	免疫原性下降，稳定性升高，蛋白质表达量升高
	密码子优化	蛋白质表达量升高
Poly A 尾	长度	稳定性升高，蛋白质表达量升高

mRNA 分子序列设计的难点主要在提升 5' 端加帽效率和编码区修饰上。目前的技术还不足以克服 mRNA 引起的免疫原性问题。此外 mRNA 分子稳定性不高，每

个分子能合成的蛋白质量有限。因此，部分研究人员在尝试开发基于环形 RNA 的产品。

环形 RNA 是一种在哺乳动物细胞中天然存在的 RNA，它们通过 RNA 前体的不同剪接方式生成。当环形 RNA 中加入病毒 RNA 中负责启动蛋白质合成的 IRES 序列后，可以让环形 RNA 与核糖体结合，启动蛋白质的合成。与线性 mRNA 相比，环形 RNA 的优势有：①环形 RNA 稳定性相对较强。环形 RNA 的结构使它们能够避免被先天免疫系统和核酸酶识别，不但能够显著降低免疫原性，而且具有更高的稳定性。②环形 RNA 生产过程相对简单。由于环形 RNA 不需要添加 5' 帽子和 Poly A 尾，在生产过程上没有合成线性 mRNA 复杂。③环形 RNA 递送效率相对较高，环形 RNA 折叠产生的构象更小巧，使用同样的递送系统可以装载更多的环形 RNA。

2. 递送系统优化

mRNA 可以通过 3 种途径递送到人体：物理递送、直接注射和载体递送。物理递送是使用物理方法使 mRNA 穿透细胞膜，如电基因枪、电穿孔法等。物理递送方法可能会引起细胞死亡。直接注射是通过皮内注射等方法直接将裸露的 mRNA 注射到人体细胞中。载体递送是通过树突状细胞、鱼精蛋白、高分子载体等将 mRNA 递送到人体细胞中。由于 mRNA 分子稳定性差，目前尚未完全实现将裸露的 mRNA 直接注射到人体发挥作用，因此载体递送方式在目前较为成熟。找到合适的载体递送系统也是一家企业技术实力的体现。

递送载体对 mRNA 的稳定性、蛋白质的合成效率起到重要作用。mRNA 通过载体递送系统进入细胞需要通过 2 个屏障：胞外屏障和胞内屏障。mRNA 在进入细胞前容易被血液中的吞噬细胞摄取或核酸酶降解。mRNA 被细胞内吞后需要从胞内体中"逃逸"出来。递送载体能够整个过程中对 mRNA 起到保护的作用。

递送载体可分为病毒载体和非病毒载体。病毒载体本身会引起炎症反应，影响 mRNA 的功效。非病毒载体在 mRNA 递送中应用更为广泛。目前已有脂质、聚合物、多肽、无机化合物、胞外囊泡等，其中脂质、聚合物最为常见。

（1）基于脂质的纳米颗粒

基于脂质的纳米颗粒递送系统主要有脂质体（Liposome）、脂质纳米颗粒（Lipid

Nanoparticle，LNP）、脂质多聚复合物（Lipopolyplex，LPP）等，其中脂质纳米颗粒是目前mRNA产品开发中最为高效的，也是唯一获得美国食品药品监督管理局（Food and Drug Administration，FDA）上市的mRNA递送系统，是目前上市的mRNA新冠疫苗使用的递送系统。

脂质体由带有极性头部基团和非极性尾部的磷脂及稳定剂（如胆固醇）组成，由于它同时具有亲水性和亲脂性，可以自发地自组装成囊泡。阳离子脂质体（Lipoplex）由阳离子脂质、中性辅助脂质和核酸组成，利用阳离子与带负电荷的核酸之间的静电作用提高包封率。较小的脂质体更有可能逃脱吞噬细胞的摄取。尽管脂质体作为核酸载体有很大的优势，但它们需要复杂的生产方法，需要使用有机溶剂，不利于大规模生产。

脂质纳米颗粒主要由阳离子脂质、中性辅助磷脂、胆固醇和聚乙二醇（PEG）修饰的脂质组成（图3-3），不同分子构成比例会影响脂质纳米颗粒系统的效率。其中，阳离子脂质是决定mRNA递送效率的关键因素，也是脂质纳米颗粒递送系统

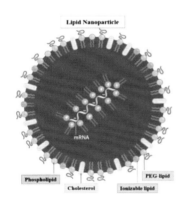
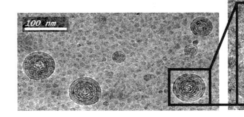

（a）脂质纳米颗粒结构示意　　　　　　（b）脂质纳米颗粒的低温透射电子显微镜图像

图3-3　脂质纳米颗粒的结构及低温透射电子显微镜图像

［典型的脂质纳米颗粒由4个部分组成：①与带负电荷的mRNA相互作用的可电离或阳离子脂质（Ionizable lipid）；②中性辅助磷脂（Phospholipid），如1,2-二油基-sn-甘油-3-磷酸乙醇胺（DOPE）和1,2-二硬脂酰-sn-甘油-3-磷酸胆碱（DSPC），类似于细胞膜中的脂质并支持双层结构；③胆固醇类似物（Cholesterol），用于调节脂质双层的流动性；④聚乙二醇修饰的脂质（PEG-lipid），用于为纳米颗粒提供水合层，从而提高纳米颗粒的稳定性，减少蛋白质吸附在纳米颗粒表面］

的核心。在低 pH 条件下，阳离子脂质与带负电荷的 mRNA 形成复合物，有利于内吞作用和内体逃逸。中性辅助磷脂为脂质双层提供结构完整性，同时帮助 mRNA 内体逃逸。胆固醇有助于稳定脂质纳米颗粒，促进膜融合。聚乙二醇修饰的脂质可以防止脂质纳米颗粒聚集并减少非特异性相互作用。脂质纳米颗粒的优点包括易于生产、可生物降解、保护包埋的核酸免受核酸酶降解和肾脏清除、促进细胞内吞和内体逃逸。

脂质多聚复合物是我国斯微生物科技有限公司自主开发的载体递送系统（图 3 - 4）。该系统是一种以聚合物包载 mRNA 为内核、磷脂包裹为外壳的双层结构。相比传统脂质纳米颗粒具有更好的包载、保护 mRNA 的效果，并能够随聚合物的降解逐步释放 mRNA 分子。脂质多聚复合物平台优异的树突状细胞靶向性可以更好地通过树突状细胞抗原递呈激活 T 细胞的免疫反应，从而达到理想的免疫治疗效果。

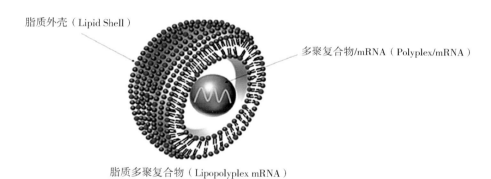

脂质外壳（Lipid Shell）

多聚复合物/mRNA（Polyplex/mRNA）

脂质多聚复合物（Lipopolyplex mRNA）

图 3 - 4　脂质多聚复合物结构示意

（2）聚合物纳米颗粒

聚合物纳米颗粒（Polymeric Nanoparticle，PNP）是使用天然聚合物（如葡聚糖、壳聚糖、环糊精）或合成聚合物（如聚乳酸、聚乙交酯丙交酯共聚物、聚己内酯）制备的。最常见的聚合物纳米颗粒形式是纳米胶囊和纳米球，它们有多个亚类，如多聚物和树枝状大分子等。聚合物纳米颗粒具有合成简单、结构多样、高转染效率和良好的生物相容性等优点。尽管在临床上远不如脂质纳米颗粒，但聚合物纳米颗粒也显示出作为 mRNA 载体递送系统的前景。聚合物纳米颗粒通常由可生物降解的含胺聚合物组成，可以与 mRNA 自组装。根据应用情况，聚合物纳米颗粒还可以与辅助磷脂、胆固醇类似物和 PEG 修饰的脂质配合使用（图 3 − 5）。

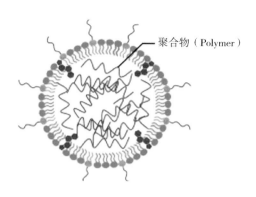

图 3 − 5　脂质 − 聚合物纳米颗粒结构示意

多聚物包括阳离子聚合物、超支化聚合物等。阳离子聚合物，如聚乙烯亚胺（PEI）、壳聚糖和可生物降解的聚酯，通过静电相互作用与 mRNA 结合并凝聚成小而紧密的结构。当阳离子聚合物与 mRNA 混合时，多聚物会自发产生。对于它们的制备，通常使用相对于 mRNA 的过量阳离子聚合物，这会产生表面带正电荷的颗粒，并更好地将 mRNA 凝聚成更小尺寸的纳米颗粒。mRNA 被包裹在聚合物中，受到聚合物链的保护，这可以阻止核酸酶的进入。此外，通过引入疏水元素，如烷基，以通过疏水聚集或通过在颗粒核心内加入共价交联剂来促进颗粒形成，实现聚合物的更高的包装稳定性。超支化聚合物，如超支化聚（β − 氨基酯）（PBAE），是可生物降解聚合物，原本用于 DNA 的递送。近期发现它也可以通过吸入将 mR-NA 递送至肺上皮细胞。

树枝状大分子，如聚酰胺胺（PAMAM），已被广泛地用于研究核酸递送。PAMAM 已被用于开发单剂量、无佐剂、肌内递送的自我复制 mRNA 疫苗平台。但是由于树枝状大分子的重复单元以树状分支出来，它们的酶促生物降解可能会因空间因素受到阻碍，从而导致这些物质在组织中积累而产生毒性。未来需要开发更利于生物降解的树枝状大分子。

3. 生产规模化

生产规模化是指能够将实验室中试工艺放大并稳定生产。这需要企业摸索具体工艺参数，形成稳定的供货体系。

生产规模化的关键之一是将 mRNA 更好地搭载至递送载体上。例如，在 mRNA 疫苗的生产过程中，将含有脂质的乙醇相和含有 mRNA 的水相混合后形成脂质超饱和状态，在毫秒级时间里自组装成纳米颗粒（图 3-6）。目前可以通过 Y 型微流控、T 型微流控、射流等方式实现这一过程，需要在实际生产过程中不断摸索具体工艺参数，从而形成可用于规模放大的稳定工艺体系。

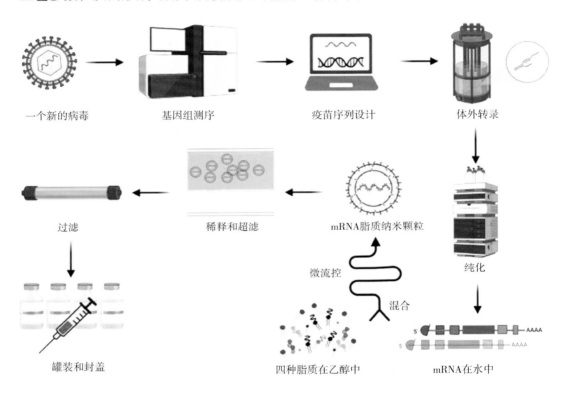

一个新的病毒　　　　基因组测序　　　　疫苗序列设计　　　　体外转录

过滤　　　　稀释和超滤　　　　mRNA脂质纳米颗粒　　　　纯化

微流控

混合

罐装和封盖　　　　四种脂质在乙醇中　　　　mRNA在水中

图 3-6　mRNA 疫苗的生产过程

mRNA 疫苗的制备主要分为 3 个阶段：第一阶段的主要任务是通过基因编辑得到具有特定 DNA 序列的质粒，这是一个技术和供应链都相对成熟的环节；第二阶段是将质粒中的 DNA 转录为 mRNA，这是 mRNA 原料酶发挥作用的时期；第三阶段则是对转录好、纯化后的 mRNA 进行封包来防止降解。

纯化工艺贯穿整个流程，高效的纯化策略至关重要。mRNA 疫苗生产过程中会产生很多杂质，无论是在质粒生产、质粒纯化与线性化过程中，还是在体外转录、加帽等过程中，均会涉及到多步纯化与超滤，如何保证上一步工艺不影响下一步工艺尤为重要，同时在纯化过程中保证 mRNA 和递送系统的稳定性也至关重要。

除组装工艺和纯化工艺之外，如何在保持组分活性不下降的情况下，将 mRNA 产品更便捷、高效地冷冻、干燥，从而保持更长时间的稳定性也是重要的生产工艺课题。

（四）产品和应用

mRNA 技术开发的产品能广泛应用于传染病疫苗、癌症疫苗、蛋白质替代等多领域（图 3 – 7）。

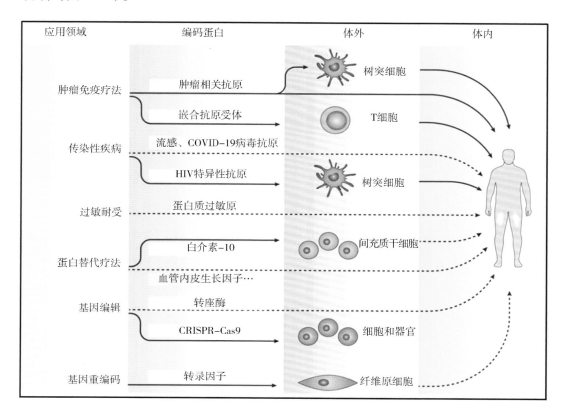

应用领域	编码蛋白	体外	体内
肿瘤免疫疗法	肿瘤相关抗原	树突细胞	
	嵌合抗原受体	T 细胞	
传染性疾病	流感、COVID–19 病毒抗原		
	HIV 特异性抗原	树突细胞	
过敏耐受	蛋白质过敏原		
蛋白替代疗法	白介素–10	间充质干细胞	
	血管内皮生长因子…		
基因编辑	转座酶		
	CRISPR–Cas9	细胞和器官	
基因重编码	转录因子	纤维原细胞	

图 3 – 7　mRNA 技术产品的应用领域

mRNA 技术产品总体可分为三大类：预防性疫苗、治疗性疫苗、治疗性药物。截至 2021 年 7 月，从产品布局来看，预防性疫苗领域的布局最为丰富，其次是治疗性药物领域，最后是治疗性疫苗领域。从研发时期来看，预防性疫苗领域发展最快，特别是 mRNA 新冠病毒疫苗研发方面已经取得成功，其次是治疗性疫苗领域，最后是治疗性药物领域。后两者由于开发难度更高，暂时还没有产品上市（图 3–8）。

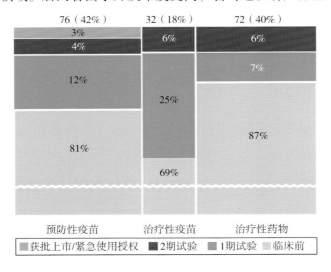

图 3–8　mRNA 技术产品研发管线（截至 2021 年 7 月）

1. 预防性疫苗

mRNA 疫苗在传染性疾病中的应用一直是研究的重点，这是由于：①与传统疫苗相比，mRNA 疫苗的研发生产速度有较大优势，能够在大型传染病的防控中迅速发挥作用（如新冠、流感等）；②部分传染性病毒（如呼吸道合胞病毒 RSV、艾滋病病毒 HIV 等）应用传统疫苗技术目前未能成功开发出疫苗，mRNA 的技术平台开辟了新的尝试路线；③对于已有疫苗预防的传染性疾病，可以尝试用 mRNA 的新技术进行产品的优化升级（如狂犬病等）（表 3–2）。

表 3–2　不同类型疫苗技术比较

疫苗种类	免疫原性	安全性	抗体特异性	成分	制备工艺	研发周期	制备周期	适用范围
减毒/灭活疫苗	强	低	低	不明确	简单	>8 年	5~6 个月	预防性
亚单位疫苗	弱	高	高	明确	复杂（需要佐剂）	>8 年	5~6 个月	预防性、治疗性
DNA 疫苗	弱	有争议	低	明确	简单	3~5 年	40 天	预防性、治疗性
mRNA 疫苗	强	高	高	明确	简单	3~5 年	40 天	预防性、治疗性

mRNA 疫苗用于传染病的预防主要分为 2 种类型：非复制 mRNA（Non-Replicating mRNA，NRM）疫苗和病毒衍生的自扩增 mRNA（Self-Amplifying mRNA，SAM）疫苗。非复制 mRNA 疫苗结构较为简单，包括：5' 帽子、编码区、5' 和 3' 非编码区及 Poly A 尾（图 3－9A），目前大部分在研及上市的 mRNA 疫苗均为此类。而自扩增 mRNA 疫苗在此基础上加入了一段可编码 RNA 依赖性 RNA 聚合酶复合物的序列（图 3－9B），可编码病毒蛋白质在体内完成复制扩增。因此自扩增 mRNA 疫苗可以实现低剂量同时发挥持久的免疫应答，但是制备复杂，复制的蛋白质可能会带来非预期的免疫反应。而非复制 mRNA 疫苗则具有更为灵活的设计和更小的分子量，具有更短的研发（5 年以内）和生产周期（约 40 天）。

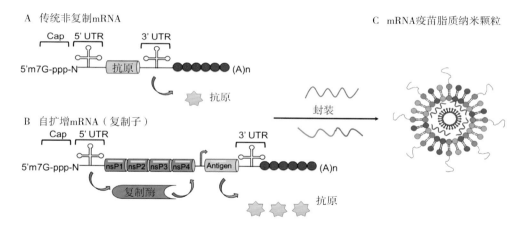

图 3－9　非复制 mRNA 和自扩增 mRNA 结构示意

除了 mRNA 新冠病毒疫苗，目前正在临床试验阶段的几款典型的 mRNA 预防性疫苗有 mRNA 流感疫苗、mRNA 呼吸道合胞病毒（RSV）疫苗、mRNA 艾滋病病毒（HIV）疫苗和 mRNA 狂犬病疫苗。

（1）流感疫苗

流感疫苗是首个用于疾病预防的 mRNA 疫苗。由于流感病毒的血凝素和神经氨酸酶极易发生变异，而且缺乏可以有效对抗此种突变病原体的广谱性疫苗，需要每年审查和修改流感疫苗的血凝素抗原成分。常规流感疫苗是利用在鸡蛋中生长的灭活流感病毒制备，具有生产时间较长，纯化较困难等问题。在体外转录合成的

mRNA 可以满足替代抗原靶标的需求，并确保在出现全新的流感毒株时快速生产疫苗。

（2）呼吸道合胞病毒（RSV）疫苗

呼吸道合胞病毒是急性下呼吸道感染的主要原因，目前尚未产生批准的 RSV 疫苗。1968 年，福尔马林灭活的 RSV 候选疫苗在儿童中引起疫苗相关增强性疾病（VAED），引发了肺部嗜酸性粒细胞和嗜中性粒细胞的过度浸润，导致 80% 接种疫苗的儿童出现严重的毛细支气管炎或肺炎，两人死亡。

目前的 RSV 候选疫苗专注于靶向高度保守的 F（Fusion）蛋白。mRNA 疫苗可以通过设计编码序列来编码稳定的 F 蛋白构象。在临床前研究中，使用阳离子纳米乳液成功递送编码天然 RSV F 蛋白或稳定预融合构象的 mRNA 疫苗和 LNP 没有观察到任何疫苗相关增强性疾病（VAED）实例。

（3）艾滋病病毒（HIV）疫苗

艾滋病病毒目前影响全球 3800 万人，预计到 2030 年将影响多达 4200 万人。2020 年，全球有 150 万例新感染和 68 万例死亡。尽管进行了 30 年的研究，目前仍未开发出有效的艾滋病疫苗，这主要源于艾滋病病毒包膜蛋白具有显著的抗原多样性和隐藏关键包膜蛋白表位的致密的"聚糖盾"，目前一些临床前研究已经使用了具有多种递送载体的编码艾滋病病毒蛋白质的 mRNA 疫苗。

（4）狂犬病疫苗

狂犬病是一种以神经系统症状为特征的人畜共患病，可以导致近 100% 的死亡率。尽管已有疫苗获得批准，但每年仍有超过 50 000 人死于狂犬病，因此需要开发更有效的疫苗。目前，主流的狂犬病疫苗包括 Vero 细胞和人二倍体细胞等技术路径。与此同时，基于 mRNA 的狂犬病疫苗也在开发中，将进一步提高狂犬病疫苗的有效性和可及性。

2. 治疗性疫苗

mRNA 癌症疫苗目前在临床上的应用主要分为 2 类：基于树突状细胞（DC）给药的 mRNA 疫苗和直接注射的 mRNA 疫苗。基于树突状细胞给药的 mRNA 疫苗是将从病人身上分离的前体树突状细胞激活形成成熟的树突状细胞，使其装载编码肿瘤抗原的 mRNA 并被再次注射到病人体内，成熟的树突状细胞可以直接激活 T 细胞，产生抗肿瘤免疫；直接注射的 mRNA 疫苗则是以粒细胞 - 巨噬细胞集落刺激因子（GM - CSF）作为佐剂，将编码肿瘤抗原的 mRNA 直接注射入患者体内，转染树突状细胞或其他免疫细胞，从而诱导特异性抗肿瘤免疫反应。目前，mRNA 癌症疫苗的开发仍面临诸多挑战。例如，必须使免疫系统产生更强的保护性效果、需要选择合适的抗原以产生肿瘤高特异性的免疫反应、肿瘤微环境的免疫抑制作用阻碍了癌症疫苗的效果等。mRNA 癌症疫苗从抗原的选择划分主要可以分为肿瘤相关抗原 mRNA 肿瘤疫苗和个性化新抗原 mRNA 肿瘤疫苗。

（1）肿瘤相关抗原 mRNA 肿瘤疫苗

肿瘤相关抗原（Tumor-associated Antigens，TAA）是指在肿瘤细胞中过度表达的蛋白质。这些抗原通常优先由肿瘤细胞表达，释放后会被树突状细胞这类抗原呈递细胞呈递给 T 细胞，随后 T 细胞通过识别肿瘤组织中的特异性抗原发挥杀伤作用。由于肿瘤细胞表达的抗原水平较低，不足以激发强有力的免疫反应。肿瘤相关抗原 mRNA 肿瘤疫苗则能够大量合成这些抗原，诱导机体产生免疫应答，进而针对性攻击肿瘤细胞。但是，肿瘤相关抗原不是肿瘤细胞特有的，在正常细胞中也有微量的表达，因此会导致肿瘤细胞对这类疫苗具有免疫耐受性并使其效果降低。

（2）个性化新抗原 mRNA 肿瘤疫苗

近年来，mRNA 技术的发展加速了新抗原（Neoantigens）mRNA 个性化肿瘤疫苗的开发。癌细胞基因突变会产生肿瘤特异性表达的新抗原，这是导致癌症疗法失效的根源。但是有些新抗原可以被人体的 T 细胞识别，且不在健康组织中表达，是治疗性癌症疫苗有吸引力的靶点之一。由于绝大多数癌症突变是个体患者所独有的，新抗原 mRNA 个性化肿瘤疫苗能够成为为每位患者量身定制的疫苗。

新抗原 mRNA 个体化肿瘤疫苗的制造首先需要从患者体内获取肿瘤组织并且对癌细胞的基因组进行测序，从而识别肿瘤特异性突变产生的新抗原基因组序列。随后通过计算方法预测新抗原能否引发 T 细胞免疫反应，确定需要优先考虑的新抗原。最后进行肿瘤疫苗的抗原设计并合成疫苗。

虽然这种方法有一些优势，但目前制备新抗原需要很长时间：平均需要 160

天。由于患者肿瘤基因组可能在从筛选到测序再到疫苗研制的过程中发生快速变化，将可能降低这种疫苗的有效性。因此，用于快速筛查、识别和预测肿瘤新抗原的分析技术对于有效的新抗原 mRNA 肿瘤疫苗的开发至关重要。

3. 治疗性药物

使用 mRNA 技术给药，通常被称为蛋白质替代疗法，是 mRNA 技术一个新兴的领域。将 mRNA 注射到人体或体外培养的细胞中使其表达免疫调节蛋白（如抗体或细胞因子）、免疫刺激蛋白、酶等功能蛋白能够起到治疗疾病的效果。

但是目前该应用领域进展较慢，存在诸多挑战。首先，与传染病和癌症疫苗相比，需要生产更多的蛋白质才能使此类治疗有效。在某些情况下，可能需要患者终身重复给药治疗。其次，需要将 mRNA 输送到所需的器官和细胞类型，以实现最佳的治疗效果。例如，某些蛋白质需要进一步糖基化修饰或水解处理才能发挥完全的功能。这种修饰方式通常是组织依赖性的，并且不能简单地由 mRNA 序列决定的，因此需要组织特异性地递送 mRNA。目前使用的脂质纳米颗粒（LNP）递送系统通常倾向于到达肝脏。因此需要通过改变脂质成分来使其靶向其他器官。

目前，基于 mRNA 的蛋白质替代疗法主要聚焦于罕见病（如遗传性代谢疾病）、传染病、癌症，以及与 CAR-T 细胞疗法和基因编辑疗法的结合应用上。

（1）罕见病药物

全球罕见病患者的总人数占据了世界人口的 10%，超过了全部癌症和艾滋病患者的总和。但是罕见病种类非常多，达到了 7000 多种，每种罕见病的患者人数却很少，这使得开发一种罕见病药物所需的研发成本高，阻碍了罕见病药物的开发。mRNA 技术的高灵活性、低成本优势，使其非常有利于应用于罕见病药物开发。由于大部分罕见病在儿童期发病，这类药物也将给许多儿童带来福音。

罕见病大部分是遗传性疾病，患者大多由于某些功能蛋白质基因突变导致相关功能缺失。使 mRNA 编码相关蛋白质可以恢复患者体内的相关蛋白质水平。目前已有多家公司对这一领域进行了布局，针对的疾病包括鸟氨酸氨甲酰基转移酶缺乏症、苯丙酮尿症、肺囊性纤维化、糖原贮积病 Ia 型等。

（2）传染病药物

近年来越来越多的单克隆抗体药物被用于预防或治疗传染性疾病（如艾滋病

等)。但是这些单克隆抗体药物在生产过程中面临许多挑战。首先,大部分单克隆抗体药物都是由哺乳动物细胞生产的,后续需要大量的纯化工作。其次,单克隆抗体药物在生产过程中有多种多样的翻译后修饰,如糖基化、脱酰胺化、氧化修饰等,以上修饰都会影响抗体的活性和安全性。因此,单克隆抗体药物在生产过程需要一系列严格的表征和质控,需要昂贵的后期开发才能进入临床试验。将表达单克隆抗体遗传信息的 mRNA 瞬时递送到患者体内使其原位表达,则可以省去抗体药物制备过程中烦琐耗时的环节。单克隆抗体药物由 20 种不同氨基酸组成,每种氨基酸都有不同的理化性质需要考虑。而 mRNA 仅由 4 种核苷酸组成,且具有高度的物理化学一致性,不需要为每一种编码单克隆抗体的 mRNA 药物量身定制所需要的表达纯化条件。当传染性疾病暴发时,mRNA 药物能够快速被设计出来,无须进行复杂的生产条件优化。

(3) 癌症免疫治疗

mRNA 技术应用于抵抗癌症的另一种策略是将编码免疫刺激蛋白的 mRNA 注射到肿瘤内,通过刺激免疫系统将免疫细胞浸润很少的"冷"肿瘤转化为免疫细胞浸润增加的"热"肿瘤,促进抗肿瘤免疫反应。这些免疫刺激蛋白包括双特异性抗体(如双特异性 T 细胞激动剂)、细胞因子(如 IL - 12)、共刺激配体和受体(如 OX40L 和 OX40)等。

双特异性 T 细胞激动剂(bispecific T-cell engager,BiTE)是一类人工双特异性单克隆抗体,由不同抗体的两个单链可变片段(Single-chain Variable Fragment,ScFv)组成。一个 ScFv 通过 CD3 受体与 T 细胞结合;另一个通过肿瘤特异性分子与肿瘤细胞结合形成了 T 细胞和肿瘤细胞之间的联系,使 T 细胞通过产生穿孔素和颗粒酶等蛋白质对肿瘤细胞发挥细胞毒活性。BiTE 在生产制造方面的挑战和血清半衰期短阻碍了该药物分子的应用潜力。而使用工程化的 mRNA 在患者体内表达产生 BiTE 能够规避这些问题。例如,在小鼠肿瘤模型中,利用 mRNA-LNP 递送紧密连接蛋白 claudin 6 和 T 细胞受体(TCR)相关分子 CD3 的 BiTE,能够持续编码产生治疗水平的 claudin 6 × CD3 形式的 BiTE。

重组刺激性细胞因子用于癌症治疗已经通过了临床前验证,但其临床开发受到了严重毒性的阻碍。例如，高剂量 IL－2 和 IFN－α 具有低缓解率和高毒性。T 细胞的激活需要抗原呈递细胞传递的共刺激信号。如果没有共同刺激，T 细胞要么死亡，要么变得无反应。而针对肿瘤微环境中的共刺激分子的激动剂抗体疗法是高度通用的，使其成为肿瘤免疫治疗的理想候选药物分子。但和细胞因子相似，毒性作用也阻碍其临床转化。基于 mRNA 的细胞因子和共刺激分子疗法可以通过肿瘤内局部注射，让细胞因子和共刺激分子集中表达在肿瘤内。此外，各种 mRNA 还可以混合使用。例如，在小鼠肿瘤模型中，将细胞因子 IL－23、IL－36γ 及共刺激分子 OX40L 组合起来形成 IL－23/IL－36γ/OX40L 三联体 mRNA 药物，能够触发大量免疫细胞被募集到肿瘤中，有效地破坏肿瘤。

（4）CAR－T 细胞疗法和基因编辑疗法

mRNA 技术也可以应用于细胞疗法和基因编辑疗法中。CAR－T 细胞疗法是指嵌合抗原受体 T 细胞免疫疗法，它是通过在 T 细胞表面表达 CAR 蛋白使其与肿瘤细胞表面的靶抗原结合，刺激 T 细胞产生强大的抗肿瘤反应。与通常使用的改造 T 细胞的方法相比，mRNA 的瞬时表达不会将基因整合到细胞的基因组中，因此不会使 T 细胞被持久激活。除了向细胞中递送表达 CAR 蛋白的 mRNA，还可以同时向细胞中递送编码免疫刺激因子、趋化因子受体等多种调节免疫系统的 mRNA，从而优化治疗效果。基因编辑技术越来越多地被使用。但是利用 DNA 表达核酸酶会导致核酸酶长期存在于细胞中，容易引起脱靶效应。利用 mRNA 技术则能够在细胞内瞬时表达核酸酶，从而大大减少脱靶风险。

二、 政策与动态

（一）政策

1. 技术研发

美国是全球率先对 mRNA 技术领域进行研发布局的国家，其开展的多项研发计划主要面向传染病和癌症领域，以应对生物安全威胁和降低癌症死亡率。欧盟和中国在重大计划中对 mRNA 技术的研发也都有所布局，以推动该领域原创性成果的获取。

（1）美国国防部高级研究计划局（DAPRA）开展一系列研发项目

美国是最早开始布局 mRNA 技术研发的国家。早在 2012 年，DARPA 就最先开始研发 mRNA 疫苗，启动了多个研发项目。

2012 年，DARPA 启动"自主诊断以实现预防和治疗计划（ADEPT：PROTECT）"项目，旨在通过开发新技术来快速识别和应对由自然和人为因素产生的病毒或毒素威胁，从而支持部队个人和整体的健康保护。该项目首次利用 mRNA 技术研发新型疫苗和治疗药物。通过该技术，研究人员可以从康复患者身上识别保护性抗体，然后制造出能够指导患者身体产生类似保护性抗体的核酸。与已有的抗体生产方法相比，这些核酸"蓝图"可以快速大量生产。在该项目的资助下，Moderna 公司验证了将编码 ChikV 病毒抗体的 mRNA 注射到人体能够使人体产生相应抗体，并于 2019 年报告了该临床研究结果，证明了 mRNA 技术平台的安全性及在人体中产生保护水平的功能性抗体的能力。2020 年，Moderna 公司启动了针对 SARS – CoV – 2 病毒的基因编码抗体的人体试验。

2017 年 3 月，在"ADEPT：PROTECT"项目研究成果的基础上，DARPA 又启动了"大流行病预防平台（P3）"项目，旨在快速发现、表征、生产、测试和交付针对传染病的有效 DNA 和 RNA 编码的医疗对策。通过"P3"项目资助的机构包括杜克大学、范德比尔特大学、生物制药公司 MedImmune 和生物制品公司 Abcellera。

2019 年 10 月，DARPA 启动"全球核酸按需计划（NOW）"，旨在开发移动应急医疗产品（Medical Countermeasures，MCMs）制造平台，争取在几天内快速生产、配置和包装数百种核酸治疗剂（包括疫苗和各类药物）。NOW 的目标是在军事行动的任何地方提供即时的威胁响应，以减轻传染病威胁。该计划为期 3 年，将分为 3 个阶段：阶段一是研究合成核酸的新生物或化学方法，并探索纯化、分析和配制新合成材料的相关技术；阶段二是通过系统集成，开发一个完整的、端对端的移动制造平台；阶段三将侧重于人类临床研究。DARPA 已将 NOW 项目的合同授予 Moderna 公司和 GE Research 公司。

（2）美国国家过敏和传染病研究所（NIAID）资助传染病 mRNA 疫苗和药物研发

2021 年 11 月，NIAID 启动大流行防范计划，研究可能导致大流行病病毒的医疗对策。该计划把研究重点放在原型病原体（即可能导致重大人类疾病的病毒家族中的代表性病毒，如沙粒病毒家族中的拉沙病毒、胡宁病毒）和优先病原体（即已知能导致重大人类疾病或死亡的病毒，如埃博拉病毒、寨卡病毒），资助研究这些病毒的致病机制，开发检测方法、预防疫苗、治疗药物及开展早期临床试验。该计划将利用 mRNA 平台技术开发针对这些病毒的预防疫苗和治疗药物。随后，NIAID 与 Moderna 公司合作研发的 mRNA 尼帕病毒疫苗，并于 2022 年 7 月 11 日启动临床试验，这是该计划启动的首个原型病原体临床试验。2022 年 3 月 14 日，NIAID 还资助了一项评估 mRNA 艾滋病疫苗的 I 期临床试验。

（3）美国"癌症登月计划"将支持 mRNA 癌症疫苗研发

2022 年 2 月，美国总统拜登为"癌症登月计划（Cancer Moonshot）"提出新的目标：计划在未来 25 年内将癌症死亡率降低 50% 以上，并提升癌症幸存者的健康水平。该计划也将支持 mRNA 癌症疫苗的研发。

（4）欧盟"地平线 2020 框架计划"为 mRNA 疗法研发项目提供资金

2019 年 10 月，欧盟启动了一项名为 EXPERT 的研发项目，旨在开发 mRNA 治疗拓展平台。欧盟"地平线 2020 框架计划"将在五年内向该项目提供 1490 万欧元的资金。该项目将由来自 11 个国家的学者合作完成，它们将共同开发用于治疗转移性三阴性乳腺癌和心力衰竭的 mRNA 疗法，并开发将 mRNA 递送到靶细胞的有效递送方法。

（5）我国"前沿生物技术"和"合成生物学"重点专项布局核酸疫苗和药物研发

2022 年，科技部发布的国家重点研发计划"前沿生物技术"重点专项申报指南中提到，将支持开展基因治疗的体内靶向递送关键技术、肿瘤疫苗关键技术及产品研发项目。在"合成生物学"重点专项申报指南中提到，将支持实体瘤相应增强的免疫细胞治疗体系设计合成与应用研发项目。这些项目都将涉及核酸疫苗和核酸药物的开发。

2. 产业支持

mRNA 技术因其自身的诸多优势备受业界瞩目。特别是在新冠疫情暴发后，

mRNA 技术较强的可拓展性受到了许多企业的青睐。中国、德国、英国、欧盟、WHO 等政府或组织都积极为 mRNA 技术领域产业发展提供支持，以拓展 mRNA 技术在传染病、癌症、蛋白质替代疗法等领域的应用。

（1）德国政府向 mRNA 技术公司投资

2020 年 6 月，德国政府推出"新冠经济刺激和未来技术一揽子计划"，其中提出将为 CEPI 联盟（流行病防范创新联盟）提供资金，并为德国开发新冠疫苗提供资金，以确保尽快提供有效和安全的疫苗，使这种疫苗可以在德国快速生产。作为实施该计划的一部分，德国政府通过国有银行 Kreditanstalt für Wiederaufbau 向 mRNA 技术公司投资 3 亿欧元，该银行将获得公司 23% 的股份。公司将利用这笔资金推进其 mRNA 药物和疫苗的生产线并扩大其业务。

（2）德国政府建立 mRNA 能力中心

2022 年 7 月，德国政府在德国公司 Wacker Chemie AG（WACKER）的哈雷生物技术基地建设 mRNA 能力中心。该中心将生产 mRNA 活性成分，用于生产冠状病毒疫苗和治疗癌症的医疗产品等。其中部分产能将提供给德国政府以应对未来的任何可能出现的流行病。

（3）英国政府与 mRNA 技术公司达成投资协议

2022 年 6 月，英国政府与 mRNA 技术公司 Moderna 达成投资协议，将在英国建立 mRNA 创新和技术中心。Moderna 公司计划通过投资研发（R&D）活动来扩大其在英国的业务。此外，英国政府购买了 6000 万剂 Moderna 公司的 mRNA 新冠疫苗。

（4）WHO 建立 mRNA 新冠疫苗技术转移中心

2021 年 6 月，WHO 宣布在低收入和中等收入国家建立 mRNA 疫苗技术转移中心，帮助这些国家获得利用 mRNA 技术大规模生产疫苗的能力，从而更好地应对疫情。该中心将与当地生产商提供 mRNA 技术培训和财政支持，为生产技术、质量控制和产品监管提供人力资本和必要的许可。获得技术帮助的国家主要分布在南美洲、非洲、南亚。2022 年 2 月，WHO 宣布了首批六个将获得生产 mRNA 疫苗技术的国家，分别是埃及、肯尼亚、尼日利亚、塞内加尔、南非和突尼斯。

（5）核酸疫苗和药物被我国列为重点发展领域

近年来，我国产业政策的变更越来越鼓励医药行业，尤其是创新药行业的发展。2016 年 7 月,国务院发布《"十三五"国家战略性新兴产业发展规划》,提出要发展先进高效生物技术,包括新型生物医药技术,开展重大疫苗、抗体、免疫治疗、基因治疗、细胞治疗等关键技术研究,加快开发具有重大临床需求的创新药物和生物制品,构建具有国际竞争力的医药生物技术产业体系。《卫生事业发展"十二五"规划》《医药工业发展规划指南》《"十三五"生物产业发展规划》等政策的出台,明确提出要大力开展生物技术药物创制和产业化,重点发展领域中包括核酸类药物。一系列国家政策的出台,为核酸药物行业发展提供了有力保障。

2022 年 1 月,在九部门联合印发的《"十四五"医药工业发展规划》中,将开发核酸疫苗技术列为医药产业化技术攻关工程。在支持新型疫苗研发和产业化能力建设方面,规划明确提及将支持建设 mRNA 疫苗技术平台,推动相关产品的开发和产业化,鼓励企业和科研院所、疾控机构联合建设疫苗应急研发和产业化公共服务平台,提升安全性评价、临床研究、中试生产等各环节保障能力。鼓励疫苗生产企业和关键原辅料、耗材、设备企业加强协作,针对应急状态下可能出现的峰值需求,提高供应链应急适配能力。2022 年 5 月,国家发展改革委发布《"十四五"生物经济发展规划》,其中再次明确表示,将核酸疫苗列为重点发展领域。

(6)我国建立核酸产业生态圈

2021 年 10 月,上海杭州湾经济技术开发区举办首届核酸产业论坛,并为"东方美谷·生命信使"核酸产业生态圈特色园区揭牌。该核酸产业园将于 2022 年 7 月中旬在上海奉贤区的杭州湾经济技术开发区开工,将打造 720 亩核酸产业首发地、先行区、更新区、核酸生态配套区等,总投资 100 亿元,计划 2023 年建成投用,预计将实现年产出 100 亿元,年税收 10 亿~15 亿元的经济规模。

3. 监管政策

mRNA 技术作为一项新兴技术,在解决疾病困扰的同时也会带来一些安全问题。目前,缺乏专门针对 mRNA 技术产品的政策文件。虽然 mRNA 技术产品可以借鉴基因治疗产品相关的部分要求,但是该类疗法与基因治疗产品的风险不同,并

胞的识别，只有百分之零点几。所以我们需要建立一个平台，能够快速筛选有效的肿瘤新抗原。

对于国内外在mRNA技术上存在的差距，杨海涛教授表示，首先我们没有源头的原创技术，从序列实际上说，去年没有一家公司做系统设计的优化，整体来说，生物医学的数据和序列基本上掌握在国外手里；第二点是在递送的专利上，递送专利是我们是没有拿到任何原创东西。在mRNA产品的研发过程中，我们可以用公开的配方，但是一旦进入生产，我们要给对方交专利费。国内也有自主研发的递送系统，但目前还不具备实用性。接下来还有很多需要布局，我们在原底层技术上可能无法突破，如果mRNA技术成为主流，我们可以进行改造，如靶向技术，在序列设计和优化方向我们也有一些机会，因为肿瘤类型比较多，有100多种，每一种都不一样。他认为我们不一定要追求完全的独立自主，因为在生物医药方面我们的积累比较慢。

（三）行业动态

1. 市场情况

2020年是mRNA技术平台的突破元年，mRNA新冠病毒疫苗的推出和广泛使用极大地提升了mRNA技术的融资和市场活力。辉瑞和BioNTech合作开发的Comirnaty及Moderna开发的Spikevax在2020年12月相继获得FDA紧急使用授权用于预防由严重急性呼吸综合征冠状病毒2（SARS－CoV－2）引起的新冠肺炎。2021年，Comirnaty和Spikevax的销售额分别达到了369亿美元和177亿美元，两款mRNA新冠病毒疫苗在全球防疫中大放异彩，这也预示着mRNA技术正式进入商业化时代。

波士顿咨询公司发表在*NatureReviews Drug Discovery*的文章预测，2021年mRNA技术产品的市场规模将超过500亿美元，但是短期内，mRNA技术产品市场仅是基于mRNA新冠病毒疫苗的销售。2023—2025年，预计由于主要市场对mRNA新冠病毒疫苗的需求减少及缺乏新产品发布，mRNA技术产品的市场规模将下降。而随着其他预防性疫苗和治疗性疫苗的进入，预计从2028年起mRNA技术产品的市场规模将增长，到 2035 年将达到 230 亿美元（图 3 - 10）。

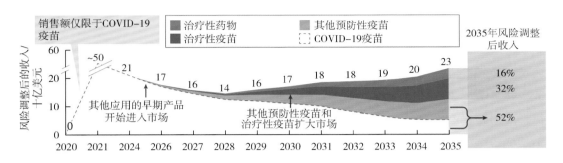

图 3 - 10　mRNA 技术产品市场规模预测

从 mRNA 技术产品的应用细分领域来看，截至 2021 年 7 月，31 家 mRNA 公司的 180 个在研产品中，76 个为预防性疫苗，32 个为治疗性疫苗，72 个为治疗性药物（图 3 - 11）。

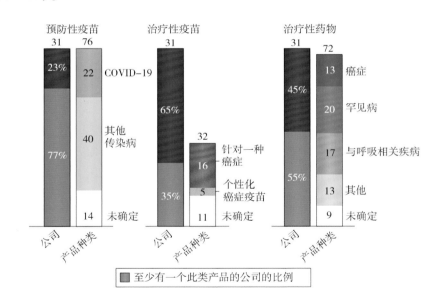

图 3 - 11　mRNA 技术产品研发管线

76 个预防性疫苗中，mRNA 新冠病毒疫苗占据 22 个，其他感染性疾病疫苗 40 个。预计 2035 年预防性疫苗的市场规模将达到 120 亿~150 亿美元，超过总市场规模的 50%。mRNA 新冠病毒疫苗预计贡献 50 亿美元，其他感染性疫苗预计 2024—2025 年开始进入市场销售，随着市场的开拓和放量，预计 2035 年销售额将达到

70 亿～100 亿美元。

32 个治疗性疫苗中，21 个为肿瘤疫苗，其中 16 个为单一癌种疫苗，5 个为个性化肿瘤疫苗。预计 2035 年治疗性疫苗的市场规模将达到 70 亿～100 亿美元，达到总市场规模的 32%。其中个性化肿瘤疫苗的销售峰值为 50 亿美元，单一癌种疫苗的销售峰值为 13 亿美元。

72 个治疗性药物中，13 个为癌症药物，20 个为罕见病治疗药物，17 个为呼吸系统疾病治疗药物。预计 2035 年治疗性药物市场规模将达到 40 亿～50 亿美元，达到总市场规模的 16%。其中癌症治疗药物的销售峰值为 11 亿美元，罕见病治疗药物的销售峰值为 5 亿美元，呼吸系统疾病治疗药物的销售峰值为 18 亿美元。

2. 市场动态

当前，mRNA 技术领域的龙头公司包括 Moderna 公司、BioNTech 公司和 Curevac 公司等。此外，eTheRNA、ReCode Therapeutics、Orna Therapeutics 等新兴公司也纷纷致力于 mRNA 技术的研发。

eTheRNA 是一家比利时 mRNA 技术平台公司，依托其专有的 mRNA TriMix 平台开发免疫疗法治疗传染病和癌症。公司具备包括 mRNA 序列设计和优化在内的综合能力，能够设计和制造定制脂质纳米颗粒（Customized Lipid Nanoparticle，cLNP）制剂。2022 年 8 月，它在 B2 轮融资中筹集了 3900 万欧元。

ReCode Therapeutics 是一家美国基因药物公司，为呼吸系统疾病开发有针对性的疾病改善疗法。其开发的器官特异性靶向递送平台 SORT – LNP 可以实现向特定器官递送包括 mRNA、siRNA、DNA 在内的核酸药物，而不像传统的脂质纳米颗粒局限于肝脏。2022 年 6 月，它完成了 1.2 亿美元的 B + 轮融资，将 B 轮融资总之提高到 2 亿美元。

Orna Therapeutics 是世界首家利用环形 RNA 开发新疗法的公司，其主要项目是一种原位 CAR 疗法（isCARTM），利用其工程化的环形 RNA 分子和定制的脂质纳米颗粒将嵌合抗原受体蛋白直接送到患者体内的免疫细胞。2021 年 2 月，该公司完成了首轮融资 8000 万美元，2022 年 8 月完成了 B 轮融资 2.21 亿美元。

辉瑞（Pfizer）、赛诺菲（Sanofi）、默沙东（Merck Sharp & Dohme）、葛兰素史

克（GSK）等海外大型疫苗、制药企业也纷纷通过合作或收购等方式在 mRNA 技术领域加深行业布局力度（表 3－5）。例如，2018 年 10 月，辉瑞公司与 BioNTech 公司合作开发 mRNA 流感疫苗。2020 年 4 月，辉瑞公司与 BioNTech 公司合作开发 mRNA 新冠病毒疫苗，并成功开发了首款获得 FDA 紧急使用授权的 mRNA 新冠病毒疫苗 Comirnaty（BNT162b2）。这款疫苗为辉瑞公司贡献了约 71% 的疫苗业务收入，成为辉瑞最热门的产品，助力辉瑞跃居全球疫苗领域第一。2022 年 1 月，辉瑞公司与 BioNTech 公司开启第三次合作，开发 mRNA 带状疱疹疫苗。2015 年和 2019 年，赛诺菲两次与 BioNTech 合作开发 mRNA 肿瘤疫苗。2021 年 8 月，赛诺菲以 32 亿美元收购美国 mRNA 技术公司 TranslateBio。2020 年 7 月，葛兰素史克与 CureVac 公司达成 8.5 亿欧元的 mRNA 技术战略合作，双方将合作开展 mRNA 传染病疫苗和 mRNA 单克隆抗体药物研究。2022 年 8 月，默沙东与环形 RNA 疗法研发公司 Orna Therapeutics 达成总额高达 36.5 亿美元的研发合作，共同开展基于环形 RNA 的在传染病和肿瘤学领域的疫苗和疗法。

表 3－5　国外企业合作情况

时间	龙头公司	mRNA 技术公司	合作场景
2013 年 3 月	英国阿斯利康（AstraZeneca）	美国 Moderna	开发治疗心力衰竭、代谢和肾脏疾病、癌症的 mRNA 药物
2013 年	美国强生旗下的杨森制药	德国 CureVac	开发 mRNA 流感疫苗
2014 年	法国赛诺菲	德国 CureVac	开发 mRNA 疫苗
2014 年	德国勃林格殷格翰（BI）	德国 CureVac	开发 mRNA 治疗性肺癌疫苗
2015 年 1 月	美国默沙东	美国 Moderna	开发 mRNA 传染病疫苗
2015 年 11 月	法国赛诺菲	德国 BioNtech	开发 mRNA 肿瘤免疫疗法
2016 年 1 月	英国阿斯利康	美国 Moderna	开发 mRNA 癌症药物
2016 年 5 月	德国拜尔（Bayer）	德国 BioNtech	开发针对动物健康的新一代 mRNA 疫苗和药物
2016 年 6 月	美国默沙东	美国 Moderna	开发 mRNA 个性化肿瘤疫苗
2016 年 7 月	美国 Vertex Pharmaceuticals	美国 Moderna	开发治疗肺囊性纤维化疾病的吸入式 mRNA 疗法

学科中发表的所有论文按被引用次数由高到低进行排序，排在前 1% 的论文。截至 2022 年 8 月的 ESI 数据统计结果（表 3 – 8），mRNA 技术领域的高被引论文共 374 篇。在排名前十位的高被引论文中，2 篇为综述论文，其余均为研究性论文。研究性论文中，第 1、第 2、第 6、第 10 篇都是关于 mRNA 新冠病毒疫苗的研究，主要探讨两款上市的 mRNA 新冠病毒疫苗的安全应和有效性，以及它们的临床表现情况。第 3 篇是关于 mRNA 技术在基因编辑疗法中的应用。第 5 篇是关于利用 mRNA 技术将体细胞重编程为干细胞。2010 年，这一研究被《时代》杂志评为当年的十大医学突破之一。第 7 篇是关于 RNA 修饰提升 RNA 蛋白质表达效率的。第 9 篇是关于构建个性化 RNA 肿瘤疫苗的。

表 3 – 8　mRNA 技术领域前 10 位高被引论文

排序	论文题目	第一作者	出版年份	被引频次	论文类型
1	Safety and Efficacy of the BNT162b2 mRNA Covid – 19 Vaccine	Polack, Fernando P.	2020	5451	研究
2	Efficacy and Safety of the mRNA – 1273 SARS – CoV – 2 Vaccine	Baden, Lindsey R.	2021	3564	研究
3	One-Step Generation of Mice Carrying Mutations in Multiple Genes by CRISPR/Cas-Mediated Genome Engineering	Wang, Haoyi	2013	2336	研究
4	Non-viral vectors for gene-based therapy	Yin, Hao	2014	1962	综述
5	Highly Efficient Reprogramming to Pluripotency and Directed Differentiation of Human Cells with Synthetic Modified mRNA	Warren, Luigi	2010	1773	研究
6	An mRNA Vaccine against SARS – CoV – 2 – Preliminary Report	Jackson, L. A.	2020	1513	研究
7	N – 6 – methyladenosine Modulates Messenger RNA Translation Efficiency	Wang, Xiao	2015	1463	研究
8	mRNA vaccines-a new era in vaccinology	Pardi, Norbert	2018	1268	综述
9	Personalized RNA mutanome vaccines mobilize poly-specific therapeutic immunity against cancer	Sahin, Ugur	2017	1132	研究
10	Safety and Immunogenicity of Two RNA-Based Covid-19 Vaccine Candidates	Walsh, Edward E.	2020	1108	研究

热点论文是在过去两年内发表，截至 2022 年 9 月的 Essential Science Indicators

数据统计结果，其被引频次进入其相应学科类别最优秀的 0.1% 之列。mRNA 技术领域热点论文共 99 篇。这 99 篇热点论文中 90 篇都是 mRNA 新冠病毒疫苗相关论文，其余 9 篇论文中（表 3 - 9），5 篇为综述，4 篇为研究性论文。其中 3、6 篇论文分别关于将 mRNA 技术应用于 CRISPR-Cas9 基因编辑系统治疗转甲状腺素蛋白淀粉样变性（一种罕见病）和癌症。第 8 篇论文是将 mRNA 技术应用于治疗代谢疾病。第 9 篇论文是今年新发表在 *Science* 期刊的论文，是将 mRNA 技术与 CAR - T 细胞疗法结合治疗心衰。

表 3 - 9　mRNA 技术领域非 mRNA 新冠病毒疫苗热点论文

排序	论文题目	第一作者	发表时间	论文类型	被引频次
1	Engineering precision nanoparticles for drug delivery	Mitchell, Michael J	2021 年 2 月	综述	909
2	Lipid nanoparticles for mRNA delivery	Hou, Xucheng	2021 年 12 月	综述	227
3	CRISPR-Cas9 In Vivo Gene Editing for Transthyretin Amyloidosis	Gillmore, Julian D.	2021 年 8 月	论文	203
4	mRNA vaccines for infectious diseases: principles, delivery and clinical translation	Chaudhary, Namit	2021 年 11 月	综述	115
5	Lipid Nanoparticles-From Liposomes to mRNA Vaccine Delivery, a Landscape of Research Diversity and Advancement	Tenchov, Rumiana	2021 年 11 月	综述	109
6	CRISPR-Cas9 genome editing using targeted lipid nanoparticles for cancer therapy	Rosenblum, Daniel	2020 年 11 月	论文	89
7	Self-assembled mRNA vaccines	Kim, Jeonghwan	2021 年 3 月	综述	78
8	In vivo adenine base editing of PCSK9 in macaques reduces LDL cholesterol levels	Rothgangl, Tanja	2021 年 8 月	论文	68
9	CAR-T cells produced in vivo to treat cardiac injury	Rurik, Joel G	2022 年 1 月	论文	50

2. 专利视角

从 2002 年 8 月 1 日到 2022 年 8 月 1 日，在 Innography 专利数据库中，共检索到 mRNA 技术领域专利数量为 7700 件。其中申请（Applications）专利有 6139 件，获得授权（Grants）的专利有 1561 件，专利授权率为 20%。

这次检索的专利年份为专利优先权年。专利优先权是指专利申请人就其发明创造第一次在某国提出专利申请后，在法定期限内，又就相同主题的发明创造提出专利申请的，根据有关法律规定，在其后申请可以将第一次专利申请的日期作为其申请日，专利申请人依法享有的这种权利即为优先权。专利优先权有助于排除在其他国家抄袭此专利者有抢先提出申请，而取得注册之可能。专利优先权年的变化趋势快于专利公开时间的变化趋势，其间隔大约为 2 年，这段时间正好是大多数专利的申请公开受理时间。通过专利优先权年的变化趋势能够判断技术最早的发展动向。

从 mRNA 技术领域专利逐年申请和授权情况（图 3 – 14）可以看出，mRNA 技术领域相关专利在 2010 年之前逐年的申请和授权量有缓慢增长，从 2010 年开始有较快的增长。2010 年，美国 mRNA 技术公司 Moderna 成立。2012 年，首个脂质纳米颗粒(LNP) – mRNA 疫苗注射到小鼠体内，LNP 递送系统已经发展成熟，为后续更多 mRNA 产品的开发奠定了基础。2014—2017 年，专利申请量在之前的基础上有更快的增长，在 2017 年到达顶峰。2017 年，首个脂质纳米颗粒(LNP) – mRNA 流感疫苗进入临床试验。同年，首个用于蛋白质替代疗法的脂质纳米颗粒(LNP) – mRNA 药物进入临床试验。2017 年以后，专利申请量有所下降，暗示 mRNA 产品的关键技术专利已经比较成熟，部分产品已经开始进入临床前或临床试验阶段。由于优先权年与公开年大约间隔 2 年，2000—2022 年还有许多专利尚未公开，因此数

图 3 – 14　mRNA 技术领域专利逐年申请和授权情况

据仅供参考。

（二）国家（地区）竞争态势

1．论文视角

各个国家的论文发表数量反映了各个国家在这个领域的研究规模大小。从 2002
年 8 月 1 日到 2022 年 8 月 1 日，Web of Science 核心论文数据库中检索到的 mRNA
技术领域相关的 SCIE 论文中，论文数量排名前 10 位的国家分别是美国、中国、德
国、意大利、日本、英国、法国、比利时、加拿大和西班牙。其中，美国论文发表
数量遥遥领先（图 3 - 15）。

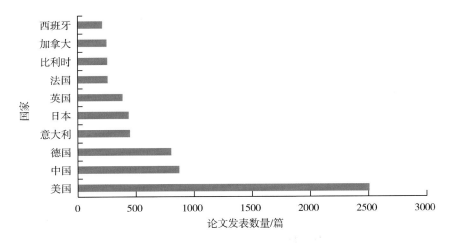

图 3 - 15　mRNA 技术领域论文发表数量排名前 10 位国家

从论文数量排名前 5 位国家的逐年发表情况来看（图 3 - 16），美国、中国从
2014—2020 年就在 mRNA 技术领域进行了研究，发表论文篇数较多，其他国家研
究较少，发表论文篇数较少。2020 年后各国在该领域的相关论文数都迅猛增长，特
别是德国和意大利，这主要是由于 2020 年新冠疫情，mRNA 新冠病毒疫苗受到了
更多关注。

2．专利视角

在 Innography 专利数据库中，从 2002 年 8 月 1 日到 2022 年 8 月 1 日，各国、
各地区和知识产权组织 mRNA 技术发明人所属地共有 43 个，居前 5 位的分别是美

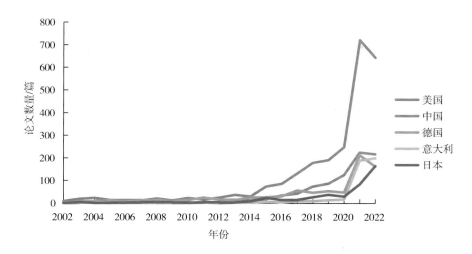

图 3 – 16　论文数量排名前 5 位国家逐年发表论文数量

国（4880 件）、中国（699 件）、德国（667 件）、欧洲专利局（378 件）、日本（156 件）。其中来自美国的专利数量远远超过其他国家或知识产权组织（图 3 – 17）。

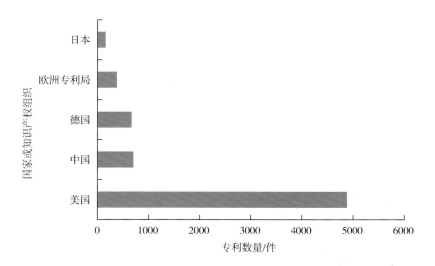

图 3 – 17　mRNA 技术领域专利数量排名前 5 位的国家（地区、组织）

从来源于美国、中国、德国、欧洲专利局和日本的 mRNA 技术专利逐年发展趋势看（图 3 – 18），美国机构从 2007 年起就开始在该领域进行大量专利布局，从 2017 年开始呈下降趋势。中国机构从 2016 年开始在该领域进行专利布局。德国、欧洲专利局、日本的机构在该领域的专利布局没有特别明显的趋势。

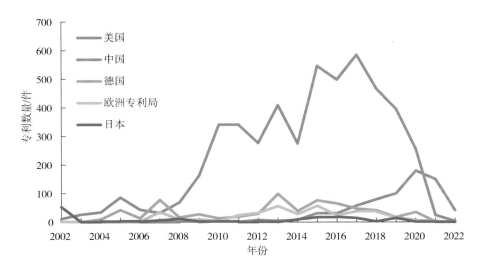

图 3 – 18　专利数量排名前 5 位的国家（地区、组织）的专利数逐年发展情况

从 mRNA 技术领域专利申请的目标国家（地区、组织）排名前 5 位区域分布情况可以看出（图 3 – 19），美国既是最大的专利申请技术来源国，受理的专利申请数量也是全球首位（1759 件）。其余 4 位分别是世界知识产权组织（1187 件）、中国（978 件）、欧洲专利局（924 件）、英国（919 件）。其中世界知识产权组织受理的专利数量排名第 2 位，说明 mRNA 技术领域专利中全球布局的专利已经占领了较大比例。

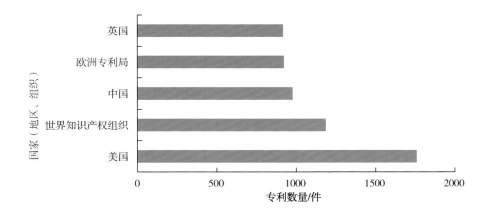

图 3 – 19　mRNA 技术领域专利申请的目标国家（地区、组织）排名前 5 位区域分布情况

通过对比技术来源国为美国和中国的专利申请目标国情况（图 3 − 20、图 3 − 21）可以看出，来自于中国的专利除了在数量上与美国差距较大，主要还限于在本国申请，向世界知识产权组织、美国、英国提交的专利申请数量占比非常低。这一方面是因为 PCT 申请、美国专利申请的高额费用门槛所限，另一方面也表明中国相关专利申请人进行全球布局的意识还不够强。

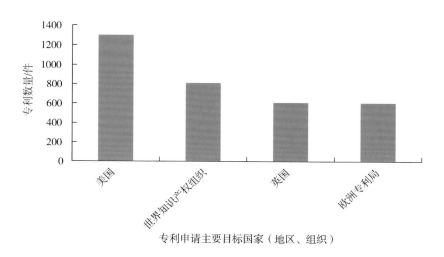

图 3 − 20　技术来源国为美国的专利申请主要目标国家（地区、组织）

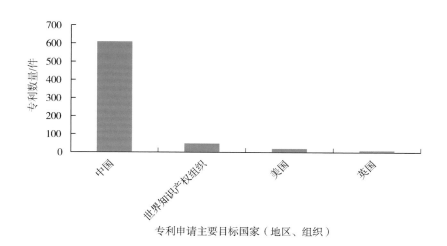

图 3 − 21　技术来源国为中国的专利申请主要目标国家（地区、组织）

（三）机构竞争态势

1. 论文视角

全球 mRNA 技术领域相关论文数量排名前 20 位的机构如表 3 - 10 所示，可以看出，除了第 18 位是 BIONTECH SE 公司外，其他都是高校或科研院所。

表 3 - 10　mRNA 技术领域相关论文数量排名前 20 位的机构及所在国家

排序	机构名称	机构类型	所在国家	论文数量/篇
1	哈佛大学	高校	美国	452
2	加利福尼亚大学	高校	美国	411
3	UDICE 法国研究型大学联盟	高校	法国	327
4	美国国立卫生研究院（NIH）	科研院所	美国	325
5	中国科学院	科研院所	中国	306
6	伦敦大学	高校	英国	289
7	得克萨斯大学系统	高校	美国	238
8	特拉维夫大学	高校	以色列	218
9	汉堡大学	高校	德国	204
10	宾夕法尼亚大学	高校	美国	179
11	法国国家科学研究中心（CNRS）	科研院所	法国	170
12	亥姆霍兹协会	科研院所	德国	149
13	麻省理工学院	高校	美国	127
14	法国国家健康与医学研究院（INSERM）	科研院所	法国	125
15	杜克大学	高校	美国	123
16	约翰斯·霍普金斯大学	高校	美国	120
17	图宾根大学	高校	德国	106
18	BIONTECH SE	企业	德国	99
19	美因茨大学	高校	德国	96
20	斯坦福大学	高校	美国	95

中国的 mRNA 技术领域相关论文发表机构排名前 10 位的都是高校或科研院所，

其中中国科学院发表的论文篇数排名第一（表 3 – 11）。

表 3 – 11 中国 mRNA 技术领域相关论文发表数量居前 10 位的机构分布

序号	机构名称	机构类型	论文数量/篇
1	中国科学院	科研院所	306
2	中国医学科学院北京协和医学院	高校	56
3	上海交通大学	高校	48
4	浙江大学	高校	46
5	香港大学	高校	45
6	中山大学	高校	43
7	四川大学	高校	43
8	复旦大学	高校	35
9	吉林大学	高校	28
10	南京医科大学	高校	28

2. 专利视角

mRNA 技术领域专利申请数量居前 20 位的机构中（表 3 – 12），有 16 家是企业。值得注意的是排在前 8 位的全部为企业，排名前 4 位的分别为 Moderna、Translate Bio、Curevac 和 Biontech。除了 Translate Bio 于 2016 年被赛诺菲公司收购，其余 3 家企业被称为 mRNA 领域的三巨头。

表 3 – 12 mRNA 技术领域专利申请数量居前 20 位机构及国家分布

序号	机构名称	机构类型	所在国家	专利数量/件
1	Moderna, Inc.	企业	美国	1088
2	Translate Bio, Inc.	企业	美国	546
3	Curevac GmbH	企业	德国	450
4	Biontech Se	企业	德国	306
5	GlaxoSmithKline plc	企业	英国	277
6	Novartis AG	企业	瑞士	244
7	Takeda Pharmaceutical Company Limited	企业	日本	168

序号	机构名称	机构类型	所在国家	专利数量/件
8	Arbutus Biopharma Corporation	企业	加拿大	140
9	University Of Pennsylvania	高校	美国	127
10	Intellia Therapeutics，Inc.	企业	美国	90
11	The Broad Institute，Inc.	企业	美国	85
12	CRISPR Therapeutics AG	企业	瑞士	83
13	Massachusetts Institute Of Technology	高校	美国	78
14	Johnson & Johnson	企业	美国	70
15	Regeneron Pharmaceuticals，Inc.	企业	美国	66
16	Ethris GmbH	企业	德国	64
17	The University Of Texas System	高校	美国	59
18	University Of California	高校	美国	58
19	Atyr Pharma，Inc.	企业	美国	54
20	Johannes Gutenberg University Mainz	高校	德国	54

图 3 - 22 所展示的是从近 20 年全球 mRNA 技术专利的技术创新力和商业化能力来考查，全球 mRNA 技术专利数量前 20 位机构的技术实力与收入情况对比。图中不同气泡代表不同的专利权人，气泡大小代表专利权人的专利数量多少。横坐标代表技术实力（专利权人专利总量、专利分类号数量、单篇引用的相对数量等指标计算得到），数值越大表示在本领域的技术实力越强。纵坐标表示综合实力（专利权人总收入、诉讼案件数量、发明人区域相对数量等计算得到），数值越大说明技术转化为市场的能力（专利利用能力）越强。Moderna 公司位于图中最右侧，拥有最多的 mRNA 技术相关专利，拥有最强的技术研发能力，但技术转化为市场的能力较弱。Moderna 公司是一家专门研究 mRNA 技术的公司，但目前仅有一款 mRNA 技术产品上市。瑞士诺华公司（Novartis AG）位于图中中间偏上位置，拥有较多的 mRNA 技术相关专利，中等的技术研发能力和较强的技术转化为市场能力。

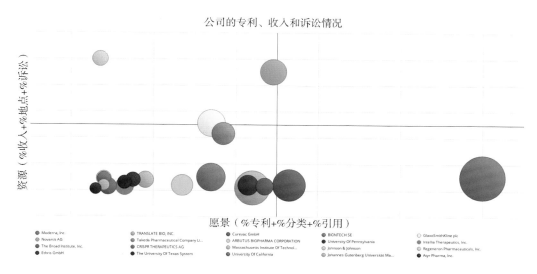

公司的专利、收入和诉讼情况

图 3－22　全球 mRNA 技术专利数量前 20 位机构的技术实力与收入情况对比

中国专利申请机构的 mRNA 技术领域相关专利数量排名（表 3－13），科研院所和高校是专利申请的主要来源，其中中国科学院专利数量最多。前 10 位机构中有 2 家企业，分别为深圳瑞吉生物科技有限公司和珠海丽凡达生物技术有限公司。

表 3－13　中国专利申请机构的 mRNA 技术领域相关专利数量排名前 10 位分布

序号	机构名称	机构类型	专利数量/件
1	中国科学院	科研院所	53
2	深圳瑞吉生物科技有限公司	企业	38
3	中山大学	高校	15
4	湖南师范大学	高校	12
5	军事医学科学院基础医学研究所	科研院所	9
6	珠海丽凡达生物技术有限公司	企业	9
7	华东师范大学	高校	7
8	扬州大学	高校	7
9	北京大学	高校	7
10	浙江大学	高校	7

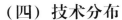

（四）技术分布

1. 论文视角

对 mRNA 技术领域发表的论文所属学科的分布情况进行分析发现（表 3 - 14），共涵盖了 128 类，其中排名第一的是免疫学（Immunology），共 1319 篇论文，表明目前 mRNA 技术领域研究主要集中在预防性传染病疫苗和癌症免疫疗法领域。

表 3 - 14　mRNA 技术相关论文前 10 位研究方向

序号	WOS 类别	释义（中文）	论文数量/篇
1	Immunology	免疫学	1319
2	Medicine Research Experimental	医学研究实验	1208
3	Oncology	肿瘤学	594
4	Biochemistry Molecular Biology	生物化学分子生物学	587
5	Biotechnology Applied Microbiology	生物技术应用微生物学	558
6	Pharmacology Pharmacy	药理药学	509
7	Multidisciplinary Sciences	多学科科学	482
8	Cell Biology	细胞生物学	447
9	Genetics Heredity	遗传学	437
10	Medicine General Internal	普通内科	423

2. 专利视角

专利视角的技术分布从 IPC 分类号进行分析。从最近 20 年 mRNA 技术领域专利分类（表 3 - 15）来看，排名第一的技术主题是：C12N 15/00［突变或遗传工程；遗传工程涉及的 DNA 或 RNA，载体（如质粒）或其分离、制备或纯化］，主要涉及其中的一个小组 C12N 15/11（DNA 或 RNA 片段；其修饰形式）。排名第二的技术主体是：A61K 39/00（含有抗原或抗体的医药配制品），主要涉及其中的一个小组 A61K 39/39（以免疫刺激添加剂为特征，如化学佐剂）。排名第三的技术主题是：A61K 9/00（以特殊物理形状为特征的医药配制品），主要涉及其中的一个小组 A61K 09/127（脂质体）。各分类号的具体含义如表 3 - 15 所示。

500）。Moderna 首次进入 500 强，名列第 195 位。

2. 企业动态

2013 年，Moderna 与阿斯利康（AstraZeneca）达成合作关系，将合作开发治疗严重心血管、代谢和肾脏疾病及癌症的 mRNA 药物。2016 年，Moderna 与阿斯利康再次达成合作，开发癌症 mRNA 药物。

2015 年，Moderna 与默沙东就传染病 mRNA 疫苗达成合作关系，默沙东将获得 Moderna 的 5 种候选产品的商业化权力；2016 年，Moderna 与默沙东再次达成合作，基于 mRNA 的个性化疫苗技术为癌症提供新思路；2018 年，Moderna 与默沙东共同开发针对 KRAS 的 mRNA 疫苗（mRNA – 5671）。

2016 年，Moderna 与 Vertex 签订总额超 3 亿美元的研发授权协议，Moderna 将开发治疗肺囊性纤维化疾病的吸入式 mRNA 疗法。目前，该疗法已经完成了临床前研究，预计将在 2022 年下半年进入临床试验阶段。

2020 年 12 月，Moderna 开发的 mRNA 新冠病毒疫苗 Spikevax（mRNA – 1273）获得美国 FDA 批准，是 FDA 正式批准的第二款 mRNA 疫苗，也是该公司首个获得 FDA 正式批准的产品。

2021 年 12 月，Moderna 和美国国立卫生研究院传染病研究所（NIAID）在国际顶尖医学期刊 *Nature Medicine* 发表研究论文。该研究表明，采用新冠 mRNA 疫苗同平台技术的实验性 mRNA 艾滋病疫苗，在小鼠和非人灵长类动物展现了强大的前景。该疫苗不仅安全，而且能引发靶向 HIV 样病毒所需的抗体和细胞免疫反应。与未接种的恒河猴相比，接种该实验性疫苗并加强接种后的恒河猴暴露在与 HIV 相关的猴免疫缺陷病毒（SHIV）后感染的风险降低了 79%。

2022 年 5 月，Moderna 宣布将利用其 mRNA 疫苗研发平台，开展猴痘 mRNA 疫苗的研发工作。

3. 核心技术和产品

在 mRNA 序列优化方面，Moderna 公司的创始人之一 Rossi 博士曾经开发了一种能够诱导多能干细胞（iPS）的 RNA 组合物，其中 RNA 的胞嘧啶（C）和尿嘧啶（U）分别用 5 – 甲基胞嘧啶和假尿嘧啶替代。这种修饰能够提高 mRNA 的稳定性。

在上述研究的基础上，Moderna 进一步开发了改良 mRNA 的技术以降低外源 mRNA 进入人体之后引起的炎症反应，该技术方案是使用 1 – 甲基假尿苷对 RNA 进行修饰。

在递送技术方面，主要关注点是增加靶向递送效率、提高转染效率和降低毒性。Arbutus 公司是脂质纳米颗粒递送技术的开山鼻祖，发明脂质纳米颗粒递送技术的目的原本是用于递送乙肝 RNAi 药物。后来，脂质纳米颗粒递送技术被多家开发 mRNA 的公司青睐，其中包括 Moderna。Moderna 最初是从 Acuitas 公司获得了脂质纳米颗粒的递送技术授权，但该合作曾引起专利纠纷。Acuitas 公司的该项脂质纳米颗粒技术授权从 Arbutus 公司获得，在 Arbutus 公司发现 Acuitas 公司将该项技术授权于 Moderna 公司后，计划终止此前对 Acuitas 公司的授权协议，最终结果是 Moderna 公司说无法使用该项技术开发其他产品。Moderna 公司在和 Arbutus 公司的合作终止后，研发出了自己的脂质纳米颗粒递送系统，可以适用于肌肉注射、肿瘤内注射、吸入式等多种给药方式。

在产品研发方面（表 3 – 17），截至 2022 年第二季度，Moderna 公司共有 46 个研发项目，共开发 31 种疫苗。Moderna 主要专注于 4 个医学领域——传染病、免疫肿瘤学、罕见病和自身免疫性疾病。

从 Moderna 公司研发管线的临床阶段可知，Moderna 公司在传染病领域的布局最为成熟，目前已有流感病毒疫苗（mRNA – 1010）、呼吸道合胞病毒（RSV）疫苗（mRNA – 1345）和巨细胞病毒（CMV）疫苗（mRNA – 1647）进入Ⅲ期临床试验阶段。艾滋病病毒（HIV）、塞卡病毒、尼帕病毒疫苗等均已进入临床阶段。在 mRNA 癌症疫苗方面，Moderna 公司与默沙东公司合作开发的针对黑色素瘤的个性化新抗原 mRNA 肿瘤疫苗（mRNA – 4157）已经进入Ⅱ期临床试验阶段。大多数基于 mRNA 的蛋白质替代疗法均在临床前研究。其中，进度最快的是阿斯利康公司和 Moderna 公司共同启动的 AZD8601，目前完成了Ⅱa 期临床试验低剂量队列的患者注册，AZD8601 的治疗策略是通过在局部诱导 VEGF – A 蛋白的表达，促进支配供血不足的心肌区域的新血管再生，从而改善心脏功能，减少心脏损伤。其在Ⅰ期临床试验中，AZD8601 表现出良好的安全性，并且皮内注射 AZD8601 在提高局部 VEGF – A 蛋白表达水平的同时，暂时提高了皮肤血流，表现出促进血管再生的潜力。

表 3-17　Moderna mRNA 技术产品研发管线

分类	病毒、靶蛋白或编码的蛋白质	疫苗名称	合作企业	临床阶段
传染病疫苗	新冠病毒	mRNA-1273/Spikevax©	—	上市
	新冠病毒 Omicron 变异株 + 野生型	mRNA-1273.214	—	Ⅲ期临床
	新冠病毒 Omicron（BA. 4/5）变异株 + 野生型	mRNA-1273.222	—	Ⅲ期临床
	COVID-19 新冠病毒奥密克戎变异株	mRNA-1273.529	—	Ⅲ期临床
	新冠病毒 Beta 变异株	mRNA-1273.351	—	Ⅱ期临床
	新冠病毒 Delta 变异株	mRNA-1273.617	—	Ⅱ期临床
	新冠病毒 Beta 变异株 + 野生型	mRNA-1273.211	—	Ⅱ期临床
	新冠病毒 Beta 变异株 + Delta 变异株	mRNA-1273.213	—	Ⅱ期临床
	下一代新冠病毒疫苗（2~5 ℃）	mRNA-1283	—	Ⅱ期临床
	流感病毒	mRNA-1010	—	Ⅲ期临床
		mRNA-1020	—	Ⅲ期临床
		mRNA-1030	—	Ⅰ期临床
		mRNA-1011	—	临床前
		mRNA-1012	—	临床前
	老年人呼吸道合胞病毒（RSV）	mRNA-1345	—	Ⅲ期临床
	新冠 + 流感病毒	mRNA-1073	—	Ⅰ期临床
	新冠 + 流感 + 呼吸道合胞病毒（RSV）	mRNA-1230	—	临床前
	地方性流行冠状病毒	mRNA-1287	—	临床前
	儿童呼吸道合胞病毒（RSV）	mRNA-1345	—	Ⅰ期临床
	儿童人偏肺病毒（hMPV）+ 副流感病毒 3 型（PIV3）	mRNA-1653	—	Ⅰ期临床
	儿童呼吸道合胞病毒（RSV）+ 人偏肺病毒（hMPV）	mRNA-1365	—	临床前
	巨细胞病毒（CMV）	mRNA-1647	—	Ⅲ期临床
	EB 病毒（预防传染性单核细胞增多症）	mRNA-1189	—	Ⅰ期临床
	EB 病毒（EBV 疫苗（预防长期 EB 病毒后遗症）	mRNA-1195	—	临床前
	单纯疱疹病毒（HSV）	mRNA-1608	—	临床前
	水痘 - 带状疱疹病毒（VZV）	mRNA-1468	—	临床前
	艾滋病病毒（HIV）	mRNA-1644	—	Ⅰ期临床
		mRNA-1574	—	Ⅰ期临床
	塞卡病毒	mRNA-1893	—	Ⅰ期临床
	尼帕病毒	mRNA-1215	—	Ⅰ期临床

分类	病毒、靶蛋白或编码的蛋白质	疫苗名称	合作企业	临床阶段
癌症疫苗	靶向个性化新抗原	mRNA – 4157	默沙东	Ⅱ期临床
	靶向 KRAS 突变	mRNA – 5671	默沙东	Ⅰ期临床
	靶向免疫检查点蛋白	mRNA – 4359	—	临床前
全身性分泌和细胞表面治疗	mRNA 编码松弛素治疗心衰	mRNA – 0184	—	临床前
	mRNA 编码 PD – L1 治疗自身免疫性肝炎	mRNA – 6981	—	临床前
肿瘤内免疫治疗	mRNA 编码 OX40L/IL – 23/IL – 36γ（Triplet）治疗实体瘤/淋巴瘤	mRNA – 2752	—	Ⅰ期临床
	mRNA 编码 IL – 12 治疗实体瘤	MEDI1191	—	Ⅰ期临床
局部再生疗法	mRNA 编码 VEGF – A 治疗心肌缺血	AZD8601	阿斯利康	Ⅱ期临床
全身性细胞内治疗（罕见病）	mRNA 编码 PCCA/PCCB 治疗丙酸血症（PA）	mRNA – 3927	—	Ⅰ期临床
	mRNA 编码 MUT 治疗甲基丙二酸血症（MMA）	mRNA – 3705	—	Ⅰ期临床
	mRNA 编码 G6Pase 治疗糖原贮积病 Ia 型（GSD1a）	mRNA – 3745	—	Ⅰ期临床
	mRNA 编码 PAH 治疗苯丙酮尿症（PKU）	mRNA – 3283	—	临床前
	mRNA 编码 UGT1A1 治疗 Crigler – Najjar 综合征（CN – 1）	mRNA – 3351	非营利组织 ILCM（Institute for Life Changing Medicines）	临床前
吸入式肺治疗	mRNA 编码 VXc – 522 治疗肺囊性纤维化（CF）	VXc – 522	Vertex Pharmaceuticals	临床前

截至 2022 年 9 月。

（二）德国 BioNTech 公司

1. 公司概况

BioNTech 公司成立于 2008 年，致力于开发更精确、更个性化的免疫疗法。基于其独有的 mRNA 创新技术，BioNTech 构建了肿瘤免疫，预防性疫苗和蛋白质替代 3 个技术平台。同时，该公司还致力于 CAR – T 和 TCR – T 细胞疗法与 mRNA 疫苗的结合应用、基于蛋白质治疗平台所开发的双特异性抗体及新型检查点免疫调节剂等。作为"mRNA 三巨头"之一，BioNTech 的发展较为快速，于 2019 年在纳斯达克上市，与很多生物制药巨头和生物技术公司达成战略合作关系，包括辉瑞、赛诺菲、基因泰克等。

2. 企业动态

2015 年 11 月，BioNTech 公司与赛诺菲公司签订协议，基于 BioNTech 公司的 mRNA 研发平台开发数项 mRNA 肿瘤免疫疗法，最高价值 15 亿美金；2019 年，BioNTech 公司宣布将延长与赛诺菲公司关于 2015 年 11 月的研究合作，赛诺菲公司对 BioNTech 公司投资 8000 万欧元，共同开发基于 mRNA 技术治疗实体瘤的肿瘤免疫候选药物，并将之推向临床最终实现商业化。

2016 年，BioNTech 公司与拜耳公司达成合作，开发针对动物健康的新一代 mRNA 疫苗和药物；同年 9 月，BioNTech 与罗氏旗下的 Genentech 达成合作，共同开发特异性新抗原 mRNA 的个体化肿瘤疫苗。

2018 年 7 月，BioNTech 公司与 Genevant Sciences 公司宣布将合作开发 5 种 mRNA 治疗方案，用于治疗医疗需求很高的罕见病，并且达成了一系列独家许可，将 Genevant Sciences 公司的核酸递送技术应用于 BioNTech 的 5 个肿瘤学项目中；同年 10 月，BioNTech 公司与辉瑞公司达成了战略合作，开发基于 mRNA 的流感疫苗。

2020 年，BioNTech 公司与辉瑞公司、复星医药公司达成合作，共同开发 mRNA 新冠病毒疫苗，2020 年年底，BioNTech/辉瑞的 mRNA 新冠病毒疫苗 Comirnaty（BNT162b2）经过 FDA 紧急授权批准开始在多个国家接种使用。

2021 年 8 月，FDA 正式批准了 BioNTech/辉瑞的 mRNA 新冠病毒疫苗 Comirnaty（BNT162b2），由此这款疫苗成为首个获得监管部门正式批准的 mRNA 新冠病毒疫苗。2021 年度，Comicality 的销售额达到了 369 亿美元。

3. 核心技术和产品

在 mRNA 序列优化方面，BioNTech 所使用的 mRNA 具有多种不同形式。例如，mRNA 序列中用尿苷（U）修饰，能引起强效的 T 细胞免疫反应，可用于开发个体化的新抗原 mRNA 肿瘤疫苗；mRNA 序列中用假尿苷替换尿苷，可引起强效的 B 细胞免疫反应，能用来开发传染病 mRNA 疫苗，或是用 mRNA 来编码抗体和细胞因子；具有自扩增特性的 mRNA 能在低剂量下维持表达，可以用于 mRNA 传染病疫苗的开发。

在递送技术方面，2018 年 7 月，BioNTech 公司通过与全球领先的核酸递送公司 Genevant Science 公司合作，获得了该公司的脂质纳米颗粒递送技术。此外该公司也拥有自己的基于脂质体（Liposome）、阳离子脂质复合物（Lipoplex）和阳离子多聚物（Polyplex）等的 mRNA 递送技术。

此外，BioNTech 公司还在使用数字技术和人工智能工具，进行新抗原的预测，以及新冠变种的监控与预测。前者可以发现、预测及分析新抗原的特性，并借助人工智能工具使得预测模型更为精准；后者则能更快地找到新冠病毒的新变种，分析其免疫逃逸能力。

在产品研发方面（表 3－18），BioNTech 的产品研发管线以肿瘤产品为重心。例如，其晚期转移性黑色素瘤 mRNA 疫苗（BNT111）已获得 FDA 快速审批通道（Fast Track），目前该疫苗已进入 Ⅱ 期临床试验阶段；与 Genentech 公司联合开发的新抗原 mRNA 个性化肿瘤疫苗 iNeST（BNT122）黑色素瘤和结直肠癌适应证也已进入 Ⅱ 期临床阶段。

目前，BioNTech 正在开展 5 项 Ⅱ 期临床临床试验、17 项 Ⅰ 期临床试验和 11 项临床前试验研究。

表 3－18　BioNTech 公司 mRNA 技术产品研发管线

分类	疾病（靶点）	疫苗名称	合作伙伴	临床阶段
FixVac 技术平台（针对肿瘤相关抗原的固定组合）	晚期转移性黑色素瘤	BNT111	—	Ⅱ 期临床
	前列腺癌	BNT112	—	Ⅰ 期临床
	HPV16 阳性头颈部鳞状细胞癌	BNT113	—	Ⅱ 期临床
	卵巢癌	BNT115	—	Ⅰ 期临床
	非小细胞肺癌	BNT116	—	Ⅰ 期临床
iNeST 技术平台（针对肿瘤个性化新抗原）	黑色素瘤	Autogenecevumeran（BNT122）	Genentech	Ⅱ 期临床
	结直肠癌			Ⅱ 期临床
	实体瘤			Ⅰ 期临床

分类	疾病（靶点）	疫苗名称	合作伙伴	临床阶段
肿瘤内免疫治疗技术平台	实体瘤（IL-12sc，IL-15sushi，GM-CSF，IFNα）	SAR441000（BNT131）	Sanofi	I 期临床
核糖抗体（RiboMabs）技术平台（mRNA 编码抗体）	多发实体瘤	BNT141	—	临床前
	多发实体瘤（CD3 + CLDN6）	BNT142	—	I 期临床
核糖细胞因子（RiboCytokines）技术平台（mRNA 编码细胞因子）	多发实体瘤（Optimized IL-2）	BNT151	—	I 期临床
	多发实体瘤（IL-7，IL-2）	BNT152，BNT153	—	I 期临床
传染病 mRNA 疫苗技术平台	新冠病毒肺炎（COVID-19）	BNT162b2	复星医药(中国)，辉瑞（全球，除中国）	上市
	流感	BNT161	辉瑞	I 期临床
	带状疱疹	未命名	辉瑞	临床前
	肺结核	BNT164	比尔及梅琳达·盖茨基金会（Bill & Melinda Gates Foundation）	临床前
	疟疾	BNT165	—	临床前
	单纯疱疹病毒 2 型（HSV 2）	未命名	—	临床前
	艾滋病	未命名	比尔及梅琳达·盖茨基金会（Bill & Melinda Gates Foundation）	临床前
	其他	保密	—	临床前
	精准抗细菌	保密	—	临床前

截至 2022 年 9 月。

（三）德国 CureVac 公司

1. 公司概况

CureVac 成立于 2000 年，是第一家成功将 mRNA 技术应用到医疗领域的公司，是"mRNA 三巨头"之一。然而，CureVac 开发的 mRNA 新冠病毒疫苗Ⅲ期临床试验失败导致 CureVac 被 Moderna 和 BioNTech 远远甩在身后。目前它是"三巨头"中唯一尚未上市的公司。此前，CureVac 已与勃林格殷格翰（BI）、礼来、赛诺菲等公司达成合作。

2. 企业动态

2011 年，CureVac 公司与赛诺菲公司建立广泛合作关系，2014 年，双方决定在 mRNA 疫苗领域进一步强化合作伙伴关系，赛诺菲公司将开发一种基于 CureVac 公司的 RNActive 技术的疫苗。

2013 年，CureVac 公司与强生旗下的杨森制药达成合作关系，共同开发 mRNA 流感疫苗。

2014 年，CureVac 公司与勃林格殷格翰（BI）公司达成合作，BI 公司将对 CureVac 公司的治疗性 mRNA 肺癌疫苗展开临床试验。

2015 年 9 月，CureVac 公司与美国非营利国际艾滋病疫苗倡议（IAVI）开展合作，开发 mRNA 艾滋病治疗方法。同年，比尔及梅琳达·盖茨基金会与德国富豪迪特马·霍普共同向 CureVac 注资 1.1 亿美元。

2017 年 10 月，CureVac 公司与礼来（Eli Lilly）公司达成战略合作，重点开发和商业化 CureVac 的 5 种肿瘤疫苗产品；同年 11 月，CureVac 公司与 CRISPRThera-peutics 公司合作开发 Cas9 mRNA 用于体内基因编辑。

2018 年，CureVac 公司与 Arcturus 公司建立战略伙伴关系，共同发现、开发和商业化新型 mRNA 疗法。

2019 年，CureVac 公司与 Genmab 公司达成研究合作和许可协议，该合作将 CureVac 公司的 mRNA 技术和专有技术与 Genmab 公司专有的抗体技术和专业知识相结合，专注于 mRNA 抗体产品研发。

2020 年 7 月，CureVac 公司与葛兰素史克达成 8.5 亿欧元的 mRNA 技术战略合作，双方将合作开展传染病 mRNA 疫苗和单克隆抗体研究。

2022 年 5 月，CureVac 公司宣布与比利时生物技术公司 myNEO 达成合作协议，寻找肿瘤细胞表面的新抗原，以开发新抗原 mRNA 个性化肿瘤疫苗。

2022 年 6 月，CureVac 公司宣布以 3200 万欧元的价格收购了荷兰肿瘤免疫疗法公司 Frame Cancer Therapeutics 公司，以进一步加强在肿瘤免疫疗法领域的布局。Frame Cancer Therapeutics 公司于 2021 年 12 月获得荷兰监管机构批准的一项个性化癌症疫苗临床试验，在 15 名非小细胞肺癌（NSCLC）患者中评估他们的新抗原癌症疫苗。收购后，CureVac 公司将把这款癌症疫苗从多肽形式开发为 mRNA 形式。

3. 核心技术和产品

Curevac 公司通过与 Acuitas 公司合作，获得了其脂质纳米颗粒（LNP）递送系统。同时 Curevac 公司也具有自研的脂质纳米颗粒递送系统和 PEG – 多聚体递送系统。

在产品研发方面（表 3 – 19），CureVac 公司的研发管线主要包括预防性疫苗、癌症疫苗和蛋白质替代疗法。其中，黑色素瘤等适应征的肿瘤疫苗（CV8102）、狂犬病预防性疫苗（CV7202）及流感病毒疫苗均已进入 I 期临床试验。

表 3 – 19 CureVac 公司 mRNA 技术产品研发管线

分类	疾病（靶点）	疫苗名称	合作伙伴	临床阶段
mRNA 预防性疫苗	新冠病毒肺炎（COVID – 19）化学修饰的 mRNA	CV0501	葛兰素史克	I 期临床
	新冠病毒肺炎（COVID – 19）未修改未化学修饰的 mRNA	CV2CoV	葛兰素史克	I 期临床
	流感化学修饰的 mRNA	FLU SV mRNA	葛兰素史克	I 期临床
	流感未化学修饰的 mRNA	CVSQIV	葛兰素史克	I 期临床
	其他传染病	未命名	葛兰素史克	临床前
	新冠病毒肺炎（COVID – 19）	CVnCoV	全球卫生非营利组织流行病防范创新联盟（CEPI）	I II 期临床
	狂犬病	CV7202	—	I 期临床
	拉沙、黄热病	未命名	全球卫生非营利组织流行病防范创新联盟（CEPI）	临床前
	呼吸道合胞病毒（RSV）	未命名	—	临床前
	轮状病毒、疟疾、流感	未命名	比尔及梅琳达·盖茨基金会（Bill & Melinda Gates Foundation）	临床前
癌症疫苗	黑色素瘤等适应症的肿瘤疫苗	CV8102	—	I 期临床
	肿瘤相关抗原（TAA）	未命名	—	临床前
	肿瘤新抗原（neoantigens）	未命名	—	临床前

分类	疾病（靶点）	疫苗名称	合作伙伴	临床阶段
分子疗法	Cas9 基因编辑	未命名	CRISPRTherapeutics	临床前
	肝病	未命名	—	临床前
	眼部疾病	未命名	Schepens Eye Research Institute、Harvard Medical School	临床前
	治疗性抗体	未命名	Genmab	临床前

截至 2022 年 9 月。

六、 未来展望

随着 mRNA 新冠病毒疫苗的上市，mRNA 技术得到了科研机构、产业界和监管机构的广泛关注，相关研究成果也有望帮助人类应对传染病、癌症等多种疾病。

在战略布局方面，美国是最早开始布局研发 mRNA 技术的国家，从 2012 年以来开展了一系列研发项目，并且布局的项目具有生物安全战略属性，多以应对生物安全威胁为目的。我国虽然也在该领域进行了布局，但是仍处于起步阶段。

在基础研究方面，近 2 年来，mRNA 技术相关论文数量迅猛发展，主要是由于两款 mRNA 新冠病毒疫苗的上市吸引了众多相关临床前和临床研究。美国的论文数量遥遥领先，其次是中国、德国、意大利、日本、英国等国家。从技术分布来看，研究内容主要聚焦在免疫学和医学研究实验等方面，表明目前 mRNA 技术的研究重点主要集中在疫苗和癌症免疫疗法领域。

在技术创新方面，mRNA 技术专利数量总体呈现前期快速上升，近期略有下降的趋势，这可能是由于 mRNA 技术产品的关键专利已经比较成熟。从国家分布来看，美国是 mRNA 技术专利产出最多的国家，中国和德国属于第二梯队。其中美国和德国企业的专利产出量最多，中国专利则大部分来自高校和科研院所。从技术分布来看，mRNA 技术热点主要集中在 RNA 片段制备、修饰、分离、纯化及免疫刺激添加剂和脂质体等方面。

在产业动态方面，众多初创企业对 mRNA 技术的多种应用场景进行了布局，大型疫苗、制药企业也通过与 mRNA 技术公司合作或收购的方式涉足 mRNA 技术领域。国内企业也在积极布局 mRNA 技术研发平台。从海外"mRNA 三巨头"公司的研发布局来看，目前研究活跃、发展较快的是传染病预防性疫苗和肿瘤治疗性疫苗，蛋白质替代疗法领域也有很多布局，但是大部分仍处于研发初期。

当前，mRNA 技术仍存在一些问题需要突破。未来，mRNA 技术将从以下几个方面进一步发展：

一是提升 mRNA 产品的安全性。mRNA 具有免疫原性，虽然已有两款 mRNA 新冠病毒疫苗上市，但人们对于 mRNA 对免疫系统的影响仍有许多不清楚的地方，需要更多的相关基础和临床研究，使 mRNA 技术产品更加安全可靠。与此同时，目前世界各国缺乏专门针对 mRNA 技术产品的标准和指南细则，如何在保证质量的前提下推进 mRNA 产业的发展，需要各界加强沟通，共同探讨。

二是提升 mRNA 产品的治疗效果。蛋白质替代疗法是 mRNA 技术很有前景的一个应用方向，它需要在人体内表达较大量的蛋白质以达到治疗的效果，因此需要开发新的技术来提升 mRNA 表达蛋白质的效率。目前，已有一些科学家和初创公司在这一方面进行探索。例如，环形 RNA 作为 mRNA 疗法开发领域的新兴技术，有望提升线性 mRNA 的蛋白质产量。

三是开发更高效的 mRNA 递送系统。目前，唯一通过批准上市的 mRNA 递送系统是脂质纳米颗粒，但是脂质纳米颗粒存在配方难以实现热稳定性、对储藏运输条件苛刻、存在杂质、可能存在严重不良反应、不能准确地将 mRNA 送到目标组织等问题。未来仍需要开发能够特异性靶向多种组织的 mRNA 递送系统，以适应更多应用场景。

四是人工智能帮助缩短 mRNA 产品研发周期。近年来，人工智能在预测蛋白质三维结构和合成全新蛋白质方面不断取得突破。人工智能也同样可以应用到 mRNA 技术领域。mRNA 本质上是一种信息分子，利用人工智能能够更快速地找到有用的 mRNA 序列，并预测它们的治疗效果。目前，已有部分企业对利用人工智能预测 mRNA 序列开发个性化肿瘤疫苗进行探索。未来，人工智能技术还可能更多地应用到 mRNA 技术领域中。

参考文献

[1] CHAUDHARY N，WEISSMAN D，WHITEHEAD K A. mRNA vaccines for infectious disea-ses：principles，delivery and clinical translation ［J］. Nature reviews drug discovery，2021，

20 (11)：817 – 838.

[2] WOLFF J A, MALONE R W, WILLIAMS P, et al. Direct gene transfer into mouse muscle in vivo [J]. Science, 1990, 247 (4949)：1465 – 1468.

[3] KARIKÓ K, BUCKSTEIN M, NI H, et al. Suppression of RNA recognition by Toll – like receptors：the impact of nucleoside modification and the evolutionary origin of RNA [J]. Immunity, 2005, 23 (2)：165 – 175.

[4] KARIKÓ K, MURAMATSU H, WELSH F A, et al. Incorporation of pseudouridine into mRNA yields superior nonimmunogenic vector with increased translational capacity and biological stability [J]. Molecular therapy, 2008, 16 (11)：1833 – 1840.

[5] International AIDS Vaccine Initiative. First – in – human clinical trial confirms novel HIV vaccine approach developed by IAVI and Scripps Research [EB/OL]. (2021 – 02 – 03) [2022 – 08 – 31]. https：//www. iavi. org/news – resources/press – releases/2021/first – in – human – clinical – trial – confirms – novel – hiv – vaccine – approach – developed – by – iavi – and – scripps – research.

[6] RURIK J G, TOMBÁCZ I, YADEGARI A, et al. CAR T cells produced in vivo to treat cardiac injury [J]. Science, 2022, 375 (6576)：91 – 96.

[7] KOWALSKI P S, RUDRA A, MIAO L, et al. Delivering the messenger：advances in technologies for therapeutic mRNA delivery [J]. Molecular therapy, 2019, 27 (4)：710 – 728.

[8] OBERLI M A, REICHMUTH A M, DORKIN J R, et al. Lipid nanoparticle assisted mRNA delivery for potent cancer immunotherapy [J]. Nano letters, 2017, 17 (3)：1326 – 1335.

[9] 斯微生物（上海）生物科技股份有限公司. LPP 纳米递送平台 [EB/OL]. (2019 – 08 – 06) [2022 – 08 – 31]. https：//www. stemirna. com/lpp/index. aspx.

[10] BARBIER A J, JIANG A Y, ZHANG P, et al. The clinical progress of mRNA vaccines and immunotherapies [J]. Nat biotechnol, 2022, 40 (6)：840 – 854.

[11] FANG E Y, LIU X H, LI M, et al. Advances in COVID – 19 mRNA vaccine development [J]. Signal transduction and targeted therapy, 2022, 7 (1)：94.

[12] SAHIN U, KARIKÓK, TÜRECI Ö. mRNA – based therapeutics – developing a new class of drugs [J]. Nature reviews drug discovery, 2014, 13 (10)：759 – 780.

[13] XIE W, CHEN B P, WONG J. Evolution of the market for mRNA technology [J]. Nature

reviews drug discovery，2021，20（10）：735 – 736.

［14］ National Institutes of Health. NIH launches clinical trial of mRNA Nipah virus vaccine ［EB/OL］.（2022 – 07 – 11）［2022 – 08 – 31］. https：//www. nih. gov/news – events/news – releases/nih – launches – clinical – trial – mrna – nipah – virus – vaccine.

［15］ National Institutes of Allergy and Infectious Diseases. NIH Launches Clinical Trial of Three mRNA HIV Vaccines ［EB/OL］.（2022 – 03 – 14）［2022 – 08 – 31］. https：//www. niaid. nih. gov/news – events/nih – launches – clinical – trial – three – mrna – hiv – vaccines.

［16］ Labiotech. EU Project Receives 15M to Bring mRNA Therapy to a Wider Audience ［EB/OL］.（2022 – 06 – 24）［2022 – 08 – 31］. https：//www. labiotech. eu/trends – news/eu – expert – project – mrna/.

［17］ Labiotech. Exyte Builds mRNA Competence Center for WACKER in Germany ［EB/OL］.（2023 – 04 – 04）［2023 – 07 – 31］. https：//www. labiotech. eu/trends – news/billion – euro – deal – competence – center – germany – wacker – exyte/.

［18］ World Health Organization. The mRNA vaccine technology transfer hub ［EB/OL］.（2021 – 07 – 21）［2022 – 08 – 31］. https：//www. who. int/initiatives/the – mrna – vaccine – technology – transfer – hub.

［19］ World Health Organization. WHO announces first technology recipients of mRNA vaccine hub with strong support from African and European partners ［EB/OL］.（2022 – 02 – 18）［2022 – 08 – 31］. https：//www. who. int/news/item/18 – 02 – 2022 – who – announces – first – technology – recipients – of – mrna – vaccine – hub – with – strong – support – from – african – and – european – partners.

［20］ HOREJS C. From lipids to lipid nanoparticles to mRNA vaccines ［J］. Nature reviews materials，2021，6（12）：1075 – 1076.

［21］ WESSELHOEFT R A, KOWALSKI P S, ANDERSON D G. Engineering circular RNA for potent and stable translation in eukaryotic cells ［J］. Nature communications，2018，9（1）：2629.

［22］ MIAO L, LI L X, HUANG Y X, et al. Delivery of mRNA vaccines with heterocyclic lipids increases anti – tumor efficacy by STING – mediated immune cell activation ［J］. Nature Biotechnology，2019，37（10）：1174 – 1185.

［23］ CHEN R, WANG S K, BELK J A, et al. Engineering circular RNA for enhanced protein production ［J］. Nature biotechnology，2023，41：262 – 272.

第四章
6G 太赫兹技术前沿态势报告

作为下一代移动通信技术，6G 是当前全球战略研发的热点，也是全球战略竞争的焦点。6G 将引入新的愿景、性能指标、关键技术和应用场景，以满足多种网络接入方式和覆盖范围，实现性能指标的优化和关键技术的创新。

太赫兹通信技术是 6G 技术的关键技术之一，具有丰富的频谱资源，6G 技术将在 2030 年左右实现规模化商用，未来 3～6 年将是太赫兹通俗技术研发的关键时期。

美国、日本、韩国、欧盟等发达国家和组织加快制定 6G 研发计划，部署太赫兹通信技术研发项目，以期抢占 6G 技术研发的制高点。政府、产业界、学术界加强合作，大力支持太赫兹基础研究。

以中国、美国、日本、韩国、德国等为代表的国家在太赫兹技术专利申请方面处于世界领先地位，专利申请量占全球市场份额的89%，是太赫兹专利申请的主要国家。中国在全球市场中占有 49.8% 的专利市场份额，位居第一，美国（专利市场份额15.5%）、日本（专利市场份额9.0%）居后。

一、 发展概况

（一） 基本概况

1. 技术内涵

6G即第六代移动通信系统（6th generation mobile networks），是继5G以后的下一代移动通信系统。当前5G面向垂直行业应用可实现超大规模链接（mMTC）、低时延高可靠（URLLC）、增强型移动宽带（eMBB）等应用场景，极大地满足了当前行业网络通信需求。面向2030年，5G通信网络空间范围、性能指标仍面临一定的局限性，并不能满足未来网络要求。因此，6G将引入新的关键技术、愿景、性能指标和应用场景，以满足多种网络接入方式和覆盖范围，实现性能指标的优化和关键技术的创新，力争在2030年左右实现商业化。

太赫兹通信技术是6G技术的关键技术之一，现有的5G毫米波频段支持的峰值速率极限在20 Gbps左右，将无法满足未来太比特极致连接、全域覆盖等网络能力需求，而6G技术将要实现大于100 Gbps的峰值速率，因此具有超高频率、超大带宽、超高峰值速率的太赫兹频段是实现未来6G超高无线传输的重要手段。

太赫兹（Terahertz，THz）具有丰富的频谱资源，也是目前尚未全面开发应用的唯一频谱空隙。太赫兹波是指位于0.1 THz～10 THz频段的电磁波，波长范围为0.03 mm～3 mm，位于微波和红外波频段之间，具有微波通信与光通信的特点（图4-1）。

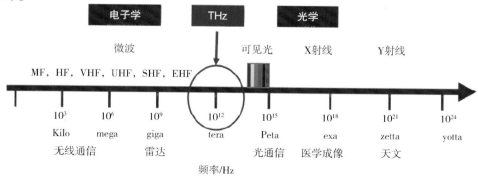

图4-1 太赫兹技术频谱范围

在无线通信方面，太赫兹的优势主要表现在以下几个方面：①可提供高达10 Gbps以上的数据传输速率。②具有很好的穿透性，在恶劣的环境条件下（风、沙尘、烟雾），可以实现正常通信。③具有良好的保密性和抗干扰能力，由于太赫兹波束窄，攻击者很难从窄波束中进行窃听，保证了信息的机密性。④波长非常短，天线尺寸要比其他系统小很多。⑤具有低能性，太赫兹波的光子能量量级仅为毫电子伏特，不到 X 射线光子能量的百分之一，应用太赫兹技术制造的医疗诊断设备可以大大降低电磁波照射造成的人体伤害。

同时，太赫兹通信的劣势主要表现在以下几个方面：①衰减性强。尤其是当空气中水分子较多时，太赫兹波在空气中传播时会有较大的衰减。②传输距离短。频率越高，传输的距离越短。③信号功率低。太赫兹波产生的信号功率很低，通信中需要研究一套信号放大技术。

当前太赫兹通信技术的研究需要探讨多方面问题，包括应用场景、硬件整体设计、通信和多种感知信息处理技术的融合、系统能耗问题等，并且缺少成型的技术路线和方案。太赫兹通信技术目前研发的主要工作包括：①太赫兹分立元器件；②太赫兹通信空口技术；③太赫兹传播特性和信道建模研究。

2. 发展趋势

移动通信从 2G 发展到 5G，每一代平均需要 10 年时间，每一次新技术的出现都为体验带来巨大的进步。2021 年，随着全球 5G 商业化进程加快，6G 技术已经成为全球战略性研发的热点和国际竞争的焦点。国际电信联盟（International Telecommunication Union，ITU）、第三代合作伙伴项目（3rd Generation Partnership Project，3GPP）分别制定 6G 研发时间表，促进全球 6G 研发、标准化等工作。以美国、欧盟、韩国、日本等为代表的国家和组织均已开展 6G 战略部署相关工作，政府、产业界、学术界协同推进 6G 研发、标准化和市场化等。

面向 2030 年，6G 技术竞争格局已经形成，6G 技术探索研究仍处于起步阶段，未来 3~6 年将是研发的重要时期。目前，业界基本能够达成共识的是：太赫兹通信技术作为新型频谱技术，将会是 6G 愿景实现的关键底层技术。

（二）发展历程

21 世纪初，全球各国政府开始重视太赫兹技术发展，如早在 2004 年，美国就已经提出将太赫兹技术列为"改变未来世界的十大技术"之一；2005 年，日本提出了 10 年科技战略规划，将太赫兹技术列为"十大关键技术"之首；2005 年，中国召开主题为"太赫兹科学技术"的"香山科技会议"，正式启动太赫兹战略研究；2014 年，欧洲启动"地平线 2020"计划资助太赫兹技术多项研究。

随着研究的开展，太赫兹技术在生命科学、无损检测、安全应用、天文应用、信息通信等方面的应用逐步显现。

在生命科学应用方面，由于太赫兹辐射波对人体基本无害，因此可广泛应用于对人体局部成像和疾病医疗诊断，并且可以用于测定分子特性，如测定 DNA 的束缚状态、蛋白质复合物等。

在无损检测方面，太赫兹辐射的光子能量低，不会对穿透物造成损伤，可以穿过大多数介电物质，能够透过泡沫、陶瓷、塑料、高分子复合材料、磁性材料等，检测非导电材料内部缺陷。

在安全应用方面，太赫兹波具有穿透性，能够实现对隐蔽物体的有效检测，可应用于国家安全相关的领域，如能分辨爆炸物品、药品，机场快速安检等。

在天文应用方面，宇宙背景辐射在太赫兹频谱中存在丰富的信息，这使得太赫兹射电天文成为天文观测的重要手段。

在信息通信方面，太赫兹频段具有海量的频谱资源，可用于超宽带、超高速无线通信。

但面向 2030 年，随着对网络时延、传输速率、网络连接密度需求的提升，现有的 5G 毫米波频段将无法满足未来太比特极致连接、全域覆盖等网络能力需求。随着 2019 年 5G 正式步入商业化应用，全球 6G 研发也已经提上日程，可以预见，太赫兹通信技术在未来 3 ~ 6 年，将会进入一个关键研发时期。

（三）关键技术

1. 太赫兹半导体技术

太赫兹通信原型系统的链路调制方式目前主要有 2 种不同架构：一种是光电结合的方案，利用光学外差法产生频率为 2 束光频率之差的太赫兹信号；另一种是太赫兹通信链路，它是与微波无线链路类似的全固态电子链路，利用混频器将基带或中频调制信号上变频搬频到太赫兹频段，或者是采用外部高速调制器直接对空间传输太赫兹信号进行调制。

太赫兹通信关键元器件是完成太赫兹通信设备的基础，太赫兹半导体技术利用二极管或晶体管等非线性器件，实现太赫兹频段的倍频、混频、放大等功能电路，从而构成太赫兹发射和接收前端，实现对特定频率太赫兹波的产生和探测。基于Ⅲ－Ⅴ族化合物半导体晶体管工艺的芯片集成电路技术，是制约太赫兹通信发展的核心与关键所在。

2. 大带宽基带芯片信号处理技术

未来 6G 时代太赫兹通信速率可能达到太比特量级，而支持超大工作带宽和超高通信速率将会是太赫兹通信最显著的技术特征和性能优势。

目前的主流数模和模数转换芯片很难满足采样带宽的要求，并且超大带宽信号的处理也会给基带处理芯片带来非常大的功耗压力。需要研发高采样速率的超大带宽数模和模数转换芯片、低功耗基带处理芯片，还需要研发低精度量化信号处理系统。

3. 信道传播和建模技术

太赫兹的电磁波对陶瓷、纸张、木材、纺织品和塑料等介质材料可以轻易穿透，但很难穿透金属和水。大气分子、雨滴或雾滴，都可能导致太赫兹电磁波的高衰减或散射。太赫兹波传播特性和信道建模会直接影响太赫兹通信实际应用场景的部署，是实现太赫兹通信应用的基础研究。

太赫兹信道模型建模方法一般有参数化统计信道建模、确定性信道建模和参数化半确定性建模等 3 种类型。需要探讨和研究各种不同应用场景下的信道传播模型，以应用于未来的实际场景部署。

4. 超大规模、超大带宽天线技术

太赫兹频段通信需要超宽带天线及超大规模天线阵列来克服太赫兹频带中高路径损耗。超大规模、超大带宽天线技术是提升频谱效率最有效的技术手段，随着频段的提升，单位面积上可以集成更多天线单元，借助大规模天线，一方面可以有效提升系统频谱效率，另一方面分布式超大规模天线有助于打破小区的界限，真正实现以用户为中心的网络部署，而且利用其超高的空间分辨率还可以实现高精度定位和环境感知。

随着频率增加，天线尺寸越来越小，未来太赫兹通信系统极有可能会采用超大规模天线技术来实现室外或较远距离的增强覆盖。超大规模天线可应用于增强通信覆盖距离外，还可以用于支持超窄波束赋形（波束宽度会比毫米波设备更窄），超高角度分辨率和超高定位精度性能。

5. 波形设计技术

波形是通过特定方法形成的物理介质中的信号形状。在空间传播过程中，无线信号的质量会出现衰减，路损现象会对通信系统产生巨大的影响。波束成形技术通过调节各天线的相位使信号进行有效叠加，产生更强的信号增益来克服路损，从而改善频谱利用效率。

新波形技术方面，需要采用不同的波形方案设计来满足 6G 复杂多变的应用场景和性能需求，还需要进一步研究更适用于太赫兹通信超大带宽需求的波形技术。

6. 无线组网技术

传统的全向组网技术是节点利用全向天线进行全方向的邻居发现，发现时间长，耗能高。在太赫兹通信中，可以考虑部署定向天线完成组网，提高网络吞吐量和降低能耗。在定向组网技术中，节点要想与邻居实现通信过程，节点的天线就必须指向邻居的具体位置，高效的邻居位置发现算法至关重要。

（四）产品和应用

1. 宏观尺度通信

（1）地面通信

在地面通信应用中，太赫兹技术可应用于热点区域无线移动网络（无线接入）、无线回传（基站回传光纤替代）、固定无线接入（家庭无线接入）、无线数据中心、安全接入等具体应用场景。

在热点区域无线移动网络应用方面，面向未来6G应用场景，如增强型扩展学习扩展现实〔如虚拟现实（VR）、增强现实（AR）、混合现实（MR）〕、数字孪生、智慧车联网、工业物联网及空天地一体化网络。6G技术在连接速率、密度、时延、频谱效率、能量效率等多个性能指标方面均有指数增长。太赫兹凭借高带宽、数据传输率高等特点，可以为热点地区提供超高速网络覆盖，作为宏蜂窝网络的补充，为小区提供超宽带无线通信。

在无线回传应用方面，太赫兹无线收发设备可以实现基站数据的高速回传（可以实现基站回传的光纤替代），应用于高山、沙漠、河流等无法部署光纤的区域。未来需要使相关功能设备的低功耗、低成本和小型化。

在固定无线接入应用方面，太赫兹通信可以支持的带宽和速率会远远大于毫米波频段，未来可应用于固定无线接入（Fixed Wireless Access，FWA）场景，满足6G通信能力需求。

在无线数据中心应用方面，传统的数据中心服务器架构基于线缆连接，海量线缆的空间占用和维护成本较高，对于数据中心的散热成本和服务器性能都有一定影响。而太赫兹可以广泛应用于无线数据中心，以降低数据中心空间成本、线缆维护成本和功耗。

在安全接入应用方面，太赫兹的高定向窄波束的存在和极宽的通信带宽使得窃听和干扰极难发生，可用于设备之间的安全接入、超高速安全下载及安全支付等安全通信场景。

（2）空间通信

未来地面蜂窝网络、卫星网络及包括无人机在内的空间网络将进行融合，6G

技术将构建起全球广域覆盖的空天地一体化三维立体网络，为用户提供无盲区全覆盖的宽带移动通信服务（图 4 - 2）。

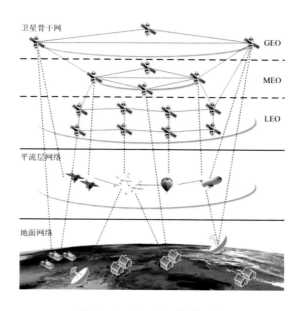

图 4 - 2 空天地一体化通信

太赫兹频段电磁波在外层空间可以进行无损传播，用较小发射功率可实现远距离通信。随着太赫兹通信技术的持续发展，太赫兹通信系统可以搭载在卫星、无人机、飞艇等天基平台或空基平台上，成为无线通信和中继设备，可实现空天地海一体化通信。

2. 微观尺度通信

天线长度由波长决定，太赫兹波长极短，随着技术的发展，未来有望实现毫微尺寸甚至是微纳尺寸的收发设备和组件。除了传统的宏观尺度应用，太赫兹还有望作为无线纳米网络通信频段，用以实现微小尺度的各种通信应用场景。例如，应用于纳米体域网、纳米传感器网络；应用于芯片的高速数据传输的片上／片间无线通信等、应用于可穿戴或植入式太赫兹设备（支持健康监测）。

（1）纳米体域网

无线体域网（Wireless Body Area Networks，WBAN）是一种可被放置于人体表面或植入人体内部用来提供实时数据信息的智能网络（图 4 - 3）。随着太赫兹技术的飞速发展，未来小体积、低功耗、微型的纳米科技传感器将面向实际应用。

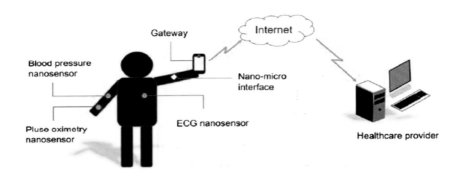

图 4 – 3　纳米体域网

（2）片上/片间无线通信

总线系统和芯片之间的通信要求越来越高，在微小的印刷电路板上使用更多的线路连接将变得越来越困难。随着石墨烯等新型材料技术的兴起与发展，太赫兹未来也可用于高速数据传输的片上/片间无线通信（图 4 – 4）。如 2019 年，*Channel Modeling and Characterization for Wireless Networks-on-Chip Communications in the Millimeter Wave and Terahertz Bands* 一文中介绍了一种无线片上网络（Wireless networks-on-chip，WiNoC），在毫米波和太赫兹波段，可实现 0.95 Tbps 无线链路（误差率低于 10^{-14}）。

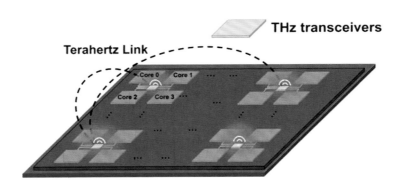

图 4 – 4　片上无线通信示意

二、 政策与动态

（一）政策

1. 美国

美国在 2004 年就已经提出将太赫兹技术列为"改变未来世界的十大技术"之一。

美国政府部门提供资金支持、开放 6G 实验频谱、加强太赫兹技术通信领域研究，积极推动太赫兹通信和相关应用产业化。从 2009 年起，美国国防部高级研究计划局（DARPA）和美国国家航空航天局（NASA）就投入大量经费和科研力量，进行太赫兹关键组件和系统的研发，频段范围集中在 0.1 THz ~ 1 THz，应用场景包括移动自组网空间通信、机载大容量远距离通信等。2013 年，美国国防部高级研究计划局启动"100Gbps 射频骨干网"计划，致力于开发机载通信链路实现大容量远距离无线通信。2018 年 9 月，美国联邦通信委员会（FCC）公开发表 6G 技术展望，其中提及实现 6G 技术需要利用 THz 频段。2019 年 3 月，美国联邦通信委员会（FCC）首先宣布开放 95 GHz ~ 3 THz 太赫兹频段作为 6G 实验频谱。2020 年 9 月，美国国防部资助的"太赫兹与感知融合技术研究中心"（ComSenTer）正式成立，开发太赫兹无线传输和感知应用技术，这是美国开展 6G 技术研发的关键项目之一。2021 年 6 月，美国政府部门（美国国家科学基金会联合国防部、国家标准与技术研究院）与产业界知名公司（如苹果、谷歌、IBM 等 9 家企业）共同发起 RINGS 计划，面向学术界提供资金支持，旨在研究增强下一代网络系统（如 6G、卫星网络、未来版本 Wi-Fi）的弹性和可扩展性，加速对下一代无线和移动通信、网络、传感和计算系统等领域的研究。

2. 欧盟

欧盟有关政府部门制定研发框架计划（FP）进行战略支撑，如通过战略框架计划"FP8 计划"（地平线 2020 计划）和"FP9 计划"（地平线欧洲计划）进行研发资助。

"FP8 计划"（地平线 2020 计划）是欧盟科研与创新框架计划，项目运行周期从 2014 年至 2020 年，预算总额近 800 亿欧元，是欧盟历史上最大的科研和创新计划，主要围绕卓越的科技、产业领导力及社会挑战三大支柱，资助各类活动。其中支持的太赫兹技术相关项目分别为 TERAPOD、TERAWAY、iBROW、CELTA、ThoR、ScaLeITN、s－NEBULA、TERA－NANO、DREAM 等。

欧盟委员会制定研发框架计划"FP9 计划"（地平线欧洲计划）进行战略支撑。"FP9 计划"是欧盟在 2021—2027 年预算期内开展的新一轮研发与创新框架计划，总投资 955 亿欧元。具体研发框架结构包括卓越科学计划、全球性挑战与产业竞争力、创新欧洲三大模块，其中全球性挑战与产业竞争力模块下细分数字化投资领域，涵盖 6G 方向研发，该模块计划总投资 527 亿欧元。其中，支持的太赫兹技术相关项目分别为 TeraExc、ENSPEC6G、TIFUUN、WINC 等。2021 年 3 月，欧盟委员会通过智能网络和服务（SNS）伙伴关系，整合政府、产业界、学术界力量，以确保欧盟各成员国实施 6G 研究、创新计划的一致性。

3. 日本

2005 年，日本提出了 10 年科技战略规划，将太赫兹技术列为十大关键技术之首。2006 年，日本首先研究出了 0.12 太赫兹无线通信样机，实现了 10 Gbps 高速数据传输，完成了世界首例太赫兹通信演示。

政府部门首次发布 6G 战略计划，制定详细的技术发展路线。2020 年 1 月，日本政府成立 6G 技术研究会，开始研究制订 6G 国家综合发展战略。2020 年 4 月，发布"日本综合战略"计划纲要，目标是在 2025 年，完成 6G 主要技术的研发，计划在 2027 年，开始 6G 技术的试验；计划在 2030 年，正式启用 6G 技术。日本政府还通过提供补助资金、优化税收政策为企业创造良好的研发环境，同时，以国立情报通信研究机构为中心，组建产学研一体化的联合研发组织，主导世界标准的建立。2021 年 4 月，日本总务省发布 Beyond 5G 促进战略——6G 路线图。

4. 韩国

政府部门重视战略顶层设计，确立了全国太赫兹科学技术发展计划（2009—2019）和太赫兹科学研究计划（2013—2021）。

2019 年 4 月，韩国通信与信息科学研究院召开了 6G 论坛，正式宣布开始开展 6G 研究，组建 6G 研究小组，任务是定义 6G 及其用例/应用及开发 6G 核心技术。2020 年 1 月，韩国政府宣布于 2028 年在全球率先商用 6G，韩国政府和企业将共同投资 9760 亿韩元。韩国 6G 研发项目目前已通过了可行性调研的技术评估，韩国科学与信息通信技术部公布的 14 个战略课题中把用于 6G 的 100 GHz 以上超高频段无线器件研发列为"首要"课题。2020 年 8 月，韩国科学与信息通信技术部（MSIT）发布《引领 6G 时代的未来移动通信研发战略》，计划从 2021 年开始的 5 年内投资 2000 亿韩元（约合 1.68 亿美元）研发 6G 技术，专注于 6G 国际标准并加强产业生态系统，从而确保韩国继 5G 之后成为全球首个 6G 商用国家。2021 年 6 月，韩国科学与信息通信技术部公布 6G 研发实施计划，在 2025 年之前投资 2200 亿韩元，开发 6G 技术，实行计划具体包括：确保下一代核心原创技术、抢先拿下国际标准和专利、构建研究产业基础等。其中，核心自主技术有 10 项内容，包括 Tbps 无线通信、Tbps 光纤通信、太赫兹 RF 零部件、太赫兹频段模型、移动通信、卫星通信、终端超精密网络、智能化网络、智能型无线数据交换、6G 安保技术。战略合作方面，韩国分别与中国、美国、芬兰（2019 年）等国家建立合作关系，研究 6G 技术。同时，在韩国科学技术院、成均馆大学和高丽大学建立 6G 研究中心，通过产学研合作培养高级人才，为相关技术研发和产业发展奠定基础。

5. 中国

中国在 2005 年召开主题为"太赫兹科学技术的新发展"的"香山科学会议"，制定太赫兹技术的发展规划，正式标志我国太赫兹技术研究战略的启动。

政府部门制定多项研发计划推动部署太赫兹基础研究。2010 年，科技部启动国家高技术研究发展计划（即"863 计划"）信息技术领域"毫米波与太赫兹无线通信技术开发"专项研究。2013 年，国家自然科学基金委员会与中国科学院联合成立"太赫兹科学技术前沿战略研究基地"。2018 年，科技部启动"太赫兹无线通信技术与系统"重大专项课题。2019 年，工信部联合科技部等部门成立 IMT-2030 推进组，推进 6G 研发工作实施。2019 年，国家自然科学基金委员会开展移动网络基础科学问题与关键技术专项基础研究，具体研究方向包括：0.2 THz 以上的核心

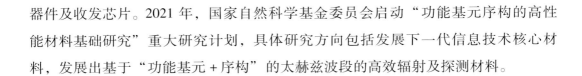

器件及收发芯片。2021 年，国家自然科学基金委员会启动"功能基元序构的高性能材料基础研究"重大研究计划，具体研究方向包括发展下一代信息技术核心材料，发展出基于"功能基元 + 序构"的太赫兹波段的高效辐射及探测材料。

（二）专家观点

1. 中国太赫兹之父刘盛纲

2021 年 6 月，中国科学院院士刘盛纲在中共四川省第十一届委员会第九次全体会议提出："要加强太赫兹通信技术等引领性前沿技术攻关，争取原创性突破，核心技术要掌握在自己手里，现在很多太赫兹核心技术我们都可以掌握了。"

2. 太赫兹时域光谱之父 D. Grischkowsky

太赫兹时域光谱之父 D. Grischkowsky 在一篇文章中提出，"要充分发挥太赫兹科技的潜力，将太赫兹技术使用描述为用新的方式使用一种新乐器。"

（三）行业动态

1. 重要会议

（1）国家电信联盟 WRC 会议

世界无线电通信大会（World Radiocommunication Conference，WRC）由联合国国际电信联盟（ITU）每 2 ~ 3 年组织举行一次，主要负责审议并在必要时修改无线电规则和指导无线电频谱、对地静止卫星和非对地静止卫星轨道使用的国际条约。

在无线电频谱分配方面，早在 2015 年世界无线电通信大会就确定了 WRC - 2019 关于 275 GHz ~ 450 GHz 频段用于陆地移动和固定业务的议程。2019 年，世界无线电通信大会正式明确了 275 GHz 以上太赫兹频段固定和移动无线电业务可用频率，最终批准了 275 GHz ~ 296 GHz、306 GHz ~ 313 GHz、318 GHz ~ 333 GHz 和 356 GHz ~ 450 GHz 频段（共 137 GHz 带宽资源，图 4 - 5）4 个全球业务频段用于移动业务。

同时，国际电信联盟早在 2019 年的世界移动通信大会上就已经部署下一步工作安排，其中 6G 频谱需求预计将在 2023 年年底的世界无线电通信大会（图 4 - 6）上正式讨论，并于 2027 年年底完成 6G 频谱分配。

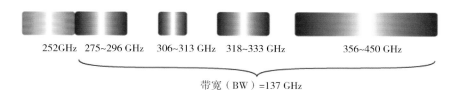

252GHz　275~296 GHz　306~313 GHz　318~333 GHz　356~450 GHz

带宽（BW）=137 GHz

图 4 - 5　移动业务太赫兹频谱

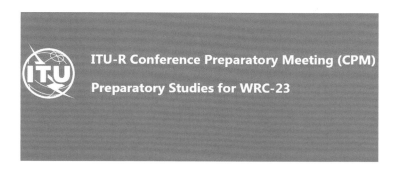

图 4 - 6　2023 年年底的世界无线电通信大会会徽

（2）IEEE IRMMW - THz 会议

电气电子工程师学会（Institute of Electrical and Electronics Engineers，IEEE）是美国的电子技术与信息科学工程师的学会，是世界上最大的非营利性专业技术学会，该学会致力于电气、电子、计算机工程和与科学有关领域的开发和研究，在航空航天、信息技术、电力及消费性电子产品等领域已制定多个行业标准。

在太赫兹技术标准化研究方面，早在 2008 年，就建立了太赫兹兴趣小组——IEEE 802.15 Interest group THz 致力于研究 300 GHz 以上的无线通信系统，包括太赫兹无线通信标准和规章的制定。2013 年，该兴趣小组过渡为研究小组——IEEE 802.15 study group 100G，并制定了太赫兹通信标准的研究计划表。2014 年，该研究小组过渡为任务小组——Task Group 3d（100G）。2016 年，该任务小组对 IEEE 802.15.3c 通信协议进行修订。

国际红外毫米波 - 太赫兹会议（International Conference on Infrared，Millimeter，and Terahertz Waves，IRMMW - THz，如图 4 - 7 所示的会议信息），是红外毫米波及太赫兹领域最具权威性的顶尖国际性会议，会议每年都开，且举办权需提前 3 年确定。2023 年的会议在加拿大魁北克举行，讨论太赫兹等技术的前沿发展态势。

2023 48th International Conference on Infrared, Millimeter, and Terahertz Waves (IRMMW-THz)

17 - 22 September 2023
Millimeter-wave top Far Infrared Science, Instruments and Applications

Montreal, Quebec, Canada | Event Format : In-person | Conference Website | Email Organizer
Sponsors: IEEE Microwave Theory and Technology Society; International Society of Infrared, Millimeter, and Terahertz Waves
Call for Papers Deadline: 24 March 2023

图 4 – 7　2023 年国际红外毫米波 – 太赫兹会议信息

2. 行业活动

（1）美国

2020 年，学术界联合成立"太赫兹与感知融合技术研究中心"（ComSenTer），该中心成员所在单位包括加州大学伯克利分校、圣芭芭拉分校、戴维斯分校、圣地亚哥分校，斯坦福大学，南加州大学，康奈尔大学，麻省理工学院，哥伦比亚大学，纽约大学等高校，由美国国防部资助，目的是开发太赫兹无线传输和感知应用技术，这是美国开展 6G 技术研发的关键项目之一，众多研究机构也纷纷加入太赫兹技术研究，如美国贝尔实验室 0.625 THz 通信实验系统是目前采用全电子方式实现的最高载波频率的太赫兹通信系统。

2021 年 6 月，产业界知名公司（如苹果、谷歌、IBM 等 9 家企业）与政府部门（美国国家科学基金会联合国防部、国家标准与技术研究院）共同发起 RINGS 计划，面向学术界提供资金支持，旨在研究增强下一代网络系统（如 6G、卫星网络、未来版本 Wi – Fi）的弹性和可扩展性，加速对下一代无线和移动通信、网络、传感和计算系统等领域的研究。

（2）欧盟

2021 年 3 月，智能网络和服务（SNS）伙伴关系正式成立，该伙伴关系整合产业界、学术界和政府力量，以确保欧盟各成员国实施 6G 研究、创新计划的一致性。产业界加强与学术界的合作，如 2019 年 11 月，启动 TERAWAY 项目，旨在开发具有突破性的新一代光子太赫兹收发器，项目周期 3 年。

（3）日本

日本产业界加大研发力度，众多研究机构〔如日本电报电话公司（NTT）、大阪大学、东京工业大学、日本广岛大学、国家信息通信技术研究所（NICT）〕加入太赫兹通信技术研究工作，其中以日本电报电话公司为代表，较早开展太赫兹通信技术研究，已经完成了 0.125 THz、0.3 THz 的太赫兹通信系统。例如，2004 年，NTT 研发出基于光电子原理的 0.125 THz 通信系统，传输速度为 10 Gbps；2007 年，NTT 研发出基于全电子学原理的 0.125 THz 的通信系统，于 2008 年成功用于北京奥运会的高清转播；2018 年，NTT 联合东京工业大学展示了基于 InP 材料的高速通信芯片，实现 300 GHz 工作频率，100 Gbps 的传输速度；2021 年，大阪大学首次实现太赫兹光纤（有线 + 无线）通信，实现 310 GHz 工作频率，10 Gbps 的传输速度。

（4）韩国

韩国产业界设备提供商（LG、三星电子）、运营服务商（KT、SK）分别成立 6G 研发中心，启动相关研究计划和发布白皮书。2019 年 1 月，LG 与韩国先进科学技术研究院（KAIST）合作成立 6G 研究中心；2021 年 3 月，上述两家单位与"是德科技"签署了一项有关"共同开发下一代 6G 无线通信网络技术"的合作协议，合作持续至 2024 年，重点研究太赫兹无线通信技术，目标是 2029 年前实现 6G 商业化。2019 年，三星设立先进通信技术研究中心。2020 年，三星发布 6G，*The Next Hyper Connected Experience for All* 白皮书，并于 2021 年 6 月，完成了 6G 原型系统的测试，并进行了展示。三星和加州大学圣巴巴拉分校的研究人员展示了一个频率为 140 GHz、带宽为 2 GHz 的系统，并且完成了距离 15 m 以上的 6.2 Gbps 的速度传输数据，意味着三星在 6G 太赫兹技术研发方面已经走在了世界的前列。

（5）中国

产业界运营服务商（如联通、移动等）分别成立研发中心，并发布相关白皮书，促进太赫兹通信技术研发。中国移动成立未来移动通信技术研究所，聚焦面向 6G 的应用基础研究，并联合产业界共同发布运营商首个《2030 + 愿景与需求研究报告》。2022 年，中国移动研究院联合创新中心联合东南大学发布了光子学太赫兹通信系统，完成双通道 2 × 100 Gbps 的光子太赫兹实时通信系统，是当前太赫兹无线通信的最高实时传输记录。中国联通提出太赫兹通信技术长期研究推进计划，2019—2021 年是太赫兹通信关键技术预研、跟进和推动阶段；2021—2023 年是太赫兹通信产业引导阶段，推动太赫兹通信系统研发进展；2024 年及以后太赫兹通信产业持续推进。太赫兹通信行业标准也将逐步成型，长期持续推动太赫兹通信产业应用发展。

三、 竞争与合作

主要从论文和专利角度，分别对 Web of Science 数据库收录的太赫兹通信技术领域 SCI 收录学术论文进行数据采集和数据处理，数据采集时间为 2022 年 9 月。最终共获取太赫兹通信技术领域总数据 2500 条。并对 Innography 数据库收录的太赫兹通信技术领域专利进行数据采集和数据处理，数据采集时间为 2022 年 9 月。最终，共获取太赫兹通信技术专利信息 973 条。

（一） 创新趋势

1. 论文视角

图 4 - 8 展示了 2000 年以来太赫兹通信技术相关论文的发表情况，可以看出，20 多年来，论文发表呈现快速增长趋势，因 2022 年的论文收录不全，图中 2022 年的论文数量仅供参考。

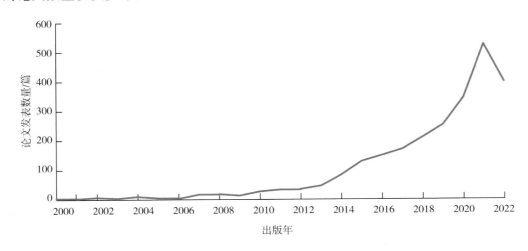

图 4 - 8　2000—2022 年太赫兹通信领域论文发表趋势

经统计，2002—2021 年，全球共发表太赫兹通信领域相关论文 2500 篇。2010 年前，发表论文数量均在 20 篇以下。2010 年后，发表趋势总体呈现上升趋势。截至 2021 年年底，年发表论文数量已经达到 526 篇。

2．专利视角

图 4－9 展示了 2000 年以来太赫兹技术相关专利的专利公开数量情况，可以看出 10 年以来，专利呈现较快的申请趋势，考虑到专利从申请到公开的时间滞后性（通常为 18 个月），因此 2022 年的专利数量仅供参考。

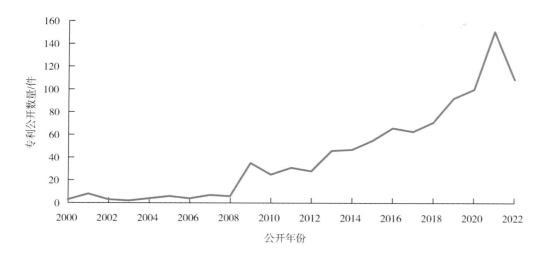

图 4－9　2000—2022 年太赫兹通信领域专利申请数量趋势

2010 年之前，专利公开数量基本保持 20 项以下；2010 年之后，专利申请数量呈现快速增长趋势。随着 2021 年 5G 进入商业化应用进入快速发展阶段，6G 太赫兹技术即将步入关键研发时期。6G 时代注重对太赫兹技术、AI 技术、区块链技术、智能超表面技术、轨道角动量技术和空天地海一体化网络融合技术的结合，未来 3～5 年是 6G 太赫兹技术的研发的关键时期。

（二）国家（地区）竞争态势

1．论文视角

对 2000—2022 年全球太赫兹通信领域论文发表国家论文数量分布进行统计，

TOP 10 分布情况如图 4 – 10 所示，可以看出论文发表数量排名前 10 位的国家分别为中国、美国、日本、英国、印度、德国、韩国、澳大利亚、法国、加拿大。

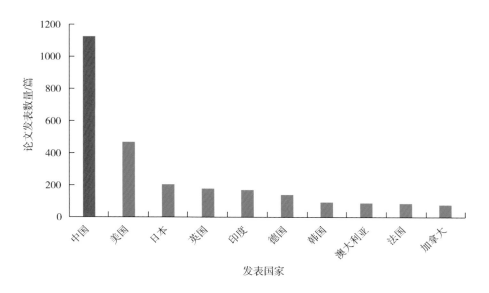

图 4 – 10　太赫兹通信领域论文发表国家论文数量 TOP 10 分布情况

中国、美国、日本、英国、印度是太赫兹通信技术领域的基础科学研究大国，SCI 论文发表数量均在 170 篇以上。其中，中国 SCI 论文发表数量 1125 篇，排名第一，实力雄厚，远高于其他国家，SCI 论文发表数量是其他国家的 2 倍以上。美国 SCI 论文数量 468 篇，排名第二。另外，需要注意的是排名前 10 的国家中，除中国、印度为发展中国家外，其余均为发达国家。

2. 专利视角

随着 6G 技术研究工作的推进，太赫兹通信技术是各国竞争的焦点，各国均进行了相关专利布局，图 4 – 11 为太赫兹通信领域专利公开国家专利公开数量 TOP 10 分布情况。

从国家排名可以看出，以中国、美国、日本、韩国、德国等为代表的国家在太赫兹技术专利申请方面处于世界领先地位，专利申请量市场份额占全球 89%，是太赫兹专利申请的主要国家。中国太赫兹通信领域相关专利 486 项，专利公开数量排名第一，在全球市场中占有 50% 的专利市场份额。美国太赫兹通信领域相关专利

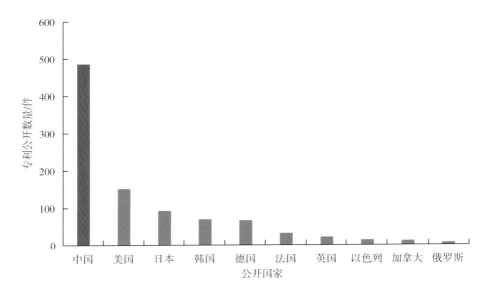

图 4-11 太赫兹通信领域专利公开国家专利公开数量 TOP10 分布情况

152 项，专利量排名第二，在全球市场中占有 15.5% 的专利市场份额。日本通信领域相关专利 93 项，专利量排名第三，在全球市场中占有 10% 的专利市场份额。其他国家（如韩国、德国、法国、英国、以色列、加拿大、俄罗斯）专利申请量均在 70 项及以下，专利总量占全球市场的 23%，是太赫兹通信专利申请的重要补充力量。

（三）机构竞争态势

1. 论文视角

对全球太赫兹通信技术领域排名前 20 的 SCI 论文发表机构进行统计，如表 4-1 所示，可以看出科研院所、大学是研究的主力军。全球排名前 20 的机构中，中国机构 10 家，美国机构 4 家，日本、法国、英国、新加坡、德国、俄罗斯机构各 1 家。

表 4 - 1   太赫兹通信技术领域 **SCI** 论文发表机构排名（**TOP 20**）

排名	机构名称	所属国家	论文数量/篇
1	中国科学院	中国	149
2	电子科技大学	中国	87
3	天津大学	中国	78
4	东南大学	中国	69
5	大阪大学	日本	63
6	法国国家科学研究中心	法国	54
7	中国计量大学	中国	52
8	上海交通大学	中国	52
9	中国科学院大学	中国	52
10	佐治亚大学	美国	52
11	佐治亚理工学院	美国	51
12	伦敦大学	英国	47
13	加利福尼亚大学	美国	46
14	纽约州立大学	美国	43
15	南京大学	中国	41
16	清华大学	中国	41
17	北京邮电大学	中国	35
18	南洋理工大学	新加坡	35
19	布伦瑞克工业大学	德国	34
20	俄罗斯科学院	俄罗斯	34

中国机构占比最多，实力排名第一，研究机构主要以科研院所和大学为主。科研院所中主要以中国科学院为代表；大学主要以电子科技大学、天津大学、东南大学、中国计量大学、上海交通大学、中国科学院大学、南京大学、清华大学、北京邮电大学为代表。

法国机构中，以科研机构（法国国家科学研究中心）为主。新加坡机构中，主要以大学（南洋理工大学）为主。德国机构中，主要以大学（布伦瑞克工业大学）

为主。俄罗斯机构中，以科研机构（俄罗斯科学院）为主。

2．专利视角

表4-2对全球太赫兹通信技术相关机构专利技术研发组织进行统计，最终得出排名前20的组织机构。可以看出，专利申请机构主要以研究机构为主，企业为辅。中国、韩国、美国、德国等国家的太赫兹技术研发活动积极，以德国电信公司、韩国电子和电信研究所、北京理工大学、电子科技大学、中国工程物理研究院电子工程研究所为代表的组织机构是太赫兹通信技术领域专利申请的主要组织。

表4-2　太赫兹通信技术专利申请机构排名（TOP 20）

排名	机构名称	所属国家	专利数量/件
1	德国电信公司	德国	48
2	韩国电子和电信研究所	韩国	36
3	北京理工大学	中国	27
4	电子科技大学	中国	26
5	中国工程物理研究院电子工程研究所	中国	23
6	中国科学院	中国	22
7	重庆大学	中国	20
8	深圳太赫兹科技创新研究所	中国	20
9	TCL科技集团	韩国	17
10	韩国科学技术院	韩国	15
11	天津大学	中国	14
12	华为技术有限公司	中国	13
13	紫金山网络通信与安全实验室	中国	13
14	浙江大学	中国	12
15	东南大学	中国	12
16	上海交通大学	中国	12
17	清华大学	中国	12
18	美国AT&T公司	美国	10
19	中国电子科技集团公司第五十四研究所	中国	10
20	西安邮电大学	中国	9

全球前 20 的组织机构中，德国电信公司实力最强，在太赫兹通信技术专利申请机构中排名第一。

另外，中国机构 15 家，机构类型主要以研究机构（大学、科研院所）为主，其中北京理工大学、电子科技大学、中国工程物理研究院电子工程研究所、中国科学院、重庆大学、天津大学、紫金山网络通信与安全实验室、浙江大学、东南大学、上海交通大学、清华大学、中国电子科技集团公司第五十四研究所、西安邮电大学等是太赫兹专利申请的代表性机构，另外华为技术有限公司、深圳太赫兹科技创新研究所是中国机构中排名前 20 的公司机构。

韩国机构研发活动活跃，其中以韩国电子和电信研究所、TCL 科技集团、韩国科学技术院等机构为代表，是太赫兹通信技术专利申请的主力军。

美国组织机构中，太赫兹通信专利申请主要以企业为主，代表性机构有美国 AT&T 公司。

（四）技术分布

1. 论文视角

通过对全球太赫兹通信领域发文排名前 10 的学科类别进行统计，如表 4 - 3 所示，可以看出电气电子工程、光学、物理应用、电信、材料科学多学科等是学科主要的研究方向。

表 4 - 3　全球太赫兹通信领域发文 TOP 10 的学科类别

排名	IPC 小类	论文数量/篇
1	电气电子工程	1074
2	光学	897
3	物理应用	641
4	电信	605
5	材料科学多学科	398
6	纳米科学	261
7	计算机科学信息系统	220
8	物理多学科	137

续表

排名	IPC 小类	论文数量/篇
9	凝聚态物理	132
10	多学科科学	122

电气电子工程是比较关注的方向，论文数量最多（1074 篇）；光学（897 篇）、物理应用（641 篇）、电信（605 篇）论文数量分列第二、三、四位。在其他学科研究方向上，太赫兹通信技术领域也注重材料科学（材料科学多学科、纳米科学）、计算机科学（计算机科学信息系统）、物理学（物理多学科、凝聚态物理）方向的研究。

2. 专利视角

基于专利分类号 IPC 进行统计，可以初步确定该技术研究的侧重点。从技术分类号微观角度（技术小类）出发，有利于寻找技术研发的热点和空白点。表 4 - 4 对技术小类研究热点 TOP 10 进行了释义。可以看出，当前技术研究热点主要集中在以 H04B（传输）、H04L（数字信息的传输）、H04W（无线信息通信）等技术小类为代表方向是专利申请的主要方向。

表 4 - 4　技术小类研究热点 TOP 10 释义

排名	IPC 小组	专利数量/件	释义
1	H04B	415	传输
2	H04L	77	数字信息的传输，如电报通信
3	H04W	73	无线通信网络
4	G02F	38	用于控制光的强度、颜色、相位、偏振或方向的器件或装置，如转换、选通、调制或解调
5	G02B	24	光学元件、系统或仪器
6	H01Q	23	天线，即无线电天线
7	H01S	16	利用辐射（激光）的受激发射使用光放大过程来放大或产生光的器件；利用除光之外的波范围内的电磁辐射的受激发射器件
8	H04J	15	多路复用通信
9	H01L	12	半导体器件
10	H01P	7	波导；谐振器、传输线或其他波导型器件

6G 时代，需要对网络层和无线传输层技术进行创新，另外信息传输过程中，信息传输设备、信息传输手段、信息传输安全、信心资源管理等也是技术申请的重要方向。当前太赫兹通信专利申请主要集中在 3 个方向：信息传输（H04B、H04L）、无线网络（H04W）、基本元器件〔光控制器件（G02F）、光学元件系统或仪器（G02B）、受激发射器件（H01S）、半导体器件（H01L）、波导型器件（H01P）〕。

四、 优秀研究团队

（一）德国 IAF 研究所 Rüdiger Quay 团队

Rüdiger Quay 博士是德国弗劳恩霍夫应用固体物理研究所（Fraunhofer Institute for Applied Solid State Physics IAF，IAF）的执行理事，于 1997 年获得德国亚琛莱茵 – 威斯特法伦工业大学（RWTH）物理学学位，并于 2003 年获得第二个经济学学位。2001 年，他获得了奥地利维也纳工业大学的技术科学博士学位（荣誉）。2009 年，他又获得维也纳技术大学微电子学的资格证书（Venia Legendi）。2001 年，他加入了德国弗赖堡的弗劳恩霍夫应用固态物理研究所，首先作为项目负责人开发基于 InP HBTs 的 100 Gbps ETDM 电路，后来成为 RF 器件和电路特性小组的组长，研究毫米波 RF 器件、高功率器件和 IC。2009 年，成为 Fraunhofer 氮化镓射频功率电子业务领域的副主管，也是微电子部门的副主管。同时是《国际微波和无线技术杂志》《IEEE 电子设备通讯》（*IEEE Electron Device Letter*）的副主编，目前是该研究所的执行理事。

Rüdiger Quay 带领的 IAF，技术方向覆盖基于各种应用的晶体管、单片集成电路（IC）和模块，可以解决高达 670 GHz 的微波和（亚）毫米波领域的高频和功率应用，以及用于高达 100 MHz 的电源开关和转换器的电力电子设备。其专家委员会来自工业界、大学和政府，为研究所所长和弗劳恩霍夫协会执行委员会提供建议。具体的人员名单如表 4 – 5 所示。

表 4 – 5　专家委员会人员名单

序号	姓名	机构
1	B. Becker MdL	Bayerischer Landtag，CSU Fraktion
2	Dr. K. Beilenhoff	United Monolithic Semiconductor GmbH
3	Prof. Dr. J. Faist	ETH Zürich
4	Dr. J. Koeth	nanoplus GmbH
5	Dr. J. Kosch	X-FAB Semiconductor Foundries GmbH
6	Dr. T. Krämer	Fraunhofer-Gesellschaft
7	Dr. N. Künzner	Diehl Defence GmbH & Co. KG
8	MinR Dipl. – Phys. C. Mayer	Ministerium für Wirtschaft，Arbeit und Tourismus Baden-Württemberg
9	Dr. U. Meiners	NICHIA Chemical Europe GmbH
10	Dr. T. Metzger	Qualcomm Germany RFFE GmbH
11	Dr. Heike Riel	IBM Research-Zürich
12	Dr. T. Roedle	Ampleon Netherlands B. V.
13	Dr. D. Schill	Sony Europe Ltd.
14	A. Wälti	Evatec AG

（二）美国桑迪亚国家实验室 James S. Peery 团队

James S. Peery 现为美国桑迪亚国家实验室主任，桑迪亚国家实验室（Sandia National Laboratories）由桑迪亚国家技术和工程解决方案有限责任公司（是霍尼韦尔国际公司的全资子公司）运营和管理，是美国国家核安全局下属的 3 个研究发展实验室之一。James S. Peery 于 1990 年开始在桑迪亚国家实验室工作，2002—2007 年，James S. Peery 在 LANL 担任了多个领导职务，之后回到桑迪亚担任水动力实验部门负责人。2010—2015 年，担任桑迪亚国家实验室的信息系统分析中心主任，2015—2017 年担任桑迪亚国家实验室负责国防系统和评估的副总裁。2020 年 1 月 1 日被任命为桑迪亚国家实验室主任。

James S. Peery 带领的团队，拥有最先进的光子集成电路（PIC）的设计和制造能力，并且在基于 InP 的 PIC 技术方面拥有 10 多年的经验，实验室在太赫兹微电子系统集成技术方向进行研发。其团队的主要领导人员如表4-6所示。

表4-6 **James S. Peery** 团队主要领导人员名单

序号	姓名	职称
1	James S. Peery	Laboratories Director
2	David Gibson	Deputy Laboratories Director-Chief Operating Officer
3	Laura McGill	Deputy Laboratories Director for Nuclear Deterrence-Chief Technology Officer
4	Scott Aeilts	Mission Services Associate Labs Director
5	Brian E. Carter	Human Resources & Communications Executive Director & Chief Human Resources Officer
6	William S. Elias II	Executive Director Chief Legal Officer & Secretary of NTESS，LLC
7	Deborah Frincke	National Security Programs Associate Labs Director
8	Steve Girrens	Nuclear Deterrence Stockpile Management，Components and Production Associate Labs Director & Chief Engineer for Nuclear Weapons
9	Rita Gonzales	Nuclear Deterrence Modernization and Future Systems Associate Labs Director
10	Jeff Heath	Infrastructure Operations Associate Laboratories Director
11	Justine Johannes	Global Security Associate Laboratories Director
12	Andrew McIlroy	Integrated Security Solutions，Associate Labs Director
13	Susan Seestrom	Advanced Science & Technology Associate Labs Director & Chief Research Officer
14	John Zepper	Information Engineering Executive Director & Chief Information Officer

（三）中国工程物理研究院微太中心成彬彬团队

成彬彬主要从事太赫兹雷达技术及其探测与成像研究。2004年毕业于清华大学工程物理系获得工学学士学位，同年免试推荐为清华大学核科学与技术专业直博，并于2009年获得工学博士学位，2016—2017年在欧洲核研究中心（CERN）开展合作研究。2009—2012年在中国工程物理研究院从事电子学技术研究，2013年至今任中国工程物理研究院微系统与太赫兹研究中心太赫兹通信与雷达技术研究室副主任，中国兵工学会太赫兹应用技术专委会总干事/委员、中国工程物理研究院电子与信息学科微系统科学技术专业组成员，《太赫兹科学与电子信息学报》青年编委，享受国务院特殊津贴。

中国工程物理研究院微系统与太赫兹研究中心（Microsystem & Terahertz Research Center of CAEP）（以下简称"微太中心"）成立于 2011 年。微太中心拥有由国家级专家、省部级专家等组成的专家队伍，下设 8 个科研室和 2 个管理部门，现有固定人员近 200 人，其中近半具有博士学位，海外归国人员近 20 人，另有流动人员（访问学者、博士后、研究生等）10 余人；其中太赫兹通信与雷达技术研究室（MT03 室）研究团队主要开展太赫兹通信、雷达与成像应用技术研究，开展太赫兹集成电路、信道、模块及相关技术研究。

五、 创新企业代表

（一） 美国 VDI 公司

1. 公司概况

美国 VDI 公司（Virginia Diodes，Inc.）拥有目前全球最好的太赫兹砷化镓肖特基平板二极管制造技术。VDI 为亚毫米波和太赫兹应用制造最先进的测试和测量设备。这些产品包括矢量网络分析仪、频谱分析仪和信号发生器扩展模块，可将高性能微波测量工具的功能扩展到更高的频率。

VDI 的产品包括检测器、混频器、倍频器和定制系统，可在 50 GHz ~ 2 THz 的频率下可靠运行。所有 VDI 组件都包括内部制造的 GaAs 肖特基二极管和微电子滤波器结构。从 1996 年到 2001 年，VDI 只销售用于科学应用的肖特基二极管。2001 年，VDI 开始销售适用于 50 GHz ~ 1000 GHz 操作的完整混频器、检波器和乘法器产品。到 2004 年，VDI 开始销售太赫兹发射器和接收器模块等子系统。

目前，VDI 公司大约有 100 多名工程师、技术人员和行政人员，工作面积 20 000平方英尺。

2. 太赫兹通信研究动态

目前，美国 VDI 公司基于 GaAs 二极管已经实现了 1 THz 频段的倍频链路，在常用的 220 GHz、340 GHz、420 GHz 等频段的频率源的输出功率均在 10 MW 以上，可满足变频器的驱动功率需求。

2006 年，VDI 公司在 IEEE MTT－S 国际微波研讨会上就介绍了 220 GHz 和 440 GHz 频段的高功率和高效率三倍频器的设计和实验分析。

2007 年，VDI 提供 1.1 THz ~ 1.7 THz 混频器和检测器。

2009 年，VDI 制造的 GaAs 肖特基二极管上市，适用于频率范围从约 100 GHz 到超过 2 THz 的应用。

2010 年，VDI 公司实现了 2.5 THz 和 2.7 THz 的太赫兹源初步开发，输出功率约为 3 μW，并开发出 800GHz 的高效变容二极管三倍频器。

2015 年，VDI 实现了混频器在 1 THz 下的 1 mW 的功率。

2020 年，使用 VDI 的紧凑型上变频器和下变频器，是德科技开发了一款能够生成和分析宽带信号的 6G 亚太赫兹研发测试台演示。

2022 年，VDI、是德科技、FormFactor、DMPI 联手推出全新 170 GHz/220 GHz 宽带矢量网络分析解决方案，缩短 5G 和新兴 6G 应用的设计和验证周期。

（二）日本电报电话公司

1. 公司概况

日本电报电话公司（Nippon Telegraph and Telephone Corporation，NTT）创立于 1976 年，是日本最大电信服务提供商"日本电信电话株式会社"的全资子公司，是全世界最大的电信公司之一，为亚太地区的消费者、企业和政府提供高品质、技术先进的网络管理服务、安全服务和解决方案。2022 年，"2022 福布斯全球企业 2000 强"发布，日本电报电话公司位列第 52 名。

NTT 的业务包括综合 ICT（NTT DOCOMO、NTT Communications 和 NTT COMWARE 等）、区域通信（NTT EAST 和 WEST 等）、全球解决方案（NTT Inc.、NTT Ltd. 和 NTT DATA 等）、真实房地产（NTT Urban Solutions）、能源（NTT Anode Energy）等。

NTT 现在拥有 900 多家相关公司，大约 330 000 名员工。其中，项目研发人员 2300 多人。NTT 已注册了大约 17 000 项专利。

2. 太赫兹通信研究动态

2004 年，NTT 研发出基于光电子原理的 0.125 THz 通信系统，传输速度为

10 Gbps，传输距离 300 ~ 800 m。

2007 年，NTT 研发出基于全电子学原理的 0.125 THz 的通信系统，传输速度为 10 Gbps，于 2008 年成功用于北京奥运会的高清转播。

2012 年，NTT 研发出基于全电子原理的 0.34 THz 的通信系统，实现了 0.5 m 距离 24 Gbps 传输速率。

2018 年，NTT 联合东京工业大学展示了基于 InP 材料的高速通信芯片，可实现 300 GHz 的工作频率，100 Gbps 的传输速度。

2021 年，NTT 公司和东京工业大学的科学家开发了一种基于 CMOS 的新型收发器，可用于 300 GHz 频段的无线通信。

2022 年，NTT 公司与世界领先的移动技术供应商富士通、NEC 和诺基亚合作，开展实验来试验新的移动通信技术，以在 2030 年前后有针对性地推出 6G 服务。

（三）中国华讯方舟软件信息有限公司

1. 公司概况

华讯方舟软件信息有限公司是一家专注于高频谱技术研发与应用的高新技术企业，是 Ka 高通量卫星及太赫兹领域的国内国际诸多标准的参与者与制定者，是该产业领域全球引领者。致力于打造以太赫兹通信为主要载荷的新一代卫星宽带网络，成为全球光电信息超融合综合服务商。

华讯方舟集团通过搭建太赫兹科技创新研究院、通信技术研究院、太赫兹制造业创新中心、太赫兹产业技术创新联盟、太赫兹科技创新协会、院士专家企业工作站、博士后创新实践基地等自主研发平台，以及举办国际太赫兹论坛和与国外联合办学，建立全球化的人才体系。促进开展太赫兹源、毫米波芯片、太赫兹芯片、卫星载荷等全系统产品的全系列自主研发与应用。

在太赫兹研发与应用领域。华讯方舟集团拥有多项自主算法及半导体为基础的核心知识产权，构建了从芯片到设备到系统到平台的太赫兹产业生态链。目前，华讯方舟集团又布局了太赫兹安检、太赫兹生物检测、太赫兹通信、太赫兹医疗、太赫兹国防等产业，引领太赫兹通信、太赫兹光谱和成像等领域的发展。科研成果广

泛应用于卫星通信、卫星互联网、超高速移动通信、智慧城市、安检成像等行业。

2. 太赫兹通信研究动态

2016 年，华讯方舟集团发起的深圳市太赫兹科技创新研究院（简称"太赫兹研究院"）正式成立。

2016 年，华讯方舟集团成功做出世界第一块石墨烯太赫兹芯片。

2018 年，华讯方舟集团发起的深圳市太赫兹科技创新研究院，成功开发出 W-band 的超高速无线通信系统，传输速率达到 20 Gbps，支持多种信号调制格式。

六、 未来展望

未来，随着 2030 年 6G 技术的发展，太赫兹技术在信息通信领域具有重要的应用潜力。全球 6G 技术竞争已经拉开帷幕，虽然当前业界还没有制定出 6G 统一标准，但已经就 6G 商用化进程达成了初步共识。太赫兹通信技术是 6G 技术的关键候选技术，具有超高频率、超大带宽、超高峰值速率的太赫兹频段是实现未来 6G 超高无线传输的重要手段。

国际电信联盟、第三代合作伙伴计划（3GPP）分别发布 6G 研究计划，初步明确 6G 将会在 2030 年左右实现规模化商用，未来 3～5 年将是其技术研发的关键窗口期。目前，国际电信联盟、电气电子工程师学会分别在太赫兹通信频谱分配，太赫兹通信空口技术相关标准方面做出一定努力。

美国、日本、韩国、欧盟等发达国家和组织加快制定 6G 研发行动，很早就将太赫兹技术作为战略规划研发重点。例如，美国提供政府资金支持、开放 6G 实验频谱，积极推动太赫兹技术研究和相关应用产业化。欧盟政府部门制定研发框架计划（FP8，FP9）进行研发支持，支持太赫兹项目研究，搭建太赫兹研究生态环境。日本、韩国分别将太赫兹技术研究纳入发展规划当中。

中国在太赫兹通信技术领域全球市场中占有 49.8% 的专利市场份额，位居第一，美国、日本各占有 15.5%、9% 的专利市场份额，位居其后。以中国、美国、日本、韩国、德国等为代表的国家在太赫兹技术专利申请方面处于世界领先地位，专利申请量市场份额占全球 89%，是太赫兹专利申请的主要国家。全球范围内，以德国电信、韩国电子和电信研究所、北京理工大学、电子科技大学、中国工程物理研究院电子工程研究所为代表的组织机构是太赫兹通信技术领域专利申请的主要组织。

中国 5G 基础设施建设和商用化进程位居世界前列，5G 规模化商用快速推进，为开展 6G 关键技术研究奠定了良好基础。据工业和信息化部的数据显示，截至 2021 年 11 月，中国已建成 5G 基站超过 115 万个，占全球 70% 以上，是全球规模最大、技术最先进的 5G 独立组网网络。中国所有地级市城区、超过 97% 的县城城区和 40% 的乡镇镇区实现 5G 网络覆盖；5G 终端用户达 4.5 亿户，占全球 80% 以上。同时，中国 5G 标准必要专利数量占比超过 38%，位居世界首位。5G 技术储备和产业推进的先进经验，使得中国在开展 6G 技术性能指标、网络架构、关键技术及标准化、应用场景示范等方面具有良好的基础优势，为太赫兹通信技术研究奠定了良好的基础。

①需要加强战略顶层设计，制定详细的 6G 发展路线图，利用好太赫兹通信技术研发 3～6 年的关键时期。6G 发展涉及技术创新、产业生态、安全保障等多个层面，要积极借鉴现有 5G 发展的成功经验，进行 6G 前瞻性战略部署，加强顶层设计和出台政策保障，积极推动关键技术研究、搭建产业合作交流平台、进行 6G 试点应用，制定详细的 6G 技术发展路线，在战略层面上扩大优势。

②需要重视太赫兹通信关键核心技术研发，构建良好的产业生态环境。太赫兹通信关键技术涉及关键元器件、芯片技术、信道传播和建模技术、空口设计技术等一系列技术的基础研究、应用研究、试验开发和产业化，需要一个良好的研发生态支撑。一方面应加强太赫兹信号传输特性的基础理论研究；另一方面应积极推进专项技术突破，如基于 Ⅲ－Ⅴ族化合物半导体晶体管工艺的芯片集成电路技术，这是目前制约太赫兹通信发展的核心与关键所在。最后应重视构建 6G 太赫兹通信技术研发生态，推动产业界和学术界合作，协同推进基础研究、应用研究、试验开发和产业化的深度融合。

③需要重视国际合作，提升国际标准话语权。加强国际合作，加强互联互通，构建网络空间人类命运共同体。依托产业界力量，强化国内外运营商和设备商沟通

协作，加强政府、产业界、学术界交流合作，搭建合作关系，共同推进 6G 太赫兹通信技术研发工作。在保持中国技术领先优势的基础上，要积极投入到国际事务中，参与国际标准制定，提升国际话语权，掌握更多的知识产权，做好专利储备工作，为推动全球 6G 发展做出贡献。

参考文献

［1］赵亚楠，曹红伟. 太赫兹超高速无线网络路由协议研究综述［J］. 广东通信技术，2016，36（6）：47 - 51.

［2］谢莎，李浩然，李玲香，等. 面向 6G 网络的太赫兹通信技术研究综述［J］. 移动通信，2020，44（6）：36 - 43.

［3］顾立，谭智勇，曹俊诚. 太赫兹通信技术研究进展［J］. 物理，2013（10）：695 - 707.

［4］赵亚楠，曹红伟. 太赫兹超高速无线网络路由协议研究综述［J］. 广东通信技术，2016，36（6）：47 - 51.

［5］2019 年世界无线电通信大会（WRC - 19）［EB/OL］.（2019 - 10 - 28）［2023 - 03 - 01］. https：//www. itu. int/dms_ pub/itu-r/opb/act/R-ACT-WRC-14 - 2019 - PDF - C-pdf.

［6］2023 年世界无线电通信大会（WRC - 23）［EB/OL］.（2019 - 10 - 28）［2023 - 03 - 01］. https：//www. itu. int/wrc - 23/.

［7］陈智，张雅鑫，李少谦. 发展中国太赫兹高速通信技术与应用的思考［J］. 中兴通讯技术，2018，24（3）：43 - 47.

［8］李秉权，李硕，孙延坤. DARPA 射频骨干网项目的启示研究［J］. 中国电子科学研究院学报，2019，14（5）：462 - 466.

［9］翟立君，王妮炜，潘沐铭，等. 6G 无线接入关键技术［J］. 无线电通信技术，2021，47（1）：1 - 11.

［10］SUM C S，HARADA H. Scalable heuristic STDMA scheduling scheme for practical multi-Gbps millimeter-wave WPAN and WLAN systems［J］. IEEE transactions on wireless communications，2012，11（7）：2658 - 2669.

［11］KÜRNERT. Towards future THz communications systems［J］. Terahertz science and technology, 2012, 5 (1): 11 – 17.

[12] CHEN Y, LI Y B, HAN C, et al. Channel measurement and ray-tracing-statistical hybrid modeling for low-terahertz indoor communications [J]. IEEE transactions on wireless communications, 2021, 20 (12): 8163 – 8176.

[13] AKYILDIZ I F, JORNET J M, HAN C. Terahertz band: Next frontier for wireless communications [J]. Physical communication, 2014, 12 (4): 16 – 32.

[14] AKYILDIZ I F, JORNET J M, PIEROBON M. Nanonetworks: a new frontier in communications [J]. Communications of the ACM, 2011, 54 (11): 84 – 89.

[15] YANGY H, MANDEHGAR M, GRISCHKOWSKY D R. Understanding THz pulse propagation in the atmosphere [J]. IEEE transactions on terahertz science and technology, 2012, 2 (4): 406 – 415.

[16] REN Z, CAO Y N, PENG S, et al. A MAC protocol for terahertz ultra-high data-rate wireless networks [J]. Applied mechanics & materials, 2013, 427: 2864 – 2869.

[17] JORNET J M, AKYILDIZ I F. The internet of multimedia nano-things [J]. Nano communication networks, 2012, 3 (4): 242 – 251.

[18] WANG P, JORNET J M, MALIK M G A, et al. Energy and spectrum-aware MAC protocol for perpetual wireless nanosensor networks in the terahertz band [J]. Ad hoc networks, 2013, 11 (8): 2541 – 2555.

第五章
零碳建筑技术前沿态势报告

自 2015 年全球各缔约国通过《巴黎协定》以来，各个国家纷纷做出承诺来应对气候变化。在 2021 年 11 月召开的第 26 届联合国气候变化大会（COP 26）上，全球各主要成员国一致达成"确保到本世纪中叶全球实现净零排放"的目标，这对各国应对气候变化提出了更高的要求。2020 年 9 月，中国国家主席习近平在联合国大会讲话时宣布，中国将提高国家自主贡献力度，采取更加有力的政策和措施，二氧化碳排放力争于 2030 年前达到峰值，努力争取 2060 年前实现碳中和。2021 年 10 月，国务院公布了《关于完整准确全面贯彻新发展理念做好碳达峰碳中和工作的意见》及《2030 年前碳达峰行动方案》。

建筑领域是碳排放的重点领域之一。据联合国环境规划署《2021 年全球建筑现状报告》数据显示，和其他终端用能部门相比，2020 年建筑业占全球终端能源消费的 36%，占与能源相关二氧化碳排放量的 37%。据中国建筑节能协会《2021 中国建筑能耗与碳排放研究报告》显示，2019 年我国建筑全过程能耗总量为 22.33 亿吨标准煤，占全国总能耗的 45.8%；我国建筑全过程碳排放总量为 49.97 亿吨二氧化碳，占全国碳排放的比重为 50.6%，并且从 2005 年到 2019 年，我国建筑全过程能耗与碳排放变化均呈现上升趋势，2019 年的全国建筑全过程能耗与碳排放分别为 2005 年的 2.4 倍和 2.24 倍。

未来如果不严格控制建筑领域的碳排放，其碳排放总量还将继续增加。为此，有必要开展零碳建筑相关研究，以促进建筑领域降低碳排放量，实现净零排放的目标。

一、 发展概况

（一） 基本概况

目前，描述零碳建筑的常用术语较多，如零碳（Zero Carbon）、净零碳（Net Zero Carbon）、碳中和（Carbon Neutrality）、近零能耗（Near Zero Energy）、零能耗（Zero Energy）、净零能耗（Net Zero Energy）、零净能耗（Zero Net Energy）、产能（Energy Plus）、被动房（Passive House）等。

建筑部门的零碳是指建筑部门相关活动导致的二氧化碳排放量和同样影响气候变化的温室气体的排放量都为零。建筑部门相关活动导致的排放量可以分为4种类型：①建筑运行过程中的直接碳排放；②建筑运行过程中的间接碳排放；③建筑建造和维修导致的间接碳排放；④建筑运行过程中的非二氧化碳类温室气体排放。零碳建筑的考量不仅针对建筑使用阶段，更要全面考虑建材生产运输、建造施工、运行维护、拆除废弃等全生命周期。从定性角度来看，零碳建筑在建筑全寿命期内，通过减少碳排放和增加碳汇实现建筑的零碳排放；从定量角度来看，零碳建筑是充分利用建筑本体节能措施和可再生能源资源，使可再生能源二氧化碳年减碳量大于或等于建筑全年二氧化碳排放量的建筑。

零碳建筑的特点在于：一是强调建筑围护结构被动式节能设计；二是将建筑能源需求转向太阳能、风能、地热能、生物质能等可再生能源，从而为人类、建筑与环境和谐共生寻找到最佳的解决方案。

（二） 发展历程

世界绿色建筑委员会（World GBC）于2017年首次发布了净零碳建筑承诺，呼吁建筑环境领域的公司确保到2050年所有现有建筑以净零碳运营，并首先提出了净零碳建筑的概念，后又于 2021 年 9 月更新了长期净零碳建筑承诺，旨在启动"减排优先"的脱碳方法，到 2030 年将该行业的排放量减半并解决生命周期问题排放。

美国非营利性公益组织 Architecture 2030 于 2018 年 4 月制定的《零碳建筑规范》中，将零碳建筑定义为一座高效的建筑，它不使用现场化石燃料，而是通过生产或采购足够的可再生能源，以满足每年的建筑运营能耗。

2019 年，联合国秘书长在气候行动峰会上发起了"人人共享零碳建筑倡议"，其目标是到 2030 年推动所有新建建筑的脱碳，到 2050 年推动所有既有建筑的脱碳。该倡议已经被许多行业组织采纳并推广，如美国建筑师协会（AIA）、美国供暖制冷与空调工程师学会（ASHRAE）、美国绿色建筑委员会（USGBC）、国际未来生活委员会（ILFI）等。

（三）关键技术

目前，脱碳、电气化、高能效和数字化是推动零碳建筑的 4 个关键趋势，相关技术至关重要，可减少碳排放，并降低运营和配套基础设施的总体成本。通过逐步削减化石燃料供暖、使用本地或异地的可再生能源、减少使用高全球变暖潜值的制冷剂及在建筑中使用低碳、可回收、可再生的材料，建筑行业足以实现零碳排放。

其中，在电气化方面，减少建筑排放的关键在于终端部门的电能替代，增加电力在终端能源需求的比例。

在高能效方面，虽然有了脱碳能源的支持，但提高能效仍然是零碳建筑的要点。在能源效率方面的投资能帮助降低能源供应的投入，并且还能降低未来电网基础设施的总成本，以满足不断增长的需求。另外，加强建筑隔热性和高能效设备等被动措施可以降低整体电力需求，而主动提效措施可以在需求端灵活匹配间歇式可再生能源供应，如自动需求响应和动态能源优化等措施。美国能源部提出的电网交互式高效建筑（Grid – interactive Efficient Buildings）通过主动需求管理，将能源成本降低约 20%。能源优化系统可以根据电网的实时碳强度控制建筑物的能源使用，并协调清洁热源与备用化石燃料设备，全天候最大限度地减少碳排放，同时弹性灵活地满足能源需求。

在数字化方面数字化将更好地赋能建筑能源效率和需求端灵活性，数字化"智能"建筑拥有先进的传感控制、系统集成、数据分析和能源优化功能，能在主动减少能耗和需求的同时，令居住者更舒适、更健康、生产力更高，并在设施的使用上更灵活弹性。将这些数字功能嵌入"智能"设备电器中除了减少能源使用和排放，还具有提高可靠性和优化远程管理等优点。

另外，从节能方面来说，智能建筑的节能潜力很大。基础的自动化控制技术在商业建筑中可节省 10% ~ 15% 的能源消耗。其他更高级的功能，如按需控制的通风，可额外再节省 5% ~ 10% 的能源消耗。与基本 HVAC（供暖、通风和空调）和照明控制相比，集成的建筑系统可节省 8% ~ 18% 的增量能源。能源信息管理系统使用先进的能耗计量设备，监控建筑物中的终端设备使用，平均可节省 3% 的能耗，而自动故障检测和诊断功能平均可节省 9% 的能耗。

二、　政策与动态

（一）政策

1. 美国

近年来，美国围绕零碳建筑发展制定了多项政策，一方面发布《美国长期战略：2050 年实现净零温室气体排放的路径》、第 14057 号行政命令《通过联邦可持续性发展促进清洁能源产业和就业》等，这些政策都把建筑领域作为低碳发展的主要领域重点支持，提出了预期指标和采取的途径措施；另一方面美国能源部（DOE）密集资助与零碳建筑相关的研发。

2021 年 11 月，美国白宫发布《美国长期战略：2050 年实现净零温室气体排放的路径》（*The Long-term Strategy of the United States：Pathways to Net-Zero Greenhouse Gas Emissions by 2050*），明确了各个经济领域需要采取的行动，以便在 2050 年前实现净零排放目标，公布了美国实现 2050 碳中和终极目标的时间节点与技术路径。对于建筑部门，其中提到：至 2030 年，首要任务是提高建筑物及其能源消费系统的能效，加大研究和示范高能效、电气化建筑的解决方案，建筑部门的能源需求将在 2030 年减少 9%；至 2050 年，住宅和商业建筑排放量占美国能源系统排放量的 1/3 以上，其中大约 2/3 的建筑排放来自电力，其他来自直接燃烧供热、烹饪等，减少建筑排放的关键在于终端部门的电能替代，电力在终端能源需求的份额将由 2020 年的 50% 增加至 2050 年的 90% 甚至更高；同时，建筑部门的能源需求将在 2050 年减少 30%。

2021 年 12 月，美国总统拜登发布第 14057 号行政命令《通过联邦可持续性发展促进清洁能源产业和就业》（*Executive Order 14057 – Catalyzing Clean Energy Industries and Jobs Through Federal Sustainability*），将转变联邦采购和运营方式，通过联邦政府整体协调，确保向清洁、零排放技术过渡，实现净零排放。其中，建筑方面相关要求包括以下 4 个方面。

一是联邦采购要促进使用具有较低隐含碳排放建筑材料的"清洁购买"政策。从 2022 年开始，美国总务管理局（General Services Administration，GSA）要求承包商披露新建筑和建筑材料中的隐含碳。隐含碳是指在材料的开采、加工、制造、运输和安装过程中产生的温室气体排放（主要是二氧化碳）。2022 年 2 月 15 日，GSA 开始采取行动减少建筑材料的碳排放，发布了信息请求（RFI）来收集包括小企业在内的行业对混凝土和沥青材料的当前市场洞察，以了解具有环保产品声明、低隐含碳或优越环境属性的混凝土和沥青材料的可用性，进而利用该行业的 RFI 响应来制定新的国家低碳混凝土和可持续沥青标准的部署，用于陆路入境口岸项目。另外，GSA 还参加由白宫环境质量委员会设立的第一个"清洁购买"工作组，以找到利用联邦政府巨大购买力支持低碳材料的方法，优先购买可持续产品，如不添加全氟烷基或多氟烷基物质（PFAS）的产品。

二是实现建筑、校园和设施的净零排放。到 2032 年，将建筑物、校园和设施的温室气体排放量较 2008 年的水平减少 50%，优先考虑提高能源效率和消除现场化石燃料的使用，到 2045 年，各机构应在其建筑物、校园和设施组合中实现净零排放。美国交通部（Department of Transportation）将在 2023 年完成"沃尔佩交通中心项目"（Volpe Transportation Center Project），构建 6 栋配备屋顶太阳能光伏板、

ZEV 充电站、凉爽屋顶、雨水回收再利用系统和高质量气候弹性数据中心的低排放建筑。美国财政部（United States Department of the Treasury）在 2022 年通过一份为期 17 年、实施 3090 万美元的《节能绩效合同》（*Energy Savings Performance Contract*，*ESPC*），在纽约市以外的国内税收服务中心完成大部分能源基础设施改进工作。

三是为实现建筑物的净零排放。各机构应将建筑电气化战略与无碳污染能源使用、深度能源改造、整体建筑调试、节能和节水措施及空间减少和整合相结合；超过 25 000 平方英尺的新建建筑和现代化项目，需到 2030 年实现净零排放；联邦所有新建建筑和现有翻新建筑的建筑设计、建造和运营中实施环境质量委员会（CEQ）的可持续联邦建筑指导原则；根据 2020 年《能源法》，使用绩效合同来提高联邦设施的效率和弹性，部署清洁和创新技术，并减少温室效应建筑运营产生的气体排放。

四是提高能源和用水效率。各机构应提高设施能源效率和用水效率，并应制定 2030 财年全机构设施的能源使用强度和饮用水使用强度的目标，同时考虑建筑类型（如医院、办公楼）类别的绩效基准及该机构的建筑组合的组成。

另外，在零碳建筑相关研发方面，美国能源部近些年来连续投入，大力度资助开展零碳建筑技术研发（表 5-1），如先进建筑节能、智能建筑、先进建筑施工、建筑材料碳储存、二氧化碳转化等零碳建筑相关技术。

表 5-1 美国在建筑绿色低碳方面的项目资助情况

资助机构	金额	时间	内容
美国能源部太阳能技术办公室（SETO）和建筑技术办公室（BTO）	—	2022/3	针对光伏建筑一体化（BIPV），征求技术和商业方面的挑战和机遇的意见
美国能源部先进能源研究计划署（ARPA-E）	285 万美元	2022/2	开发节能方面的颠覆性技术
美国能源部	6100 万美元	2021/10	推进智能建筑技术研发，包括智慧能源控制系统、先进传感器、智能电表等，以加快利用可再生能源并提高电网的弹性

资助机构	金额	时间	内容
美国能源部先进能源研究计划署（ARPA – E）	1亿美元	2021/12	支持"有应用潜力的领先能源技术种子孵化"（SCALE-UP）主题研发计划新遴选项目。涉及建筑领域的有建筑能效，涵盖热电联产、需求响应、照明等技术
美国能源部先进能源研究计划署（ARPA – E）	350万美元	2021/12	为"有应用潜力的领先能源技术种子孵化"（SCALEUP）主题研发计划的7个项目提供额外资助，其中建筑领域提供350万美元支持SkyCool Systems公司扩大屋顶辐射冷却板的制造规模，该面板可将空调和制冷系统的效率提高40%
美国能源部	8260万美元	2021/8	资助建筑能源效率前沿和创新技术（BENEFIT）计划的44个项目，用于新建筑绿色低碳发展技术研发，推动建筑材料、照明和加热和冷却系统的创新。 "建筑技术研究、开发和现场验证"主题领域有23个项目，涉及推进高效建筑能源技术的创新制造和报废处理，储热/供暖、通风和空调/供热和制冷/照明研究、开发和现场验证，能源和需求数据、建模和分析，全面的电力负荷优化；"先进的建筑施工"主题领域有21个项目，涉及大规模生产高效的人造住宅和便携式教室，建筑围护结构研究、开发和现场验证，先进技术的先进劳动力
美国能源部先进能源研究计划署（ARPA – E）	4500万美元	2021/11	发展建筑材料碳储存技术。其中，4100万美元资金用于开发建筑材料，规划总体建筑设计；400万美元用于研究建筑生命周期分析工具与框架
美国能源部	7400万美元	2020/2	资助63个项目开展先进建筑节能技术研发，用于研究、开发和测试灵活节能的建筑技术、建筑系统和实践方式，旨在提高建筑和电网能效，减少全国建筑能耗；其中，4770万美元开展"建筑能效前沿技术创新"主题研究，研究方向包括弹性建筑技术、节能暖通和空调技术、节能固态照明技术；2630万美元开展"先进节能建筑技术和实践"主题研究，研究方向包括综合性建筑翻新改造技术、创新的建筑技术、先进技术的集成耦合
美国能源部	1860万美元	2021/12	帮助各州、地方及部落政府践行住宅房屋节能改造援助计划（WAP），降低消费者的能源成本
美国能源部化石能源办公室	200万美元	2020/6	开发二氧化碳转化技术，用于开发混凝土固碳技术，将气态CO_2排放和煤燃烧残渣转化为低碳"绿色"混凝土产品
美国能源部建筑技术办公室	3350万美元	2019/5	支持先进建筑节能技术研发，解决包括建筑围护结构、供暖、制冷、热水供应和暖通等一系列能耗相关问题，提升建筑能效，包括建筑综合改造技术、新建筑技术、新技术验证评估

2. 欧盟

随着能源环境问题的日趋严重，欧盟委员会于 2019 年 12 月出台了《欧洲绿色协议》，提出到 2030 年将欧盟温室气体排放量降低到 1990 年水平的 55%，到 2050 年实现碳中和。之后，欧盟委员会在 2020 年 10 月提出了《翻新浪潮战略》（*A Renovation Wave for Europe – greening our buildings，creating jobs，improving lives*），其中包含具体的监管、融资和扶持措施，以促进建筑改造，目标是到 2030 年将建筑物的年能源更新率至少提高一倍，并促进深度改造，指出欧盟成员国应该参与公共和私人建筑的"翻新浪潮"。

2021 年 12 月，欧盟委员会又提出关于建筑能源性能指令的提案，以促进整个欧洲的住宅、学校、医院、办公室和其他建筑的翻新，减少温室气体排放和能源费用，改善数百万欧洲人的生活质量，目标是到 2050 年所有建筑实现零排放、到 2030 年新建建筑实现净零排放、到 2027 年新建公共建筑实现净零排放。

3. 德国

德国是欧洲国家中较早重视建筑领域低碳发展的国家之一，在参与欧洲计划的同时，也持续出台政策支持本国建筑低碳领域发展。最具代表性的是 2020 年发布的《建筑能源法》（GEG 2020），其中提出了多项建筑节能指标。此外，还有《德国发展与复原计划（DARP）》《2030 气候保护计划》《德国联邦气候保护法》等。

德国从 2020 年 11 月 1 日起开始按照《建筑能源法》执行新的建筑节能标准，替代以前所用的建筑节能法规，并采用了超低能耗建筑的概念，与欧盟建筑节能指令中的近零能耗建筑相对应。《建筑能源法》不再规定具体的建筑节能指标，而是采用了参考建筑方法，要求新建建筑比参考建筑节能 25% 以上。

2019 年 11 月，德国通过了《德国联邦气候保护法》，计划到 2030 年，温室气体排放总量较 1990 年至少减少 55%，到 2050 年实现碳中和。2021 年 5 月，德国又通过了《德国联邦气候保护法》修订版法案，核心内容包括 2045 年实现碳中和、碳中和的实现路径、2030 年温室气体排放较 1990 年减少 65% 等。

4. 日本

日本将建筑领域低碳化措施归属于能源战略后其后发展战略中，如 2019 年 7

月发布《节能技术战略》和 2020 年 10 月发布《绿色增长战略》均涵盖了建筑低碳发展的相关措施，但从 2021 年开始，日本将建筑领域的低碳发展作为一项国家长期战略来实施。2021 年 8 月，日本经济产业省、国土交通省和环境省等多部门联合发布了《2050 年碳中和住宅·建筑的对策与实施方法》，提出了远景目标、措施和技术路线，进一步推进建筑领域温室气体减排。

2019 年 7 月，日本发布《节能技术战略 2019》，该版本基于 2016 版本，主要根据能源基本计划（第五期）等政府政策进行了修订，审查并公布了"重要技术"。其中，建筑相关的重要技术主要针对零能耗建筑（ZEB）、零能耗房屋（ZEH）和生命周期负碳（Life Cycle Carbon Minus，LCCM）住宅，包括高性能外墙，高效空调技术，高效热水供应技术，高效照明技术，同时实现舒适性、生产性和节能的系统和评价技术，设计、评估和运用技术，革新能源管理技术（xEMS）等。

2020 年 10 月，日本经济产业省发布《绿色增长战略》，提出到 2050 年实现碳中和目标，构建"零碳社会"。预计到 2050 年，该战略每年将为日本创造近 2 万亿美元的经济增长。为落实上述目标，该战略针对 14 个产业提出了具体的发展目标和重点发展任务，主要包括海上风电，氨燃料，氢能，核能，汽车和蓄电池，半导体和通信，船舶，交通物流和建筑，食品、农林和水产，航空，碳循环，下一代住宅、商业建筑和太阳能，资源循环，生活方式等。其中，对于交通物流和建筑产业，其发展目标为：到 2050 年实现交通、物流和建筑行业的碳中和目标。重点任务：制定碳中和港口的规范指南，在全日本范围内布局碳中和港口；推进交通电气化、自动化发展，优化交通运输效率，减少排放；鼓励民众使用绿色交通工具（如自行车），打造绿色出行；在物流行业中引入智能机器人、可再生能源和节能系统，打造绿色物流系统；推进公共基础设施（如路灯、充电桩等）节能技术开发和部署；推进建筑施工过程中的节能减排，如利用低碳燃料替代传统的柴油应用于各类建筑机械设施中，制定更加严格的燃烧排放标准等。对于下一代住宅、商业建筑和太阳能产业，其发展目标为：到 2050 年实现住宅和商业建筑的净零排放。重点任务：针对下一代住宅和商业建筑制定相应的用能、节能规则制度；利用大数据、人工智能、物联网（IoT）等技术实现对住宅和商业建筑用能的智慧化管理；建造零排放住宅和商业建筑；先进的节能建筑材料开发；加快包括钙钛矿太阳电池在内的具有发展前景的下一代太阳电池技术研发、示范和部署；加大太阳能建筑的部署规模，推进太阳能建筑一体化发展。另外，对于生活方式相关产业，其发展目标为：到 2050 年实现碳中和生活方式，其中有 1 项重点任务为普及零排放建筑和住宅。

2021 年 8 月 23 日，日本经济产业省、国土交通省和环境省发布了《2050 年碳中和住宅·建筑的对策与实施方法》，包括远景目标、措施和技术路线图，进一步推进建筑领域温室气体减排，使 2030 年实现住宅和其他建筑减排 46%，助力实现 2050 年碳中和的目标。要点包括：① 2030 年新建住宅、建筑物确保达到零能耗住宅/零能耗建筑（ZEH/ZEB）节能标准级节能性能，60% 的新建住宅安装太阳能发电设备，2050 年确保所有建筑平均达到 ZEH/ZEB 节能标准，太阳能发电设备等可再生能源普遍应用于住宅、建筑中；② 2025 年强制执行包括住宅在内的节能标准，最迟 2030 年将节能标准提高至 ZEH/ZEB，未来将考虑强制推动安装太阳能发电设备。

5. 中国

2021 年 10 月，中共中央办公厅、国务院办公厅印发了《关于推动城乡建设绿色发展的意见》，目标是到 2025 年，城乡建设绿色发展体制机制和政策体系基本建立，到 2035 年，城乡建设全面实现绿色发展，碳减排水平快速提升。其中在"转变城乡建设发展方式"方面指出要建设高品质绿色建筑，加强财政、金融、规划、建设等政策支持，推动高质量绿色建筑规模化发展，大力推广超低能耗、近零能耗建筑，发展零碳建筑。

2022 年 3 月，住房和城乡建设部发布了《"十四五"建筑节能与绿色建筑发展规划》，部署提升绿色建筑发展质量、提高新建建筑节能发展水平、加强既有建筑节能绿色改造、推动可再生能源应用、实施建筑电气化工程、推广新型绿色建造方式、促进绿色建材推广应用、推进区域建筑能源协同、推动绿色城市建设等九大任务，为建筑领域节能降碳以及实现碳达峰、碳中和目标提供了指引。

2022 年 8 月，科技部、国家发展改革委、住建部等九部门印发《科技支撑碳达峰碳中和实施方案（2022—2030年）》，其中在建筑方面要求：①建设好低碳零碳建筑示范工程，重点建设规模化的光储直柔新型建筑供配电示范工程、长距离工业余热低碳集中供热示范工程、核电余热水热同输供热示范工程、高性能绿色建筑科技示范工程。②围绕城乡建设和交通领域绿色低碳转型目标，以脱碳减排和节能增效为重点，大力推进低碳零碳技术研发与示范应用。要推进绿色低碳城镇、乡村、社区建设、运行等环节绿色低碳技术体系研究，加快突破建筑高效节能技术，建立新型建筑用能体系。开展建筑部件、外墙保温、装修的耐久性和外墙安全技术研究与集成应用示范，加强建筑拆除及回用关键技术研发，突破绿色低碳建材、光储直柔、建筑电气化、热电协同、智能建造等关键技术，促进建筑节能减碳标准提升和全过程减碳。到2030年，建筑节能减碳各项技术取得重大突破，科技支撑实现新建建筑碳排放量大幅降低，城镇建筑可再生能源替代率明显提升。③研究光储直柔供配电关键设备与柔性化技术，建筑光伏一体化技术体系，区域—建筑能源系统源网荷储用技术及装备。研究面向不同类型建筑需求的蒸汽、生活热水和炊事高效电气化替代技术和设备，研发夏热冬冷地区新型高效分布式供暖制冷技术和设备，以及建筑环境零碳控制系统，不断扩大新能源在建筑电气化中的使用。研发天然固碳建材和竹木、高性能建筑用钢、纤维复材、气凝胶等新型建筑材料与结构体系；研发与建筑同寿命的外围护结构高效保温体系；研发建材循环利用技术及装备；研究各种新建零碳建筑规划、设计、运行技术和既有建筑的低碳改造成套技术。

（二）专家观点

1. 中国工程院院士、清华大学建筑学院教授江亿

建筑相关部门可以实现2030年碳达峰、2060年碳中和的目标。实现减碳、零碳的关键在于7个方面：①建筑节能是基础，北方建筑围护结构保温，建筑系统提效；②坚持绿色生活方式和用能模式，避免出现美日韩发生的能耗增长现象；③改变用能方式、用能文化，大力推行电气化、农村的全电能源系统；④转变建筑在电力系统中的功能，由消费者转为生产、消费、储存三位一体；⑤在重视提高效率减少用电需求的同时，更要重视电力负荷侧的灵活性，柔性用电；⑥加速大规模余热

部署。该会议采取"线上线下"结合的形式分两期举办，其中一期线上会议已于2022 年 7 月 12 日至 14 日举办，二期线下大会在 2022 年下半年举行。

2. 零碳认证及标准

（1）美国

2018 年 11 月，在美国芝加哥举办的绿色建筑大会上，美国绿色建筑委员会（USGBC）正式宣布推出 LEED Zero 认证体系，以鼓励绿色建筑在建设和运营过程中实现净零。该认证体系需在项目运营后证明在 12 个月的时间内满足零碳排放、零能耗、零用水或零废弃物中的任意一个条件。

能源与环境设计先锋（Leadership in Energy and Environmental Design，LEED）是由美国绿色建筑委员会于 2000 年推出的绿色建筑评价体系，近年来已经为高性能建筑和社区提供一个框架模型，通过影响用地、用能、交通、用水和用材降低了温室气体的排放。

LEED Zero 认证体系是对 LEED 认证标识系列的补充，用于验证建筑物中净零目标的实现情况。所有 LEED Zero 认证都要求所有项目先通过 BD + C（建筑设计与施工）或 O + M（建筑运营与维护）评级系统的认证，并提供绿色商业认证公司（GBCI）所需的 12 个月性能数据进行判断。

LEED 零碳认证的碳平衡计算为：碳平衡为碳排放总量减去碳减排总量。其中，碳排放总量是指建筑能源消耗及电网以化石燃料发电并传输至现场所产生的碳排放，通过能源或电力消耗量进行转换计算而得，目前尚未计入水、垃圾和材料的隐含碳排放；碳减排总量则包括由现场产生的能源和采购场外可再生能源所转换计算的碳排放。需要说明的是，碳平衡计算中包括了输出到电网的现场产生能源，但要注意输出时避免碳排放。截至 2022 年 6 月，全球共有 95 项 LEED 净零认证，涉及 75 个项目，一些项目还同时获得了多个类别的 LEED 净零认证。

（2）加拿大

加拿大绿色建筑委员会于 2017 年 5 月发布了《零碳建筑标准》，成为全球第一个发布国家性零碳建筑标准的绿建委。该标准主要包括 4 个方面：在零碳平衡方面，建筑运营过程中没有净温室气体排放，温室气体的排放由基地内外的可再生能源抵消；在能效方面，新建项目需考虑能耗峰值，并通过围护结构和通风策略以提升能效和减少热能需求；在可再生能源方面，新建项目产生基地的可再生能源，增加项目的韧性，减少基地外的环境影响，并为未来的分布式能源做准备；在低碳材料方面，需要评估全生命周期结构和围护结构材料的碳排放，并进行设计。

（3）中国

中国于 2021 年已发布了《零碳建筑认定和评价指南》，中国工程建设标准化协会标准《零碳建筑及社区技术标准》及国家标准《零碳建筑技术标准》正在制定中。具体如下：

2021 年 9 月 1 日，由天津市低碳发展研究中心牵头制定的全国首个零碳建筑团体标准——《零碳建筑认定和评价指南》正式实施。《零碳建筑认定和评价指南》的制定填补了国家建筑领域中零碳建筑标准的空白，助力建筑从绿色建筑、超低能耗建筑、近零碳建筑进一步向"零碳建筑"迈进。

2021 年 2 月，中国工程建设标准化协会标准《零碳建筑及社区技术标准》编制组成立，由中国建研院建科环能科技有限公司担任主编。该标准引导我国建筑节能工作从节能向减碳方向进一步深入，支持国家碳中和战略的实现。积极响应国家和行业的战略需求和现实需要，是实现建筑领域碳中和工作的具体体现，是建筑行业对国家宏观减排战略的实际支撑。

2021 年 4 月，国家标准《零碳建筑技术标准》启动会在中国建筑科学研究院召开。来自建筑节能减碳领域 20 家科研、设计、建造、碳交易相关单位的 30 位编委和来自绿色地产、建筑产品部品、国际机构的特邀代表共 100 人参加会议。《零碳建筑技术标准》是住房和城乡建设领域积极落实"3060"双碳目标的重要工作，将对建筑领域减碳目标分解落实，引导强制性标准提升具有重要支撑作用。该标准正在以"支撑指导任务分解、综合考虑分级覆盖、逐步迈向能碳双控、保持全口径碳覆盖"为原则开展编制，为建筑领域达峰的路线图和时间表的确认起到重要支撑作用。

三、 竞争与合作

学术期刊文献一般记载了学科领域的基本研究成果，为重要的情报源之一。Web of Science 核心合集数据库是获取全球学术信息的重要数据库，它收录了 12 000

多种世界权威的、高影响力的学术期刊，内容涵盖自然科学、工程技术、生物医学、社会科学、艺术与人文等领域，最早回溯至 1900 年。本研究对 Web of Science 科技文献检索系统收录的零碳建筑的学术论文进行统计分析。数据库为 Science Citation Index Expanded（SCIE）和 Conference Proceedings Citation Index – Science（CPCI – S），检索范围为 2001 年 1 月 1 日—2022 年 6 月 30 日，检索日期 2022 年 9 月 6 日。共检索到全球 SCI 论文 1097 篇，其中期刊论文 901 篇，会议论文 221 篇。

在 Innography 专利数据库中对零碳建筑 2001 年 1 月 1 日—2022 年 6 月 30 日的全球专利进行检索，检索日期为 2022 年 8 月 5 日，共检索到 2416 件专利。

由于专利数据统计的滞后性，近 2 年的数据供参考。

（一）创新趋势

1. 论文视角

对 21 世纪以来全球零碳建筑的论文发表趋势进行分析（图 5 – 1），2001 年以来，全球零碳建筑领域 SCI 论文呈现不断增长趋势。其中，2001—2007 年，全球零碳建筑 SCI 论文数量保持相对稳定，论文数量偏少，每年数量均在 10 篇以内，至 2008 年论文数量增至 10 篇以上，之后，全球零碳建筑 SCI 论文数量开始呈现不断增长趋势，至 2021 年 SCI 论文达到最高数量 186 篇。从全球会议论文数量变化角度

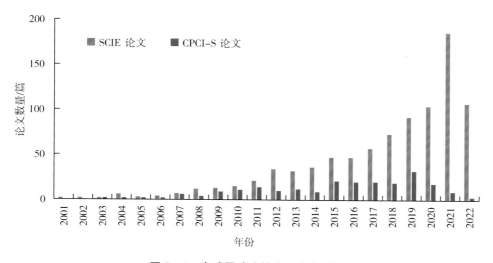

图 5 – 1　全球零碳建筑论文发表趋势

来看，全球零碳建筑会议论文变化趋势与 SCI 期刊论文基本一致，在初期论文数量相对较少，之后开始呈现增长趋势，但增速比 SCI 期刊论文要慢，所不同的是，自 2020 年以来，全球零碳建筑会议论文数量呈现下降趋势。

2. 专利视角

全球零碳建筑专利总体态势如图 5 - 2 所示。由图可见，2001 年以来，全球零碳建筑技术的专利数量整体呈现增长趋势，2019 年以来有轻微下降趋势。由于专利公开的滞后性，2021 年和 2022 年的数据统计并不完全。

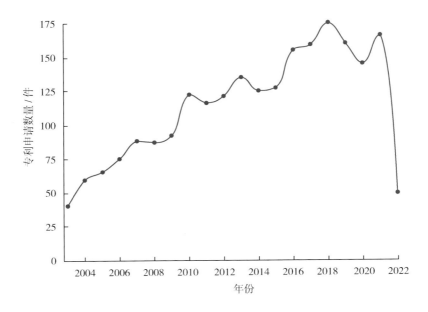

图 5 - 2　全球零碳建筑专利申请的逐年分布情况

（二）国家（地区）竞争态势

1. 论文视角

从全球零碳建筑论文发表的前 10 个国家来看（图 5 - 3），全球零碳建筑论文主要分布在英国、中国、美国、意大利和澳大利亚等国家。其中，英国、中国和美国论文数量均超过 170 篇，远高于之后的其他国家。

2. 专利视角

通过表 5 - 3 可以了解全球主要国家或地区在零碳建筑技术专利方面的申请量

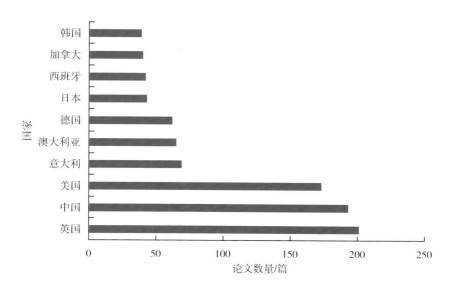

图 5 – 3 全球零碳建筑主要国家论文发表情况

及受理国家（地区）排名，在专利数量方面，中国大陆、美国、世界知识产权组
织、韩国、印度排名居前 5 位，且中国在数量上远远领先于其他国家（图 5 – 4）。
中国大陆在零碳建筑技术方面专利量为 1370 件，约占到总量的 56%。在零碳建筑
技术专利受理国（地区）排名中，中国仍排在第 1 位，而后是美国。这说明了中国
和美国不仅在该领域研发规模为全球领先，也是零碳建筑技术市场潜力最大的
国家。

表 5 – 3 全球零碳建筑主要专利技术来源国（地区、组织）及受理国（地区、组织）分布态势

序号	专利技术来源国（地区、组织）	专利数量/件	专利技术受理国（地区、组织）	专利数量/件
1	中国大陆	1370	中国	1306
2	美国	468	美国	524
3	世界知识产权组织	86	德国	93
4	韩国	78	日本	70
5	印度	73	韩国	67

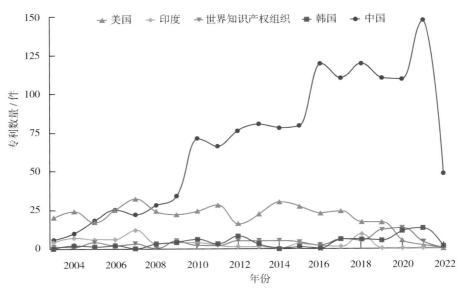

图 5-4 全球零碳建筑前 5 位专利技术来源国（地区、组织）的逐年分布情况

（三）机构竞争态势

1. 论文视角

从全球零碳建筑论文所属的前 16 个主要发表机构来看（图 5-5），这些机构

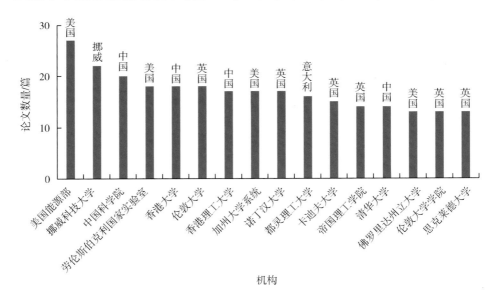

图 5-5 全球零碳建筑论文主要发表机构

以高校和科研院所为主，主要分布在英国、中国和美国。全球零碳建筑论文前 5 个发表机构包括美国能源部、挪威科技大学、中国科学院、劳伦斯伯克利国家实验室和香港大学，主要分布在美国、挪威和中国。在全球前 16 个零碳建筑相关机构中，英国有 6 个机构，包括伦敦大学、诺丁汉大学、卡迪夫大学、帝国理工学院、伦敦大学学院和思克莱德大学；中国共有 4 个机构，包括中国科学院、香港大学、香港理工大学和清华大学；美国有 4 个机构，包括美国能源部、劳伦斯伯克利国家实验室、加州大学系统和佛罗里达州立大学；挪威有 1 个机构，为挪威科技大学；意大利有 1 个机构，为都灵理工大学。

2. 专利视角

全球零碳建筑专利数量前 10 位机构如表 5 - 4 所示。由表可见，排名前 10 位的机构中，美国机构有 4 家，中国机构有 2 家，德国、韩国、法国、沙特阿拉伯各 1 家。值得注意的是，从机构类型上来看，全球前 10 个零碳建筑主要机构包括 4 家科研院所和 6 家企业，整体仍以企业为主。4 家科研院所包括中国科学院、美国加州大学和肯塔基大学及韩国工业技术研究院，6 家企业包括德国巴斯夫、美国江森自控和陶氏、中国长沙星纳气凝胶有限公司、法国阿科玛及沙特基础工业公司，企业类型多样，不仅包括全球智慧、健康、可持续建筑领军企业江森自控，还包括化工类的巴斯夫和陶氏等，多涉及建筑材料，这也反映出全球零碳建筑技术相关专利在产业化方面目前偏于建筑材料及设备方面。

表 5 - 4　全球零碳建筑专利数量前 10 位机构情况

序号	机构名称（英文）	机构名称（中文）	所属国家	专利数量/件
1	BASF SE	巴斯夫股份有限公司	德国	22
2	Chinese Academy of Sciences	中国科学院	中国	18
3	Johnson Controls Tyco IP Holdings LLP	江森自控	美国	17
4	Dow，Inc.	陶氏股份有限公司	美国	16
5	Changsha Xingna Aerogel Co Ltd	长沙星纳气凝胶有限公司	中国	15
6	University of California	加州大学	美国	14
7	Industrial Technology Research Institute	韩国工业技术研究院	韩国	12

续表

序号	机构名称（英文）	机构名称（中文）	所属国家	专利数量/件
8	Arkema SA	阿科玛	法国	11
9	Saudi Basic Industries Corporation	沙特基础工业公司	沙特阿拉伯	10
10	University Of Kentucky	肯塔基大学	美国	10

2022 年年初，巴斯夫推出首款无温室气体排放的芳香族异氰酸酯 Lupranat® ZERO，继续扩大旗下二苯基甲烷二异氰酸酯（MDI）产品组合。Lupranat® ZERO 已经通过德国技术监督协会 TÜV NORD 的产品碳足迹计算验证，于 2022 年第二季度上市。

Lupranat® ZERO 具有零碳排放和可再生来源的双重优势加持。该产品从源头到离开公司送往客户的过程中，均不产生二氧化碳排放。在这一过程中，巴斯夫并未使用抵消证书，而是在化工生产链的初始阶段便采用可再生原料，并通过质量平衡法对这些原料进行分配，从而实现零碳排放。此外，巴斯夫在该产品的生产过程中采用了经认证的可再生能源。

Lupranat® ZERO 将首先应用于 Lupranat M 70 R，助力生产建筑行业所需的 MDI 聚异氰脲酸酯板（也称为 PIR 或 polyiso）和硬质聚氨酯泡沫塑料。这些硬质泡沫板非常耐用，具有保温作用。在为 Lupranat M 70 R 引入零碳排放特性后，未来巴斯夫还将推出其他 Lupranat 改性产品。

图 5-6 表示了全球零碳建筑专利数量前 5 个机构的逐年申请情况。总的来看，5 家企业的专利数量变化不一。德国巴斯夫和美国陶氏公司的零碳相关专利主要集中在 21 世纪初，中国科学院和长沙星纳气凝胶公司，以及美国加州大学和江森自控公司在 21 世纪初的专利普遍较少，但 2008 年以来它们的专利数量普遍呈增长趋势，尤其是长沙星纳气凝胶公司和江森自控公司，近几年的专利数量相对较多。

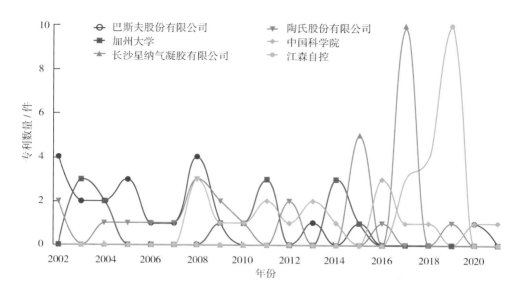

图 5 - 6 全球零碳建筑专利数量前 5 位机构的逐年申请情况

（四）技术分布

1. 论文视角

从全球零碳建筑的 Web of Science 学科类别来看（表 5 - 5），能源燃料、建筑施工技术、绿色可持续科学技术、环境科学、土木工程等类别的论文数量排名前 5 位，论文数量多，均不少于 200 篇。可以看出，全球零碳建筑相关论文的学科类别涉及多个，覆盖能源、建筑、绿色可持续、环境、材料等多方面，并以能源燃料为主，其论文数量占比 40.93%。

表 5 - 5 全球零碳建筑论文数量前 10 个类别分布

序号	Web of Science 类别	论文数量/篇	论文数量占比
1	能源燃料（Energy Fuels）	449	40.93%
2	建筑施工技术（Construction Building Technology）	297	27.07%
3	绿色可持续科学技术（Green Sustainable Science Technology）	216	19.69%
4	环境科学（Environmental Sciences）	209	19.05%
5	土木工程（Engineering Civil）	200	18.23%

续表

序号	Web of Science 类别	论文数量/篇	论文数量占比
6	环境工程（Engineering Environmental）	116	10.57%
7	环境研究（Environmental Studies）	101	9.21%
8	与其他学科有关的材料科学（Materials Science Multidisciplinary）	77	7.02%
9	热力学（Thermodynamics）	68	6.20%
10	化学工程（Engineering Chemical）	57	5.20%

2. 专利视角

表5-6显示了全球零碳建筑重点技术专利CPC大组前10位分类的分布情况。由表可见大部分零碳建筑技术相关的专利都集中在E04B、Y02E、Y02A、Y02B类下。全球零碳建筑专利中很多CPC分类与建筑物、可再生能源等有关，这是因为零碳建筑的实现与能源有很大的关联，需要在不消耗传统化石能源的情况下，依赖于可再生能源，满足建筑物的全部能耗（表5-7）。

表5-6 全球零碳建筑重点技术专利CPC大组前10位分类注释

序号	CPC 大组	专利数量/件	CPC 小类注释
1	E04B1/00	76	一般建筑物；不限于墙的结构
2	Y02E10/00	38	可再生能源发电
3	Y02A30/00	38	调整或保护基础设施或其运行
4	G06Q10/00	38	管理；经营
5	E04B2/00	36	墙壁
6	E04H1/00	34	住宅或办公用建筑物或建筑群；总体布局
7	Y02B10/00	33	建筑中可再生能源的整合
8	C04B28/00	29	含有无机黏合剂或无机和有机黏合剂反应产物的砂浆、混凝土或人造石的成分
9	C02F1/00	28	水、废水或污水处理
10	C02F9/00	26	水、废水或污水的多级处理

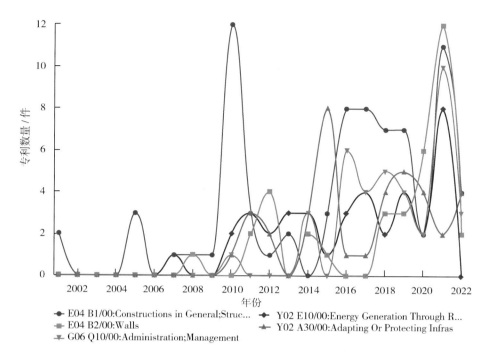

图 5 – 7   全球零碳建筑专利数量前 5 位 CPC 大组的逐年申请情况

四、 优秀研究团队

（一）美国劳伦斯伯克利国家实验室 Stephen Selkowitz 团队

Stephen Selkowitz 为美国劳伦斯伯克利国家实验室的建筑科学高级顾问，获得哈佛大学物理学学士学位和加州艺术学院环境设计硕士学位。Stephen Selkowitz 是国际窗户、外墙系统和采光专家，已发表 170 多篇论文、出版 3 本书和申请 2 件专利。作为劳伦斯伯克利国家实验室新项目的首席研究员，他负责设计和建造 FLEX-LAB® 及建筑物低能耗实验设施。他是美国国家窗户评级委员会董事会的前任成员，目前是纽约市绿灯采光计划和挪威零排放建筑计划等多项效率举措的顾问委员会成员。

（二）中国香港大学潘巍教授团队

潘巍教授获得湖南大学学士学位及英国拉夫堡大学硕士和博士学位，现为香港大学协理副校长、香港大学深圳研究院执行院长、土木工程系教授及博士生导师、建造及基建创新研究中心执行总监、模块组合建造实验室主任，以及零碳实验室主任。潘巍教授多年来在中国、英国、新加坡等地从事可持续建设工程与管理的实践、科研与教学工作。

潘巍教授研究团队主要开展零碳建筑、装配式建筑、模块组合建造、智能建造和可持续建造、建筑能耗、生命周期评估、先进结构和创新材料等方面的研究，累计发表 300 余篇学术论文，荣获 10 项最佳论文奖，培养 80 余名博士后、博士研究生等科研人员。潘巍教授首先提出可持续建设系统辩证及系统边界理论，并运用于零碳建筑和装配式模块化建筑的理论和应用研究，并于 2019 年获评中国工程院"中国工程前沿杰出青年学者"。

（三）挪威科技大学 Inger Andresen 教授团队

Inger Andresen 是挪威科技大学的综合能源设计教授，于 1991 年获得美国科罗拉多大学建筑能源系统硕士学位，2000 年获得综合能源设计博士学位。她是挪威科技大学零排放建筑研究中心内试点和示范建筑研究的领导者，并参与了智慧城市零排放社区研究中心的研究。

Inger Andresen 教授专注于为零排放建筑和能源住宅开发概念和解决方案，主要研究开发有效的能源解决方案，以作为建筑设计的组成部分来支持实现可持续建筑等。她不仅关注能源效率和低碳足迹，还关注在室内和室外环境、经济和社会方面表现优异的解决方案。

Inger Andresen 教授已在节能建筑、可再生能源和低碳建筑领域拥有 20 多年的研发经验，同时她还拥有咨询和建筑实践方面的经验，担任 Asplan Viak 环境顾问、LINK 建筑的环境经理和挪威 Skanska 的能源顾问。她还受聘于挪威绿色建筑委员会，在能源和室内环境领域开发了挪威绿色建筑认证 BREEAM – NOR。Inger Andresen 教授也是挪威绿色建筑认证（BREEAM AP）专家及美国绿色建筑认证专家（LEED AP）。

五、 创新企业代表

（一）德国巴斯夫公司

全球著名跨国化工企业巴斯夫公司（BASF SE）成立于 1865 年，总部位于德国路德维希港。它是世界上工厂面积最大的化学产品基地，该公司已生产多种建筑材料，于 2022 年推出了首款经零碳排放认证的产品异氰酸酯 Lupranat® ZERO，它将应用于 Lupranat ZERO M 70 R，助力生产建筑行业所需的 MDI 聚异氰脲酸酯板（也称为 PIR 或 polyiso）和硬质聚氨酯泡沫塑料等建筑保温材料。

巴斯夫研发的"三升房"，因每年每平方米采暖耗油量不超过 3 升而得名。它首先加强了建筑围护结构的保温性能，在外墙和屋顶包贴了高效隔热保温材料 Neopor。在相同密度和保温隔热性能下，该材料比普通聚苯乙烯板材薄 20%。外窗为充满惰性气体的三玻塑框窗，充填了聚氨酯内芯，大大提高了保温隔热性能。此外，在设计中还对防风和气密性做了巧妙处理，屋顶阁楼上设置了热回收装置，新鲜空气通过顶部通路输入，与排出的热空气换热后进入室内各个房间。这种可调式的新风系统，能够保证新风不间断送入。室内空气也可通过管道系统，经过热回收装置后排出。冬季采暖时，85% 的热量可回收利用。

（二）美国江森自控公司

美国江森自控公司（Johnson Controls）是一家有百余年历史的全球跨国公司，是全球最主要的建筑设备自动化管理系统的生产商和工程承建商，可为建筑物提供节能、环境控制、防火、保安、自动化管理系统及工业控制设备，并可为各种建筑物提供从设计、产品制造、系统安装调试、维修到物业管理的全过程优质服务。随着智能建筑的发展，江森自控公司在智能建筑弱电总承包及物业管理范畴成绩更加突出。作为美国供暖、制冷与空调工程师学会（ASHRAE）发起者之一，江森自控公司楼宇管理系统可以与全球三百多家机电设备公司联网，如 Carrier、York、Trane、ABB、GE、AT&T、Javelin、SIEMENS 等世界著名的冷冻机、高压供电设备、空压设备、精密锅炉、精密空调器、保安系统厂家产品。

江森自控作为全球智慧、健康、可持续建筑领军企业，通过在建筑科技领域的丰富经验为可持续建筑的发展注入动力，并针对中国市场，在 2021 年 11 月的第四届中国国际进口博览会上，发布全新的 OpenBlue 零碳建筑解决方案，旨在更好地满足本土市场需求，为可持续建筑、可持续城市的发展提供高质量的专业支持，积极助力中国双碳目标的达成。OpenBlue 零碳建筑解决方案通过数字化技术与一系列行之有效的路径，为企业提供一站式服务，帮助客户实现建筑"碳中和"与可再生能源目标，为数据中心、办公楼、商场、医院、机场、工厂、园区等多个场景的建筑加速可持续转型。该方案主要包括以下 2 个方面。

一是 OpenBlue 零碳顾问。江森自控针对如何测量碳排放数据这一难点，推出了 OpenBlue 零碳顾问（OpenBlue Net Zero Advisor）解决方案。该方案运用人工智能技术，实时追踪和报告建筑的各项可持续发展指标进展，帮助设施管理者确保建筑的净零排放，追踪可再生能源的影响，并为衡量成果提供依据。这项新技术集成了 LEED 认证等衡量指标，可自动收集和分析建筑全生命周期各个阶段的能源、用水、材料和温室气体排放数据，并验证碳减排、可再生能源应用和效率提升成果。这项技术有助于改善建筑运营，由此带来能源和环境方面的效益。

二是互联互通的可持续发展解决方案和服务。江森自控基于灵活的风险共担模型，提供一整套互联互通的可持续发展解决方案和服务。这种风险共担模型支持定制化的交易模式，最终用户基于期望的产出结果付费，而不是资产本身。通过简单的固定费用模式，江森自控将承担前期资本决策、设计和建造及碳减排目标达成和报告的责任。通过这种独特的服务与合作模式，客户可以专注于提升自身的行业核心竞争力和开展业务活动，而江森自控将根据客户可持续发展旅程各个阶段的具体需求，为其提供发展路线规划、执行和报告服务。

另外，江森自控正在与迪拜电力和水务局（DEWA）、微软展开合作，致力于将迪拜电力和水务局总部打造成为世界上最高、最大、最智能的净零能耗政府大楼 Al－Shera'a（Arabic for sail），并部署最新的数字孪生技术、物联网、网络安全、人工智能和智慧建筑管理解决方案。合作完成后，这座大楼将具备净零排放能力。现场生成的能源将可满足建筑每年的能耗需求，甚至产生富余，并且用水量预计将比同类建筑减少50%。

（三）美国陶氏公司

美国陶氏公司成立于1897年，是一家以科技为主的跨国公司，公司将可持续原则贯穿于化学与创新。陶氏公司主要研制及生产系列化工产品、塑料及农化产品，其产品广泛应用于建筑、水净化、造纸、药品、交通、食品及食品包装、家居用品和个人护理等领域。陶氏公司在全球31个国家和地区运营106个制造基地，全球员工约35 700名，2020年销售额约390亿美元。

面向未来的建筑，美国陶氏公司通过与建筑师、工程师、建筑设计师、承包商和材料制造商合作，致力于开发一系列化学品、配方和材料。这些技术提高了整个建筑体系的性能、耐久性、美观度和可持续性。从道路到屋顶，从住宅到摩天高楼，陶氏公司提供的解决方案可以减少浪费，提高效率，并最终实现开发目标，即在具有视觉吸引力及强大的结构和功能的同时，还具有出色的环保特性。主要表现在：①经过长期验证的有机硅技术，覆盖广泛应用的密封胶和涂料产品，在结构性装配、耐候性应用、门窗玻璃、中空玻璃和基础设施等应用中，实现耐久性和高性能的设计。②聚氨酯系统，为多种应用提供高性能涂料、黏合剂、密封剂和隔热解决方案。③丙烯酸黏合剂与添加剂，可为多种应用提供耐久性的防护，从分散性抹灰到冷屋面涂层再到防水涂膜。④纤维素技术，可提高水泥基瓷砖黏合剂、隔热保温材料、自流平地坪和其他应用的施工性、黏接性和保水性。

六、 未来展望

当前能源危机推高了全球能源的价格，加剧了国际能源安全问题，进一步凸显了加快清洁能源转型的紧迫性。建筑领域在实现碳达峰碳中和的过程中，面临的挑战很大，所以零碳建筑实质是由绿色建筑、低碳建筑等最终形成零碳建筑，进而实现建筑领域的净零排放。2030年之前建筑行业的转型对实现全球净零排放目标所需的里程碑至关重要。

建筑具有跨行业跨学科属性，包括材料创新、建造模式创新和建筑运行数字化赋能创新，涵盖从建材制造、施工、运营、拆除全过程的减碳，并需要加强对高性能建筑材料的研发、加快建筑与清洁能源的系统融合、推动零碳建筑标准的制定，并以市场推进零碳建筑的建设，从而实现建筑转型。

为了更好地实现全球零碳建筑，部署清洁能源技术的前期成本是实现2030年建筑行业里程碑的主要挑战，需要在2030年前在建筑物中部署所有可用的清洁和高效能源技术，并准备整合为实现长期脱碳目标所需的创新技术。到2030年，所有国家需要制定新建筑零碳就绪规范，并翻新部分现有建筑以使其转为零碳建筑做好准备，使用热泵、屋顶太阳能光伏供电、风能发电等可再生能源发电，将建筑单元连接到区域能源网络，部署太阳能热技术等，到2025年实现100% LED照明目标；到2030年，住宅的变化将引起供暖和制冷能源使用量的减少，而电动汽车将成为全球汽车销售的主要类型，因此需要在建筑物中安装足够多的充电设施。另外，相关金融和商业模式还需要在补贴、降低关税、税收减免和清洁能源部署等方面部署激励措施，以降低前期成本。

标准对建筑节能和脱碳有着指引作用，制定零碳建筑标准，以超前标准引领标准性能不断提升，并通过更新法规，以在各国之间协调新的效率标准，以便通过简化和更有效的做法来实施和遵守。标准制定应更多地从以用能评价为导向逐渐转为以碳排放指标为导向，并加大标准、标识、绿色建筑评价体系在提升过程中的协同性，适当采用超前的高性能标准制定来引导强制性标准的提升。

同时，加大市场引导，推广零碳建筑标识和认证。通过市场手段推动零碳建筑建设，采用第三方标识的形式对零能耗和零碳建筑进行认证，提升业主、设计方、施工方、租客等利益相关方对零碳建筑的认识，让公众意识到零碳建筑对社会的重要性，形成共同关注、积极参与的社会氛围与市场环境。

参考文献

［1］ UNITED NATIONS ENVIRONMENT PROGRAMME. 2021 Global status report for buildings and construction：towards a zero-emission，efficient and resilient buildings and construction sector［R］. Nairobi：UNEP，2021.

［2］ MARSZAL A J，HEISELBERG P，BOURRELLE J S，et al. Zero energy building：a review of definitions and calculation methodologies［J］. Energy and buildings，2011，43（4）：971 – 979.

［3］ RIEDY C，LEDERWASCH A J，ISON N. Defining zero emission buildings – review and recommendations：final report［R］. UTS：Institute for Sustainable Futures，2011.

［4］ 中国建筑节能协会. 2021 中国建筑能耗与碳排放研究报告［R］. 北京：中国建筑节能协会，2021.

［5］ 江亿，胡姗. 中国建筑部门实现碳中和的路径［J］. 暖通空调，2021，51（5）：1 – 13.

［6］ 虞菲，冯威，冷嘉伟. 美国零碳建筑政策与发展［J］. 暖通空调，2022，52（4）：72 – 82.

［7］ 董恒瑞，刘军，秦砚瑶，等. 从绿色建筑、被动式建筑迈向零碳建筑的思考［J］. 重庆建筑，2021，20（10）：19 – 22.

［8］ 周杰. 日本"零能耗建筑"发展战略及其路线图研究［C］//2016 第五届国际清洁能源论坛论文集，2016：26 – 73.

［9］ 吕燕捷，张时聪，徐伟，等. 美国零能耗建筑最佳案例与激励政策研究［J］. 建筑节能，2020，48（3）：22 – 30.

［10］ 李仲哲，刘红，熊杰，等. 英国建筑领域碳中和路径与政策［J］. 暖通空调，2022，52（3）：18 – 24.

［11］ 王娜，徐伟. 国际零能耗建筑技术政策研究［J］. 建设科技，2016（10）：30 – 33.

［12］ 张彧，任立，唐献超. 美国"净零能耗"建筑的新发展及启示：以美国教育类"净零能耗"建筑为例［J］. 世界建筑，2020（3）：126 – 129，133.

［13］ 周杰. 碳中和目标下零碳建筑标准体系研究［J］. 中国质量与标准导报，2021（3）：21 – 23.

［14］ 康一亭，徐伟，何凌昊，等. LEED 体系下基于近零能耗关键技术的建筑节能潜力应用研究［J］. 建筑科学，2021，37（10）：179 – 185.

第六章
超材料前沿态势报告

　　超材料（Metamaterials，MMs）是指自然材料所不具备的特殊物理性质（如电磁/声学斗篷、零/负泊松比、负折射率等）的人工结构或复合材料，这些奇特的物理特性可以通过精心设计的（准）周期性结构或多材料组合来实现，在国防工业和民生领域都有着广阔的应用前景。

　　隐身衣（Invisible Cloak）是近年来出镜率最高的超材料应用，电磁超材料是迄今为止超材料技术研究最为集中的方向。左手材料（Left – handed Media）、非正定介质（Inde – Nitemedia）、光子晶体（Photonic Crystals，PCs）等也被归入到超材料大家族中。

一、 发展概况

（一）基本概况

1. 内涵

　　1968 年，苏联理论物理学家维克托·韦谢拉戈（Victor Veselago）发现，介电常数和磁导率都为负值物质的电磁学性质与常规材料不同，从而在理论上预测了上述"反常"现象，超材料的概念便来源于此。

1999 年，美国得克萨斯大学奥斯汀分校 Rodger M. Walser 教授提出 "Metamaterial" 一词，用来描述自然界不存在的、人工制造的、三维的、具有周期性结构的复合材料。

目前，超材料是指结构由人工设计、能呈现出自然界天然材料所不具备的超常物理性质的新型复合（结构）材料（图 6-1）。其核心思想是，通过在材料的关键物理尺度上的有序设计或重组，在单元结构（人工原子与人工分子）和单元结构集合的基础上，突破某些自然规律的限制，获得天然材料不可能有的、物理性质主要由人工微结构决定的复合结构或复合材料。

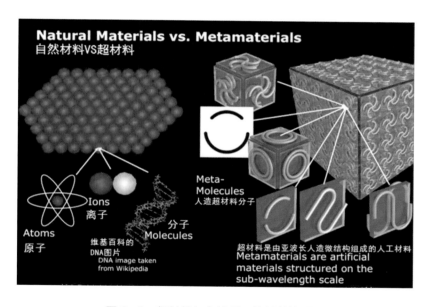

图 6-1　超材料与自然界天然材料的对比

超材料的典型特点包括：具有新奇人工结构的复合材料；具有常规（或传统）材料不具备的超常物理性质；超常物理性质主要由新奇的人工结构决定；新奇的人工结构包括单元结构（人工原子和人工分子）和单元结构集合而成的复合结构 2 个层次。

超材料的新奇之处在于，它能通过复杂的人工手段对物质原子、分子施加影响，利用人工结构来改变或控制材料的力学性质、热学性质、电磁性质、光学性质和声波性质等。

2. 分类

近年来，超材料受到越来越多科研工作者的关注，各种各样具有不同物理特性的超材料被设计出来。根据超材料的功能不同，目前超材料大致可分为4类：电磁超材料（Electromagnetic Metamaterials，EMMs）、声学超材料（Acoustic Metamaterials，AMMs）、热学超材料（Thermal Metamaterials，TMMs）和机械超材料（Mechanical Metamaterials，MMMs）。

根据原理和应用领域的不同，上述4类超材料可进一步细分为：①电磁隐身超材料、电磁吸收超材料、太赫兹电磁超材料等；②声学隐身超材料、声波吸收超材料、声波聚焦超材料等；③热流控制超材料、热隐身超材料和热辐射超材料等；④吸能超材料、负泊松比超材料、最小剪切模量超材料等，如图6-2所示。

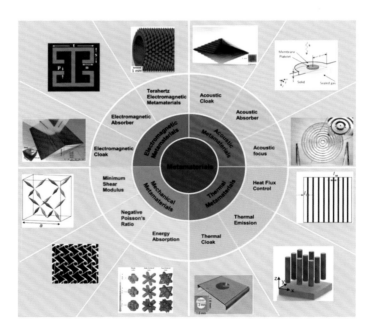

图6-2 超材料的分类与典型结构

图片来源：**https://doi.org/10.1016/j.mattod.2021.04.019, A review of additive manufacturing of metamaterials and developing trends.**

（二）发展历程

1. 理论验证阶段

1968 年，苏联理论物理学家维克托・韦谢拉戈教授提出了双负材料具有负折射率的假设。

1999 年，英国帝国理工大学 John Pendry 团队，分别利用金属细线结构和开口谐振环实现了负介电参数与负磁导率（图 6 - 3）。

 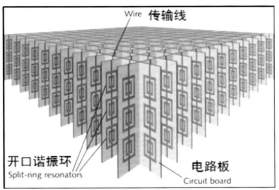

图 6 - 3　开口谐振环结构

2001 年，美国加州大学圣迭戈分校的史密斯（David R. Smith）教授团队在实验室制造出世界上第一个负折射率的超材料样品，并实验证明了负折射现象与负折射率，研究成果发表在 *Science* 上。

2. 关键技术突破阶段

2004 年，DARPA 宣布材料快速应用计划（AIM）并联合美国著名高校和军工企业联合开展超材料专项研究；欧盟批准了 METAMORPHOSE（MetaMaterials Organized for radio, millimeterwave, and Photonic Superlattice Engineering）项目，用于欧洲国家开展超材料在微波和光学领域的应用研究。

2006 年，美国杜克大学 David R. Smith 团队完成了窄带电磁隐身衣（Cloak）试验，研究成果发表在 *Science* 上。

2008 年，超材料被 *Materials Today* 杂志评为材料科学 50 年中的 10 项重要突破之一。

2009 年，美国杜克大学刘若鹏与 David R. Smith 团队完成微波频段地面目标的二维宽频带隐身衣快速设计与制备技术，研究成果以"Broadband Ground – Plane Cloak"为题发表在 *Science* 期刊上。

3. 快速发展阶段

2010 年，*Science* 期刊将 2003 年研发的"负折射率左手材料"与 2006 年研发的"超材料隐身衣"的 2 项超材料技术评为"21 世纪前 10 年的 10 项重要科学进展"之一。

2010 年，美国空军把超材料列为未来 20 年影响空军装备发展的关键使能材料技术（Enabling Technology）；日本披露在"心神"战斗机上采用超材料隐身技术。

2011 年，美国海军 E2"鹰眼"预警机应用超材料雷达罩技术；中国深圳光启推出全球首款超材料平板卫通天线并建立了全球首个复杂超材料设计与加工中心。

2011 年 12 月 20 日，由中国科技部批准光启建设的超材料电磁调制技术国家重点实验室揭牌。

2012 年，美国国防部把超材料列为未来"六大颠覆性基础研究领域"之首；美国空军开展无人机 ISR（Intelligence、Surveillance、Reconnaissance）情报监侦系统的机体共形天线研究。

2012 年 7 月 13 日，中国光启全球首条超材料中试线投产。

2013 年，美国海军在濒海战斗舰上开展大规模超材料结构件应用研制。

2014 年，中国光启技术完成了大型特种航空超材料部件的制备；主导起草了全球首份超材料技术国家标准。

2015 年 11 月 28 日，中国首个超材料技术国家重点实验室通过验收。

2016 年 10 月 1 日，中国光启技术主导起草的全国首份超材料国家标准《电磁超材料术语》正式发布实施。

2021 年 3 月 18 日，中国光启技术 709 基地一期顺利通过竣工验收并正式投产。

2022 年 1 月，中国光启技术签下了一个单笔金额近 20 亿元的超级大单，刷新了公司成立以来的单笔订单记录，标志着中国的超材料装备产品已正式进入了大规模工业化的阶段。

（三）应用场景

超材料拥有众多超常的能力或魔幻般的特性，研究和应用逐渐延伸到声、热、力学等领域。基于声学超材料的新型隔声技术能实现飞机、坦克、运兵车、指挥所乃至单兵降噪军服和头盔等军事装备的声学隐身；声学超材料有望让潜艇穿上"隐声衣"，从而不被低频声纳和其他超声波设备探测到，在国防军事领域有重要应用价值。

热学超材料因可控热辐射和可控热传导的特异性能，有望为所有的作战单元（包括飞机、舰艇、导弹、单兵等）穿上热隐身外衣，不仅实现热学隐身，更能减少恶劣气候（高寒、酷热）引起的非战斗减员；"热幻象伪装术"还能使作战单元躲避敌方热/红外探测仪侦测。例如，2021 年 7 月 8 日，*Science* 期刊网站报道，浙江大学和华中科技大学研究团队合作，开发出一种通过中红外辐射（MIR）冷却原理使冷却过程加速的新纤维面料，通过辐射冷却可让体表降温5℃。

力学超材料因负泊松比、负压缩转换等特性，可用于制造触觉斗篷、耐压缩/耐拉伸材料、弹性陶瓷、可编程橡胶海绵、轻质高强材料等，在耐疲劳发动机零件、防震动蒙皮、航空航天轻质高强结构等领域有广泛应用前景。

（四）前沿进展

1. 中国科学院物理研究所研发基于双曲超材料的多维调控图像显示和分束器

2021 年 3 月，中国科学院物理研究所/北京凝聚态物理国家研究中心纳米物理与器件重点实验室科研人员，基于双曲超材料在可见波段多维度光学调控的设计方面实现了突破。对于 Ag 和 ZnO 纳米片堆叠的双曲超材料，通过数值仿真计算，模拟了一种可见波段的多维度可切换图像存储功能，并且通过三维级联，设计出多维度圆偏振光束分离器（图 6-4）。

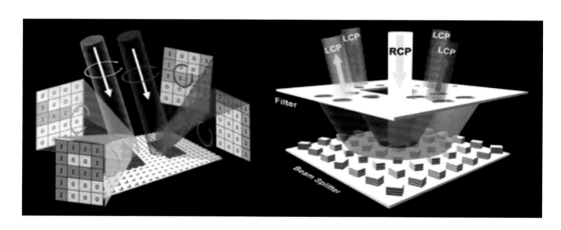

（a）波长和偏振双重调控的可切换图像　　（b）基于3D集成超表面的多维度调控分束器

图6-4　多维度圆偏振光束分离器原理

2. 荷兰和瑞士研究团队开发具有多功能力学的低模超构材料

2021年5月17日，荷兰阿姆斯特丹大学和瑞士洛桑联邦理工学院的 Aleksi Bossart 团队介绍了一类低模超构材料，这些材料提供了一些可以在单轴压缩下进行选择性控制的不同特性。此类新材料可应用于汽车减震器、可承受地震的建筑材料或可调节流量的压力阀。研究成果以 *Oligomodal metamaterials with multifunctional mechanics* 为题发表在美国国家科学院院刊 *PNAS* 上。研究团队引入了一个包含各种超构材料系列的组合设计空间，这些族包括单模的（具有单个零能变形模态）、低模的（具有恒定数量的零能变形模态）和多模的（具有许多零能变形模态），其数量随着系统尺寸的增加而增加。使用边界纹理和黏弹性来确认低模超构材料的多功能性质，实现了一种超构材料在有限的应变范围内低（高）压缩率的泊松比为负（正），可以根据压缩的速度在侧面收缩或膨胀。

3. 中国浙江大学和华中科技大学新纤维面料通过辐射冷却让体表降温5℃

2021年7月，中国浙江大学和华中科技大学研究团队合作，开发出一种通过中红外辐射（MIR）冷却原理使冷却过程加速的新纤维面料。新纤维制成的织物厚度为550 μm，外观看起来跟一件普通的衬衫没什么差别，有镜面效果，还能反射紫外线、可见光和近红外光，使穿着者感到更加凉爽。新纤维可以大规模生产，添加的二氧化钛纳米材料预计会使服装制造成本增加10%，但与普通棉织物相比，其降温效果带来的相对优势可弥补成本增加的不足。相关研究成果以 *Hierarchical - morphology metafabric for scalable passive daytime radiative cooling* 为题发表在 *Science* 期刊上。

4. 中国东南大学领衔构建可编程人工智能机

2022 年 2 月，中国东南大学毫米波国家重点实验室、东南大学电磁空间研究院、琶洲实验室智能超材料研究中心崔铁军院士团队联合北京大学李廉林教授，使用多层透射式数字编码超表面构建了可实时调节的全衍射式神经网络（可编程人工智能机，PAIM），成功实现了网络参数的实时编程和光速计算特性，并展示了多种应用案例，包括图像识别、强化学习和通信多通道编解码等，在国际上首次实现和展示了微波空间全衍射式可编程神经网络。相关工作以 *A programmable diffractive deep neural network based on a digital-coding metasurface array* 为题于 2022 年 2 月 21 日发表在 *Nature Electronics* 上。

5. 美国和丹麦研究人员开发出用于机器人和超材料设计的数字合成技术

2022 年 3 月 2 日，美国伊利诺伊大学厄巴纳 - 香槟分校 Wei Li 和丹麦技术大学 Shelly Zhang 等研究人员开发了一种数字合成技术，可以在不依赖人类直觉或试错的情况下构建复合结构，有助于软体机器人和超材料的设计工作。研究人员表示，数字合成技术将增加可编程超材料的范围，这些超材料可以实现复杂的机械响应，应用于软体机器人和生物医学设备领域。研究成果以 *Digital synthesis of free-form multimaterial structures for realization of arbitrary programmed mechanical responses* 为题发表在美国国家科学院院刊 *PNAS* 上。

6. 美国加州大学 3D 打印超材料微型机器人实现电驱动下的可控运动

2022 年 6 月，美国加州大学洛杉矶分校郑小雨团队借助 3D 打印技术制造出超材料微型机器人，不需要复杂的传动系统和传感系统，只需电源驱动就可实现自由行走、避障甚至跳跃运动。研究成果以 *Design and printing of proprioceptive three-dimensional architected robotic metamaterials* 为题发表在 *Science* 期刊上。他们将 3D 打印的特定晶格超材料构筑单元组装成微型机器人本体，与微型锂电池、控制器和驱动器一起组成一个硬币大小的微型机器人，通过改变电源的电压、频率等参数让每

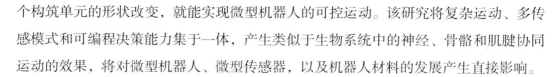

个构筑单元的形状改变，就能实现微型机器人的可控运动。该研究将复杂运动、多传感模式和可编程决策能力集于一体，产生类似于生物系统中的神经、骨骼和肌腱协同运动的效果，将对微型机器人、微型传感器，以及机器人材料的发展产生直接影响。

7. 中国国防科技大学研发齿轮基超材料

2022 年 6 月，中国国防科技大学方鑫和温激鸿、香港理工大学成利、德国卡尔斯鲁厄理工学院 Peter Gumbsch 等人合作报道了一种超材料设计范例，使用具有编码刚度梯度的齿轮作为组成元素，组织齿轮簇以实现多种功能。即使在重载情况下，该设计实现了连续可调的弹性特性，同时保持稳定性和鲁棒性。这种齿轮基超材料具有优异的性能，如杨氏模量连续调制两个数量级、超软和固态之间的形状变形，以及快速响应。该研究使完全可编程的材料和自适应机器人触手可及。相关研究工作以 *Programmable gear-based mechanical metamaterials* 为题发表在 *Nature Materials* 期刊上。

二、 政策与动态

（一）政策

超材料是材料设计思想上的重大创新，对新一代信息技术、国防工业、新能源技术、微细加工技术等领域可能产生深远影响，获得了美国、欧盟、日本、中国等众多国家（地区）、组织重点关注和投入。

1. 美国

2004 年，美国国防部先进项目研究局（DARPA）宣布材料快速应用计划（AIM）并联合美国著名高校和军工企业联合开展超材料专项研究。

2010 年，美国国防部发布的《2013—2017 年科技发展五年计划》将超材料纳入未来重点关注的六大颠覆性基础研究领域之首；美国空军把超材料列为未来 20 年影响空军装备发展的关键使能材料技术（Enabling Technology）。

此外，DARPA 把超材料定义为"强力推进增长领域"。美国空军科学研究办公室（AFOSR）把超材料列入"十大关键领域"。美国陆海空三军在 SBIR/STTR 经费

资助计划中支持了超过 100 家企业研究超材料及在军事装备的应用。美国多家著名
半导体企业共同出资设立超材料研究基金，军方更是宣称要将超材料优先用于军事
设备制造。

2. 欧盟

2004 年，欧盟批准了 METAMORPHOSE（MetaMaterials Organized for Radio，
Millimeterwave，and Photonic Superlattice Engineering）项目，用于欧洲国家开展超材
料在微波和光学领域的应用研究，正式开启了欧洲超材料的系统研究，24 所大学
参与了该项目。

3. 中国

中国也高度重视超材料技术的发展，在"863 计划"、"973 计划"、国家自然
科学基金、新材料重大专项、《中国制造 2025》、《国家中长期科学和技术发展规划
纲要（2006—2020 年）》等项目中对超材料研究予以支持。

"十二五"期间，"863 计划"新材料技术领域办公室支持了"超材料及其相关
器件关键技术研发"主题项目。

2016 年，中国发布的"十三五"规划纲要将超材料列入未来五年的百大重大
工程和项目中。

2017 年，科技部发布的《"十三五"材料领域科技创新专项规划》中，对超材
料也进行了重点规划。规划指出，新型功能与智能材料是七大发展重点，以稀土功
能材料、先进能源材料、高性能膜材料、功能陶瓷等战略新材料为重点，大力提升
功能材料在重大工程中的保障能力；以超导材料、智能/仿生/超材料、极端环境材
料等前沿新材料为突破口，抢占材料前沿制高点。同年，我国开始"变革性技术"
研究，超材料位列第一批项目之中。

4. 其他国家和组织

日本政府也不断加大对超材料技术的财政支持，将超材料隐身技术列为新一代
隐身战斗机"心神"的核心关键技术。

北约从 2011 年开始大规模支持超材料武器装备应用技术研究，并成立联合研
究团队对六大领域开展攻关。

（二）专家观点

1．中国工程院院士周济认为3D打印与超材料结合将推动材料创新新格局

2018年5月23—26日，首届中国超材料高层论坛在上海海事大学举行。论坛主席、中国工程院院士、清华大学教授周济在论坛上表示，超材料作为新兴的学科，涉及电磁学、光学、声学、热学，应用行业包括通信行业、医疗行业、航空航天、军工行业、集成电路板（IC）行业，如红外线雷达、吸波材料、纺织涂层等，超材料还有很大的发展空间，是一个多学科充分交叉的学科。他认为，今天的人类正在进入超材料时代，能自己创造材料，就能创造一个崭新的世界。当超材料的个性化独特微结构设计与3D打印制造技术形成完美契合之时，两者之间相互整合协同创新，将开启全面推进材料创新设计和制造的新格局。

2．中国上海海事大学海洋科学与工程学院副院长范润华教授

在2018年5月举行的首届中国超材料高层论坛上，论坛执行主席、上海海事大学海洋科学与工程学院副院长范润华教授表示，超材料目前正处于由基础研究向应用基础研究转变的关键阶段，在舰船电力电子器件、舰船隐身涂层、水下无线输电等领域具有重要应用前景。上海海事大学开展的超材料研究，将超材料用于水下无线充电装备，可显著提高传输效率和传输距离，从而让水下无接触充电成为可能。

3．中国科学院院士崔铁军认为信息超材料大有潜力

2022年2月25日，中国移动研究院以线上形式举办"遇见未来——6G协同创新成果发布会"。会上，中国科学院院士、东南大学教授崔铁军表示，其团队2014年在国际上首次提出数字编码超材料和现场可编程超材料的概念，并予以实现。2017年，进一步推广至信息超材料，并创建了信息超材料新体系。崔教授认为信息超材料的第一大特点是快变，可以达到几十纳秒级的切换，能够自由地控制电磁波的波数和波形，因此可以做成智能超表面或者智能反射面，可以定制无线信道、调控无线信道，是目前无线通信领域的研究热点之一。

4．华中科技大学史玉升教授认为3D打印将助力超材料的发展

华中科技大学史玉升教授，在其2021年发表的论文 *A review of additive manufac-*

turing of metamaterials and developing trends 中，提出增材制造（即"3D 打印"）技术由于在制造复杂结构方面的巨大优势，提供了一种更直接、更有效的方式来获得超材料样品和实验验证。

（三）行业动态

1. 重要会议

2018 年 5 月 23—26 日，首届中国超材料高层论坛在上海海事大学举行。论坛由上海海事大学、中国材料研究学会超材料分会、超材料电磁调制技术国家重点实验室（光启超材料技术有限公司）、山东精创功能复合材料有限公司等主办，复旦大学、上海交通大学、同济大学、华东理工大学、上海大学等协办。

本次论坛研讨内容涵盖电磁、光学、声学、力学、热学等不同类别超材料，兼顾与超材料密切相关的光子晶体等离基元学、吸波材料等。为促进领域专家与青年学者们之间形成更加丰富立体的学术交流，会议组织了超材料学术报告、超材料学术沙龙、隐身专题学术沙龙、先进材料学术报告等环节，来自全国的专家、学者就超材料各领域的学术问题，进行了深入探讨与交流。

2. 市场动态

据智研咨询发布的《2020—2026 年中国超材料行业市场现状及前景战略分析报告》显示，2018 年全球超材料市场规模约为 9.98 亿美元，较 2017 年的 8.38 亿美元增长了 19.10%。相关人士指出，未来几年全球的超材料复合增长率将超过 20%。

目前，全球主要的超材料相关公司正致力于研制新型的超材料，希望将其应用于卫星通信、无线充电、声波塑造、安全检测、集成电路检测等领域（表 6 - 1）。

表 6 - 1　全球超材料领域的部分公司概况

公司名称	公司简介
Kymeta	主要开发基于软件和超材料的电子波束成型的下一代卫星通信天线
Evolv Technology	公司的超材料产品主要是面向下一代毫米波安全成像系统
Echodyne	主要开发基于超材料的小型雷达装置

公司名称	公司简介
Pivotal Commware	得益于超材料的应用，基于软件的控制系统可以移动平板天线的焦点，而无须改变天线的方向
Metaboards	致力于使用超材料打造更好的无线充电解决方案
Metawave	开发了一款人工智能和超材料相结合的雷达系统，主要面向自动驾驶领域
MTI	主要从事智能材料和光子研究，特别是超材料、纳米制作和计算电磁学
Metasonics	开发下一代可定制、可扩展的声学超材料
TeraView	致力于太赫兹光成像和光谱学应用

资料来源：智研咨询。

在工业应用方面，超材料在传感、卫星通信与无线通信、航空航天与国防、光学（太赫兹与近红外）和医疗器械正在逐步推广。在传感器市场，诸如 Toyota 和 BMW 在内的著名汽车生产商在微波和毫米波超材料的开发中已开展相关技术储备。在卫星通信行业，美国 Kymeta 公司借助于电控超材料采取全息技术实现对目标卫星的动态电子扫描对准；Echodyne 在采用该技术来降低雷达的成本和重量，从而在无人驾驶汽车和无人机上获得新机会点。

国内外运营商、集成商正在将超材料技术融入 5G 通信、星地互联之中。2022 年 4 月 7 日，由中国联通牵头的智能超表面技术联盟（RISTA）成立，旨在汇聚学术界和产业界力量，推动智能超表面生态系统相关主体之间的交流和深度合作，有效促进智能超表面相关技术研究、标准化及产业化等方面的工作开展，打造智能超表面生态。

我国超材料行业具有明显的机构集中性，集中分布于一些高校和光启技术有限公司。光启技术是我国超材料行业的龙头企业，近年来，在超材料方面的营业收入呈现出爆发式增长的态势。

3. 行业关注

2008 年，超材料被 *Materials Today* 杂志评为"材料科学 50 年中的 10 项重要突破"之一。

2010 年，*Science* 期刊将 2003 年研发的"负折射率左手材料"与 2006 年研发的"超材料隐身衣"2 项超材料技术评为"21 世纪前 10 年的 10 项重要科学进展"

之一。

2013 年 11 月 5 日，首届"全国电磁超材料技术及制品标准化委员会"的正式成立，标志着中国超材料进入到标准体系建立时期。2016 年，由深圳光启高等理工研究院起草的《电磁超材料术语》（GB/T 32005—2015）正式实施，成为全球第一份超材料领域的国家标准，奠定了中国在超材料技术研究和标准转化的国际领先地位。

2018 年 4 月，美国领域智库"制造业前瞻联盟"（MForesight，由美国国家标准与技术研究院、美国国家科学基金会牵头组建）发布报告《超材料制造——通向工业竞争力之路》，建议美国政府应采取各种措施推动超材料制造技术的研发及推广。为推动超材料制造研发及商业化推广，报告还提出建立跨学科专家咨询小组，制定技术发展战略，据此制定技术路线图并推动实施；降低企业使用联邦研究设施和专家资源的门槛；打造国家超材料制造卓越中心等政策建议。

三、 竞争与合作

本节从论文和专利角度对全球超材料的发展趋势、竞争态势、创新情况进行了分析。论文数据检索自科睿唯安（Clarivate Analytics）公司的 Web of Science 数据检索和分析平台，检索数据源为 SCIE 和 CPCI－S，文献类型限定为：论文、会议录论文、综述论文、会议摘要。采用主题词检索，检索时间范围限定为 2001 年 1 月 1 日—2022 年 6 月 30 日（出版日期），检索日期 2022 年 9 月 5 日，检索到有 SCIE 收录论文 25 883 篇，CPCI－S 收录论文 6853 篇。专利数据来自 Innography 专利信息检索和分析平台。采用的检索方式是主题词检索，检索时间范围限定为 2001 年 1 月 1 日—2022 年 6 月 30 日（公开日），检索日期为 2021 年 9 月 1 日，共检索到 5969 件专利。

（一） 创新趋势

1. 论文视角

2001—2022 年，全球超材料相关论文发表数量逐渐增长（图 6－5），以研究论文为主，占比 76%，会议录论文占比 21%（图 6－6）。

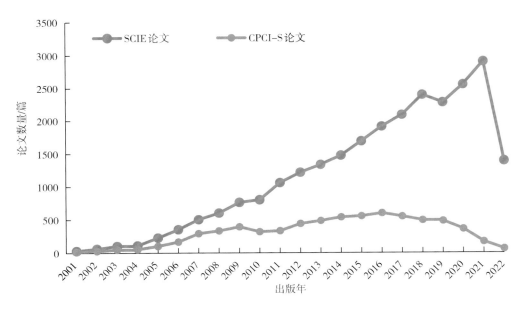

图 6-5 全球超材料历年论文发表趋势

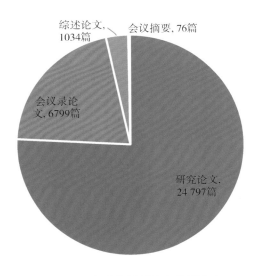

图 6-6 全球超材料论文类型分布

2. 专利视角

超材料相关专利 5969 件，其中授权专利 2137 件，申请专利 3830 件，授权率 35.80%。从 20 世纪 80 年代开始到 2000 年左右，一直有超材料相关专利申请，但申请量比较低（图 6-7）。2000 年之后，专利数量呈现快速上升趋势，2010—2016

年，年申请量有所降低，之后又保持了上升趋势。由于专利从申请到公开通常有 18 个月的滞后，近两年的数据仅供参考。

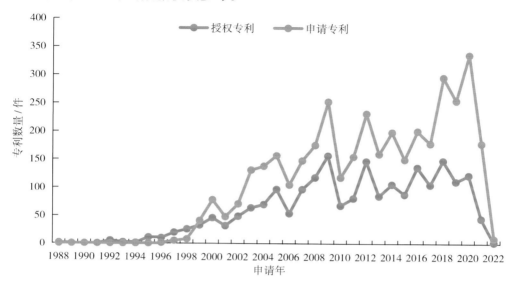

图 6−7　全球超材料领域专利申请逐年趋势

（二）国家（地区）竞争态势

从全球超材料论文的国家产出规模前 10 名来看（图 6−8），中美两国在论文

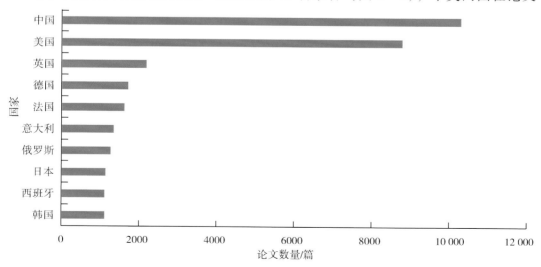

图 6−8　全球超材料论文的国家产出规模前 10 名情况

数量上与其他国家相比优势明显，中国以 10 294 篇位居世界第一，美国以 8782 篇位居世界第二。在前 10 名国家中，欧洲地区有 6 个，亚洲地区有 3 个，北美洲地区有 1 个。

1. 论文视角

在 2015 年之前，中国的年发文数量一直低于美国，2015 年赶超美国之后，目前保持了年发文数量全球第一的态势（图 6-9）。

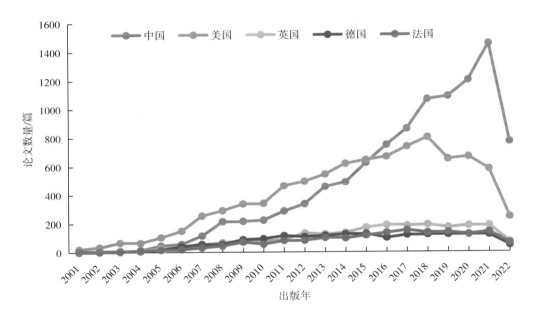

图 6-9　全球超材料论文前 5 名国家逐年产出情况

2. 专利视角

来自美国的专利数量为 2019 件，排名第一，中国以 1182 件排名第二。后面依次是日本、韩国、法国、瑞士、英国、德国、欧洲专利局和荷兰（图 6-10）。

从全球超材料专利技术来源国前 5 名逐年申请趋势可以看出，美国和日本在 1992 年就开始有相关专利申请，而中国则从 2003 年开始才有超材料相关专利申请，2010 年之后年申请量增长较快（图 6-11）。

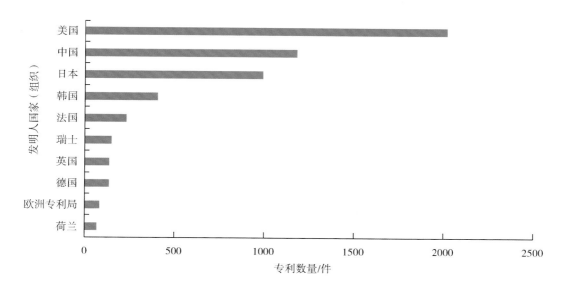

图 6-10 全球超材料专利技术发明人国家（组织）前 10 名情况

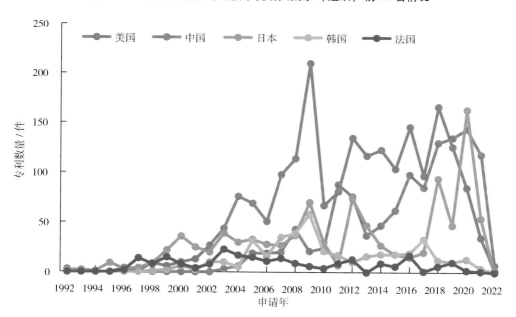

图 6-11 全球超材料专利技术来源国前 5 名逐年申请趋势

（三）机构竞争态势

1. 论文视角

从超材料论文机构排名前 20 名（图 6-12）可以看出，全球超材料论文发表数量排名靠前的机构主要是中国、法国、美国、俄罗斯和英国等国家的高校和研究院所，中国科学院和法国国家科学研究中心发文数量分列第一（1096 篇）和第二（1074 篇），数量方面相差不大。

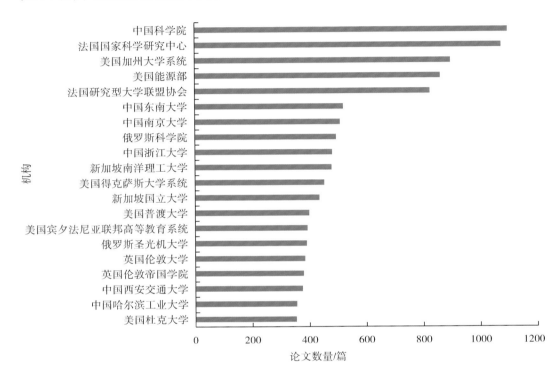

图 6 – 12   全球超材料论文发表机构排名前 **20** 名情况

从论文被引次数排名前 20 名（图 6 – 13）可以看出，美国高校、政府机构总体被引较高；中国科学院被引次数排名第 7。

2. 专利视角

从全球超材料领域前 20 名的专利申请人（图 6 – 14、表 6 – 2）可以看出，超材料专利申请排名靠前的机构主要是美国、日本等发达国家的企业。其中，检索到中国光启技术拥有 89 件专利。

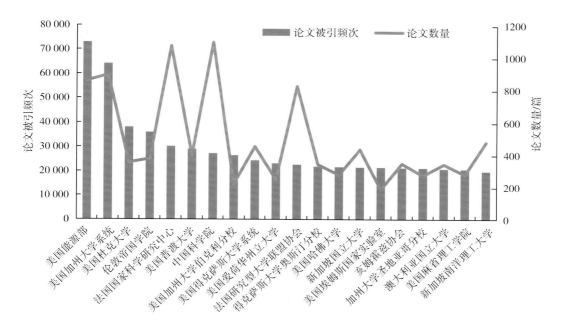

图 6-13　全球超材料机构论文被引排名前 20 名情况

表 6-2　超材料前 20 名专利申请人及国家分布情况

序号	机构	机构（中文）	所属国家	专利数量/件
1	Exxon Mobil Corporation	埃克森美孚	美国	384
2	Toshiba Visual Solutions Corporation	东芝公司	日本	249
3	Kudelski S. A.	库德尔斯基公司	瑞士	172
4	Dow, Inc.	陶氏	美国	91
5	Kuang - Chi Innovative Technology Ltd.	光启技术	中国	89
6	Samsung Electronics Co., Ltd.	三星电子	韩国	84
7	Nippon Telegraph & Telephone Corp.	日本电报电话公司	日本	84
8	Panasonic Corporation	松下公司	日本	72
9	Nokia Corporation	诺基亚公司	荷兰	64
10	Intel Corporation	英特尔公司	美国	57
11	InterDigital, Inc.	InterDigital 公司	美国	56

续表

序号	机构	机构（中文）	所属国家	专利数量/件
12	Naspers Limited	南非报业	南非	54
13	Tvs Regza Corporation	Tvs Regza 株式会社	日本	52
14	Pfizer Inc.	辉瑞	美国	49
15	Huawei Investment & Holding Co., Ltd.	华为	中国	49
16	Viaccess Societe Anonyme	法国电信	法国	47
17	NEC Corporation	NEC 公司	日本	47
18	SK Telecom Co., Ltd.	鲜京电信公司	韩国	47
19	International Business Machines Corp.	IBM	美国	46
20	Soda Nikka Co., Ltd.	曹大日化	日本	46

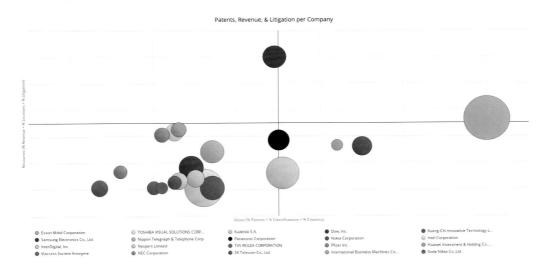

图 6-14　全球超材料技术专利申请前 20 名情况（技术 vs 市场）

（四）技术分布

1. 论文视角

超材料相关论文的学科领域主要分布在应用物理、光学、电气电子工程、材料科学及交叉科学等领域（表 6-3）。

表 6 - 3　全球超材料论文学科分布前 10 名情况

序号	Web of Science 类别	中文释义	论文数量/篇
1	Physics Applied	应用物理	9254
2	Optics	光学	8503
3	Engineering Electrical Electronic	电气电子工程	7508
4	Materials Science Multidisciplinary	材料科学及交叉科学	7428
5	Nanoscience Nanotechnology	纳米科学和技术	3572
6	Physics Condensed Matter	凝聚态物理	3173
7	Telecommunications	电信	2875
8	Physics Multidisciplinary	物理学及交叉科学	2007
9	Chemistry Physical	化学物理	1738
10	Chemistry Multidisciplinary	化学及交叉科学	1671

2. 专利视角

超材料相关专利主要分布在 H04N 21/00 （图像通信）、H04N7/00 （声音的发送、传导或定向的一般方法或装置）、G10K11/00 （用于对天线辐射波进行反射、折射、绕射或极化的装置，如准光学装置） 等领域 （表 6 - 4）。

表 6 - 4　全球超材料专利 IPC 大组分布前 10 名情况

序号	IPC 大组	英文释义	中文释义	专利数量/件
1	H04N21/00	Selective content distribution, e. g. interactive television, VOD［Video On Demand］	图像通信如电视等可选的内容分发，例如交互式电视，VOD （视频点播）	495
2	H04N7/00	Television systems	图像通信，如电视系统	263
3	G10K11/00	Methods or devices for transmitting, conducting or directing sound in general	声音的发送、传导或定向的一般方法或装置；防止或减小噪声或其他声波的一般方法或装置	262
4	H01Q15/00	Devices for reflection, refraction, diffraction, or polarisation of waves radiated from an aerial, e. g. quasi-optical devices	用于对天线辐射波进行反射、折射、绕射或极化的装置，如准光学装置	207

序号	IPC 大组	英文释义	中文释义	专利数量/件
5	C01B39/00	Compounds having molecular sieve and base-exchange properties, e. g. crystalline zeolites, Their preparation, After-treatment, e. g. ion-exchange or dealumination	具有分子筛和碱交换特性的化合物，如结晶沸石；其制备；后处理，如离子交换或脱铝作用	163
6	A61K31/00	Medicinal preparations containing organic active ingredients	含有机有效成分的医用、牙科用或梳妆用的医药配制品	156
7	H01Q1/00	Details of, or arrangements associated with, aerials	天线零部件或与天线结合的装置	119
8	H04L9/00	Arrangements for secret or secure communication	保密或安全通信装置	101
9	H04W4/00	Services or facilities specially adapted for wireless communication networks	专门适用于无线通信网络的业务或设施	96
10	H04W8/00	Network data management	网络数据管理	89

四、 优秀研究团队

（一）中国东南大学崔铁军教授团队

1. 团队概况

中国科学院院士、东南大学教授崔铁军研究团队聚焦领域包括：①计算电磁学相关领域，开发高频电磁仿真软件实现复杂环境电磁建模、将人工智能与电磁计算深度融合实现智能电磁计算等，对电磁空间进行表征和计算；②在电磁超材料领域，提出信息超材料，借助其特性对电磁空间进行调控。研究成果的应用前景包括为无人驾驶和车联网构建毫米波地图、为 5G 和 6G 无线通信构建准确的通信模型及定制信道等。

2. 代表性成果

作为课题组带头人崔铁军教授带领团队于 2010 年凭借"基于超材料实现微波段三维隐身和电磁黑洞"获得"中国科学十大进展"，2011 年获教育部自然科学奖一等奖，2013 年荣获全国优秀博士论文指导教师，2016 年获得军队科学技术进步奖一等奖，2017 年获得中国兵工学会科学技术奖二等奖，并分别于 2014 年和 2018

年两次获得国家自然科学奖二等奖。

（二）中国华中科技大学史玉升教授团队

1. 团队概况

史玉升，华中科技大学华中学者领军岗特聘教授。现任数字化材料加工技术与装备国家地方联合工程实验室（湖北）主任，教育部创新团队负责人，国防科技创新特区主题专家组首席科学家。担任 *Smart Manufacturing* 等多个期刊编委。在国内外发表论文 200 余篇，出版专著、主编教材 8 部，主持国家科技支撑计划、国家重点研发计划、02 国家科技重大专项和 04 国家科技重大专项、"863 计划"、国家自然科学基金、国际合作等科研项目 20 余项。在增材制造领域，获"中国十大科技进展"1 项、"中国智能制造十大科技进展"1 项、"国家技术发明奖"二等奖 1 项、"国家科学技术进步奖"二等奖 2 项、省部级一等奖 8 项、国际发明专利奖 4 项、湖北省优秀专利奖 1 项、湖北省专利金奖 1 项、中国及湖北高校十大科技成果转化项目各 1 项，获发明专利 40 多项并实现了产业化。研究成果被国内外 1000 多家用户采用，不但服务于中国，而且也出口美英德等国。

史玉升教授团队近年来在 *Materials Today*、*Bioactive Materials*、*Acta Materialia*、*Engineering*、*Applied Materials Today* 等期刊上发表系列文章，发展了多场耦合的超材料结构设计方法，建立了仿生设计、有限元仿真、结构计算、实验验证与性能预测等模型，突破了多性能耦合设计约束限制，拓展了多性能设计与调控空间，为超材料设计与增材制造技术在航空航天、生物医疗等领域的应用奠定了理论基础。

2. 代表性成果

超材料结构往往极端复杂，具有宏微观跨尺度特点，传统制造技术难以实现，增材制造技术在制造这类复杂结构方面具有显著优势。史玉升教授团队在材料类期刊 *Materials Today* 上系统阐述了力学、声学等各类超材料基本原理和典型应用，介绍了典型超材料设计方法与增材制造工艺的研究进展，讨论了增材制造多场耦合超材料性能、超材料在设计方法方面的局限性、增材制造技术缺点及超材料的发展趋势。

（1）力学超材料

以功能为导向的结构设计，具有成本效益高、省时等优点，拥有较大的发展潜力。通过为给定单元和给定区域构造边界条件与优化目标，可拓扑设计出新型功能结构。团队提出了通过均匀化应变拓扑设计最大体模量力学微结构方法，并利用激光选区熔化（SLM）成功制备。通过准静态压缩试验，研究了拓扑优化超材料的力学性能和能量吸收能力。

（2）声学超材料

吸声超材料在低频噪声吸收领域有着重要意义，传统吸声材料被制备后，其结构也随之固定，无法根据外界噪声频率变化做出相应吸收能力的调整。团队基于声音频率共振消声原理，通过设计迷宫式结构，采用 FDM 形成了吸声性能可调的低频吸声超材料，根据外接声波频率变化而动态调整结构，实现不同频率噪声的吸收，吸声频率在 298～379 Hz 宽频范围可调。

团队采用增材制造技术成形五模超材料（Pentamode Metamaterials，PMMs），通过均匀化等效性能方法以蜂窝结构和金刚石晶格构型为基础，得出了几何参数对力学性能的影响规律和结构设计对力学及传质性能的协同调控机制，设计并制备了两种形式的五模超材料：二维蜂窝状五模超材料和三维金刚石五模超材料，该五模超材料具有与水相似的声学性能，具有"隐身"效果，在水下声学工程领域有较大的应用前景。此外，优化三维五模超材料几何形状，可解除模量、强度与渗透率之间的耦合关系，从而实现力学和传质性能的协同调控，在生物支架工程领域具有较大应用潜力。

（3）热学超材料

轻质高强兼具散热吸能超材料在航空航天和汽车应用中具有重要意义。团队受柚皮对果肉屏蔽保护的启发，提出了柚皮微结构仿生多面体超材料设计方法，实现了优异的散热和吸能效果。在实验和数值模拟的指导下，具有圆形支柱的超材料在 Re 为 7000～30 000 时具有最高的努塞尔数、最低的压降和摩擦系数，表现出更高的散热指数；在 0.92 孔隙率下，热效率系数超过 1，表现出较强的隔热能力。此外，具有圆形支柱的仿生多面体结构的比能量吸收超越传统点阵结构，在燃气轮机和冷却结构上有着重要应用前景。

（4）生物超材料

孔隙率、模量、骨组织再生、应力屏蔽是骨支架设计中重点考虑的约束条件，团队提出了一种双锥支柱设计策略，减少类金刚石多孔金属生物材料的应力屏蔽，同时保持不变的孔隙率。设计的生物超材料骨支架的弹性模量和屈服强度与传统金刚石晶格相比分别低 41.46% 和 46.42%，有利于骨支架力学性能与宿主骨匹配，避免了应力屏蔽。

（5）仿晶格超材料

团队提出了一种模仿晶体结构各向异性超材料设计策略，通过构建具有不同的晶面（取向：[001]、[110] 和 [111]）和晶向（旋转度：15°/Step）的晶格超材料，实现了弹性响应和质量传输性能的独立调控。结果显示，力学性能和传质性能的耦合关系减弱，对晶格超材料晶面和取向方向具有方向依赖性。

（三）美国杜克大学戴维·史密斯教授团队

1. 团队概况

戴维·史密斯（David R. Smith），现美国杜克大学（Duke University）电子与计算机工程系教授，是超材料和综合表面等离子体光子学研究中心（Center for Meta-materials and Integrated Plasmonics，CMIP）主管，并担任美国加州大学圣迭戈分校物理系兼职副教授，以及伦敦帝国理工学院物理系客座教授。史密斯教授最著名的贡献是他在电磁超材料方面的理论和实验工作，其团队在开发设计和表征超材料的数值方法方面处于世界前沿。

2. 代表性成果

2001 年，当时在美国加州大学圣迭戈分校就职的 David R. Smith 教授，利用以铜为主的周期性的金属条和金属开口环式谐振器，首次在实验室制造出在微波波段具有负介电常数、负磁导率的物质，这是一种适用于微波波段的左手材料。这是世界上第一个负折射率的超材料样品，从实验上证明了负折射现象与负折射率，研究成果以 *Experimental verification of a negative index of refraction* 为题发表在 *Science* 上，自此打开了左手材料的大门。

2006 年，David R. Smith 教授到了杜克大学，在这里他带领团队完成了窄带电磁隐身衣试验，研究成果以 *Metamaterial Electromagnetic Cloak at Microwave Frequen-*

cies 为题发表在 *Science* 上。

2009 年，刘若鹏（光启技术创始人）在 *Science* 期刊上发表了题为 *Broadband ground-plane cloak* 的论文，研发了一种宽频带隐身衣。而该论文的通讯作者是中国东南大学崔铁军教授和美国杜克大学 David R. Smith 教授。

除了以上在超材料领域的代表性的突破性研究工作，David R. Smith 教授还带领团队开发了无线充电站（2016）、使用微波模式更有效地识别物体的方法（2020）等技术。

五、 创新企业代表

（一）中国光启技术

1. 公司概况

作为国内超材料领域的领先企业，深圳光启创新技术有限公司（曾用名：光启技术股份有限公司，简称光启技术。Kuang-Chi Innovative Technology Ltd.，Shenzhen Guangqi Innovation Technology Co.，ltd.），成立于 2010 年，2012 年建设了全球首条高精度超材料精试线。

短短的十余年时间，光启技术让超材料技术从实验室走向生产线，打造了超材料技术的设计、研发、测试、制造等全产业链，实现了从 "0" 到 "1" 的历史性突破。尤其是投产并扩展了全国最大的超材料智能制造中心——709 基地，让光启实现了超材料的产业化，并且成功应用于我国最新一代尖端装备上。

目前，光启技术的第三代超材料技术的结构件产品即将实现量产，并且完成了第四代超材料技术样机试制的前期准备工作。目前公司正全力以赴建设第四代超材料生产线，争取 2023 年实现批产。

在产能方面，709 基地一期投产后，一下子把光启技术超材料的产能从过去的 8000 千克/年，提升到了 48 000 千克/年，为光启技术的大规模批量交付打下了坚实基础。

在经历了 2021 年下半年的产能爬坡后，当前 709 基地一期的生产任务稳步提升。2022 年 6 月份，光启旗下子公司顺德光启又通过挂牌出让方式竞得二期 107 亩国有建设用地使用权，用于 709 基地二期的建设。位于 709 基地的华南最大的电磁性能检测中心也已经投入使用，使得光启的电磁测试能力大幅度提升，有力保障了超材料产品按时交付。未来，一旦 709 基地二期成功投产，那光启的交付能力将实现更大的指数级突破，也将把光启带入新的历史阶段。

从近几年的财报看，2018 年至 2022 年，光启技术在超材料业务快速发展的带动下，扣非净利润从 4 年前的 0.41 亿元，飙升到当前的 1.82 亿元，复合增长率达 95%；超材料业务营收贡献占比从 13% 迅速提升到 77%，业务的稳定性和竞争力进一步增强。

目前，光启技术的超材料隐身结构产品已经广泛应用在先进航空器、海洋航空装备等多个尖端装备领域，并实现了多体系、多型号、多产品的装机应用，未来随着后续相关装备维保、更新，以及定制研发等需求的释放，光启将还有更大的发展空间。

2. 核心技术和产品

作为国内超材料领域的领先企业，光启技术在 2009 年已首次实现宽频带超材料隐身衣的设计与制备，在 2012 年建设了全球首条高精度超材料精试线，在超材料领域的专利数量已占到全球该领域过去 10 年申请总量的 80% 以上。

光启集团尖端装备业务主要由光启尖端负责产业化运营。光启尖端已取得了由国防武器装备科研生产单位保密资格审查认证委员会颁发的国家二级保密资格单位证书、国军标 GJB 9001B—2009 质量管理体系认证证明、中国人民解放军总装备部授予的《装备承制单位注册证书》及国家国防科技工业局授予的《武器装备科研生产许可证》等军工科研生产资质，具备向军方或其他涉军单位供应定制化军用超材料产品的资格。

光启集团新型空间技术业务主要由光启科学负责产业化运营。光启科学依托光启集团雄厚的超材料技术基础大力推进在新型空间技术业务领域的技术研发、产品研制及产业化推广。2015 年 2 月和 6 月，光启科学分别完成了核心产品"云端号"平台和"旅行者号"临近空间商用平台的首飞测试。该等产品利用超材料技术使其主体结构具备了轻量化、高强度、高阻隔、耐老化、耐揉搓、高载荷比等特点，解决了影响传统浮空器长时间驻空的主要技术障碍，填补了通过高空平台提供大覆盖范围数据与信息服务的市场空白。"云端号"平台和"旅行者号"临近空间商用平台突出的技术性能优势及良好的测试结果，使其自完成试飞测试以来受到了潜在客户的广泛关注。

3. 技术创新和专利布局

在 Innography 专利数据库中，以（@ organizationName "Kuang-Chi Innovative Technology Ltd." OR "Shenzhen Guangqi Innovation Technology Co. ltd."）OR（@ ultimateParent "Kuang-Chi Innovative Technology Ltd." OR "Shenzhen Guangqi Innovation Technology Co. ltd."）OR（@ ultimateSubsidiary "Kuang-Chi Innovative Technology Ltd." OR "Shenzhen Guangqi Innovation Technology Co. ltd."）OR（@ origOrgName "Kuang-Chi Innovative Technology Ltd." OR "Shenzhen Guangqi Innovation Technology Co. ltd."）AND（@ datepublished from 01/01/2001 to 06/30/2022）为检索式进行检索，共检索到 4550 件专利，包括 2403 件申请专利，2147 件获授权专利。其中，专利标题和摘要中包含超材料主题的相关专利共有 120 件，其逐年申请趋势如图 6 – 15 所示。

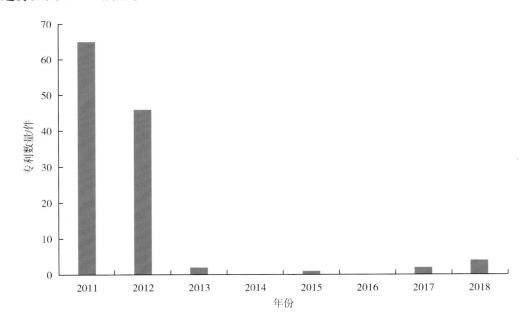

图 6 – 15　2011—2018 年中国光启技术超材料相关专利申请趋势

光启技术 2009 年首次实现宽频带超材料隐身衣的设计与制备，并在 2011—2012 年完成超材料技术主要专利布局。近些年超材料技术相关专利申请速度放缓，研发重点从超材料研发转向商业化产品开发。

同时，我们发现光启技术超材料相关技术重点集中在折射率调控、微结构、天线等方向。

光启技术申请的超材料相关 120 项专利中，专利强度超过 50 的专利数量为 7 件，占比为 5.8%（图 6-16）。

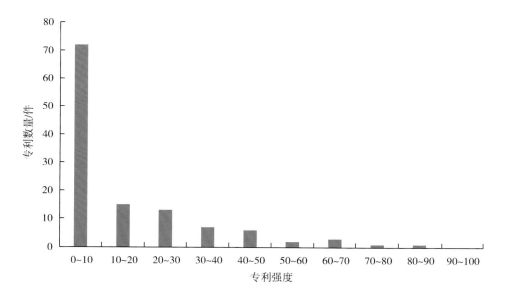

图 6-16　光启技术超材料专利技术专利强度分布

（二）美国 Kymeta 公司

1. 公司概况

美国公司 Kymeta 成立于 2012 年，是卫星通信平板天线制造商，主要业务是开发基于软件和超材料的电子波束成型的下一代卫星通信天线。

Kymeta 是释放宽带卫星连接潜力的领先企业，结合蜂窝网络，满足对移动通信的庞大需求，让移动连接遍及全球。凭借一流技术和以客户为中心的量身定制服务，Kymeta 卫星连接解决方案向市场提供独特、完整的统包式解决方案，以满足客户的任务要求。这些解决方案再加上公司首创的平面卫星天线及 Kymeta 服务，为全球客户提供革命性的卫星及混合卫星蜂窝网络移动连接。在美国及国际专利许可的支持下，Kymeta 终端能够满足市场对无活动部件的低功耗、低成本、高传输量通信系统的需求。Kymeta 让连接简易化——适用于任何车辆、船舶、航空器或固定平台。

2. 核心技术和产品

2022 年 3 月 Kymeta 宣布为 u8 终端推出 3 个新品牌，分别是 Hawk u8、Goshawk u8 和 Osprey u8（表 6 - 5）。

表 6 - 5　Kymeta 公司产品

序号	产品名称	概况
1	Hawk u8	基于 Kymeta 行业领先的电子控制天线，可轻松安装在车辆和船舶上，以提供无缝卫星或混合卫星/蜂窝连接
2	Goshawk u8	一个完整的连接解决方案，可以随时随地提供高度安全的 TRANSEC 通信
3	Osprey u8	为军事暂停通信（COTP）、移动通信（COTM）和移动网络（NOTM）提供完整的定制连接平台

相比传统材料，由于采用超材料，公司开发的 mTenna 天线更轻薄，功率更低，且价格更低，只需将天线安装在交通工具上，便能通过卫星搭建起宽带网络。

Kymeta mTenna 天线采用类似液晶显示器的生产技术制造，操作简单，没有任何活动部件，该天线能够自动校准，在行驶过程中调整对电磁波的接收。

2022 年 3 月，Kymeta KyWay 卫星终端获得 Intelsat、Telesat、SES 和 HISPASAT 等卫星运营商的认证，为汽车、火车、公共汽车、卡车、船舶等交通工具提供移动通信服务。

2022 年上半年，公司和微软达成合作，开发能够持续上网的多功能车辆，为警方、消防队和救灾团队提供数据服务。

（三）英国 Metaboards 公司

1. 公司概况

英国公司 Metaboards 成立于 2016 年，专注于使用超材料进行无线充电和数据传输。该公司的无线充电技术具有更好的垂直穿透能力，可以同时在同一个平面上，为平板电脑、手机等多个电子设备充电，且无须多个电源。

2018 年 6 月，Metaboards 公司获得由 Oxford Sciences Innovation 领投的 500 万美元 A 轮融资。

2. 核心技术和产品

（1）NFC 无线充电

Metaboards 专有解决方案允许多个支持 NFC 的无线充电设备从单个电源并行供电，而无须精确对齐。应用的联网设备包括助听器、耳机、虚拟现实、遥控器等产品。

（2）6.78 MHz 无线充电

Metaboards 的专有技术可用于许多不同的环境和安装选项，包括办公室、咖啡馆和家中，无须校准即可将能量集中到充电设备上，使得无线充电更加灵活。特点是：无需电线、支持多设备并行充电、频率可调且安全。

六、 未来展望

作为一项具有交叉性和前沿性的新兴领域，超材料经历了理论验证阶段、关键技术突破阶段、快速发展阶段，目前在局部领域实现了产品应用，尤其在军工领域，中国、美国、欧洲地区等从政府层面对超材料给予了大力支持。

从事超材料基础研究和应用研究的机构和企业集中分布在北美、东亚和欧洲，专利和论文数量在近 10 年内稳定增长。中美两国在论文数量上与其他国家相比优势明显，中国以 10 294 篇位居世界第一，美国以 8782 篇位居世界第二。在 Top10 国家中，欧洲地区有 6 个，亚洲地区有 3 个，北美洲地区有 1 个。2015 年之前，中国的年发文数量一直低于美国，2015 年赶超美国之后，目前保持了年发文数量全球第一的态势。美国和日本在 1992 年就开始有相关专利申请，而中国则从 2003 年开始才有超材料相关专利申请，年专利申请数量在 2010 年之后保持了增长态势。

基础研究成果集中在以中国科学院、法国国家科学研究中心、美国加州大学系统、中国东南大学等为代表的研究机构中。中国东南大学崔铁军教授领导开发的高频电磁仿真软件实现了复杂环境电磁建模，并认为电磁超材料在信息技术领域应用潜力巨大。华中科技大学史玉升教授团队发展了多场耦合的超材料结构设计方法，为超材料设计与增材制造技术在航空航天、生物医疗等领域的应用奠定了理论基础。美国杜克大学 David R. Smith 教授是全球超材料隐身技术开发方面的领军人才，其团队在电磁超材料的开发设计和表征方面全球领先。中国深圳光启技术在初创企业里表现突出，跨国公司如美国埃克森美孚、日本东芝公司、美国陶氏化学以及瑞士库德尔斯基公司等是专利申请的主力。

未来，随着 3D 打印、人工智能、纳米、量子等技术的发展和应用，材料复合制造技术会更加多元化，更加实用和经济的结构制造方法将会出现。例如，在非常细微甚至微纳米尺度上重组或编码超材料的结构，就可精确控制其光、电、磁、声、机械等性质，实现超材料的可控制造和智能化。

推动新制造技术在超材料的智能化制造中的广泛应用。3D 打印技术与智能结构结合的新兴制造技术产生了 4D 打印技术，其第四维度具备和感知材料相同的特性，即感知应力、应变、热、光、电、磁、化学和辐射等外界刺激，并据此做出相应的响应，该技术使得超材料的前景更加广阔。

提升我国科研机构科技创新成果的商业转化能力。与主要发达国家相比，我国在基础研究方面基本与全球领先国家保持同步，在应用研究和产品开发方面通过大量的专利申请初步实现了知识产权布局和保护。但同时，我国高校和科研院所等科研机构的科技创新成果的产业转化能力有待加强。应鼓励行业企业与科研机构开展产学研合作，对资源进行整合，建立需求导向的科技创新成果转化机制，积极推动超材料的商业化。

加大对小微企业的扶持力度，从无到有培养超材料新产业。除深圳光启技术初具规模外，中国以及其他国家的创新企业均为小微初创企业。鉴于超材料领域细分较多，各细分产业规模尚小，应加大对中国小微初创企业的扶持力度，提升他们的竞争力，积极引导他们面向航空航天、卫星通信等科技密集型领域发展，培育超材料新产业。

参考文献

［1］周济. "超材料（metamaterials）"：设计思想、材料体系与应用［J］. 功能材料，2004，35（增刊1）：125－128.

［2］周济，李龙土. 超材料技术及其应用展望［J］. 中国工程科学，2018，20（6）：69－74.

［3］FAN J X, ZHANG L, WEI S S, et al. A review of additive manufacturing of metamaterials and developing trends［J］. Materials today，2021（50）：303－328.

［4］SHELBY R A, SMITH, D R, SCHULTZ S. Experimental verification of a negative index of refraction［J］. Science，2001，292（5514）：77－79.

［5］ZIOLKOWSKI R W. Metamaterials：The early years in the USA［J］. EPJ applied metamaterials，2014（1）：51－59.

［6］DEROV J S, HAMMOND R, YOUNGS I J. The history of the early years of metamaterials in USA and UK defense agencies［J］. Journal of optics，2017（19）：084002.1－084002.6.

［7］LIU R P, JI C L, MOCKJ J, et al. Broadband groundplane cloak［J］. Science，2009，323（5912）：366－369.

［8］胡燕萍. 兰德公司中美军民两用新材料相关证词述析［J］. 航空科学技术，2020，31（2）：77－78.

［9］胡爱娟. 新型 Meta 材料特性与结构研究［D］. 上海：华东师范大学，2005.

［10］全保刚. 左手材料的制备与特性研究［D］. 北京：中国科学院物理研究所，2006.

［11］冯瑞华. 超材料研究文献计量分析［J］. 材料导报，2009，23（7）：66－71.

［12］戴炜轶，姜疆. 基于文献计量的超材料研究现状分析［J］. 科学观察，2022，17（4）：47－60.

［13］CHA Y O, HAO Y. The dawn of metamaterial engineering predicted via hyperdimensional keyword pool and memory learning［J］. Advanced optical materials，2022，10（8）：2102444.1－2102444.13.

第七章
线控底盘前沿态势报告

    汽车底盘由传动系、行驶系、转向系和制动系 4 个部分组成，作用是支撑、安装汽车的车身、发动机及其他各部件、总成，形成汽车的整体，保证汽车的正常平稳行驶。汽车电动化、智能化发展进程不断加快，对于汽车转向、制动等系统的要求也越来越高，需要汽车底盘系统提供更高的驾驶安全性、操纵精确性，传统的机械底盘显然无法满足现代化汽车的需求，线控底盘技术的不断发展使新能源汽车、智能网联汽车等现代化汽车看到了更多发展的曙光。

    我国汽车市场规模大，智能汽车的销量持续提升，汽车零部件企业的发展空间十分广阔，目前线控制动、线控转向技术正处于发展的关键时期，抓住汽车电动化、智能化发展机遇，掌握目前底盘技术发展的动向和趋势，不断提升技术创新水平，抢占线控底盘技术发展先机，加快线控底盘技术开发和产业化，实现线控底盘技术自主创新、实现汽车产业高质量发展十分关键。

一、 发展概况

（一）基本概况

1. 线控底盘的内涵

电动化、智能化、轻量化是现代化汽车发展的主趋势，而汽车底盘的技术是支撑现代化汽车发展的关键核心技术之一，汽车底盘从传统底盘过渡到电动底盘，并向着智能底盘继续发展（图7-1）。智能底盘是智能驾驶、智能座舱、动力系统重要的支撑平台，可以预测路况并实施主动的控制和执行。智能底盘相比于传统底盘和电动底盘来说，最大的特点就是需要与智能座舱、自动驾驶、动力系统深度融合，可以不完全按照驾驶员指令进行车辆控制，而是根据人、车、路的特性进行主动控制。未来汽车底盘技术发展除了要求进一步保障安全驾驶以外，还对行车体验、个性化服务、低碳环保等方面提出更高的要求。

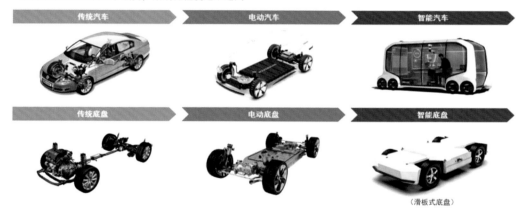

图7-1　汽车底盘演变过程

　　线控底盘是智能底盘技术的代表技术之一，线控底盘技术是汽车电动化、智能化发展的必经之路，同时也是未来智能汽车发展自动驾驶的必然要求。线控，Drive-By-Wire 或 X-By-Wire，是指机电控制中的一种物理控制方式，主要是指信号发生器与信号接收器之间的连接方式是通过线缆或其他动作传到物体进行连接的。线控底盘技术，意味着用线（电信号）的形式来取代机械、液压或气动等形式的连接，从而不需要依赖驾驶员的力或扭矩的输入。

　　线控底盘主要包括五大核心系统，其中最为重要的是线控制动系统和线控转向系统，另外还包括线控油门系统（也称为线控驱动）、线控悬架系统及线控换挡系统。对于线控底盘的技术创新研究主要有 2 个方向，一种是将线控油门、线控制

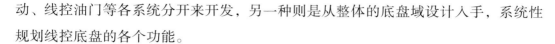

动、线控油门等各系统分开来开发，另一种则是从整体的底盘域设计入手，系统性规划线控底盘的各个功能。

2. 线控底盘的子系统

总体来看，线控底盘的五大子系统中，线控悬架系统、线控换挡系统、线控油门系统 3 个系统技术发展相对较早，其中线控油门系统的技术已经相对成熟且渗透率高；线控换挡系统的技术也相对成熟，但国内供应商参与度比较低；线控悬架系统的技术发展比较成熟，但由于成本较高，主要搭载于高端车型。而线控制动系统和线控转向系统是未来自动驾驶的核心技术，两项技术都还处于发展阶段，因此也是目前最为重要的 2 个子系统（图 7 - 2）。

线控底盘五大核心系统

线控底盘主要有五大子系统，分别为线控转向、线控制动、线控换挡、线控油门、线控悬架，其中线控制动和线控转向属于线控底盘核心技术，处于大规模商业化前夜

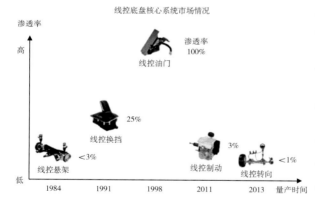

核心系统	市场现状
线控悬架 （涉及舒适性）	海外厂商（大陆、威巴克）起步早、技术先进，自主供应商（中鼎、保隆）开始突破核心部件（空气供给单元、空气弹簧）
线控换挡 （涉及自动泊车）	海外厂商（采埃孚天合、康斯博格）卢步早、经验丰富，国内企业（宁波高发、南京奥联）主要配套自主品牌
线控油门	海外厂商（大陆、博世）掌握核心技术，国内企业（宁波高发、奥联电子）参与度低
线控制动	自动驾驶核心技术，随着自动驾驶技术渗透率的不断提升，自主供应商迎来发展机会
线控转向	

图 7 - 2　线控底盘核心系统

线控油门系统（即电子油门）（Throttle-by-wire，TBW），或称 Accelerate-by-wire。线控油门是指通过用线束（导线）来代替拉索或者拉杆，由油门踏板位置产生的电信号给电控单元（ECU）来进行发动机控制。线控油门系统主要由油门踏板和位移传感器、ECU 和数据总线、电动机和节气门构成（图 7 - 3）。位移传感器安装在油门踏板内部，随时监测油门踏板的位置，当监测到油门踏板高度位置有变化时（代表了驾驶员的驾驶意图），会瞬间将此信息传送到 ECU，ECU 对该信息和其他系统传来的数据信息进行运算处理，计算出控制信号，得到最佳的节气门开度，

256

再驱动节气门控制电动机。数据总线负责系统 ECU 和其他 ECU 之间的通信。线控油门的出现使更多的高级辅助驾驶系统成为可能，如定速巡航系统就是线控油门的基础应用。

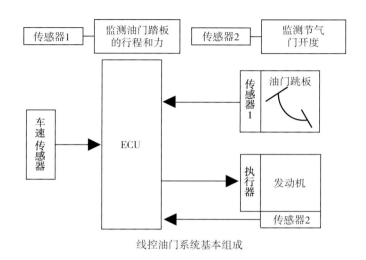

线控油门系统基本组成

图 7 - 3　线控油门基本构成

线控转向系统（Steering By Wire，SBW）取消了方向盘与车轮之间的机械连接，而是通过电子信号连接和控制转向系统，用传感器获得方向盘的转角数据，ECU 将其折算为具体的驱动力数据，用电机推动转向机转动车轮。线控转向系统由转向盘模块、转向机模块、整车传感器模块构成，其中转向盘模块包括方向盘、转向盘传感器、路感电动机，转向机模块包括转向机、转向机执行器，整车传感器模块包括车速传感器、加速度传感器、横摆角速度传感器及控制器（图 7 - 4）。线控转向系统质量更轻，路面冲击更小，噪声更低且隔震效果更强。

线控制动系统（Brake - By - Wire）是电子控制的汽车制动系统，是线控底盘的核心系统之一。它的主要特征是取消了制动踏板和制动器之间的机械连接，以电子结构上的关联实现信号的传送、制动能量的传导，分为液压式线控制动系统和机械式线控制动系统 2 种。

液压式线控制动（非纯线控）（Electro - Hydraulic Brake，EHB）系统以传统的液压制动系统为基础，用电子器件替代了一部分机械部件的功能，使用制动液作为

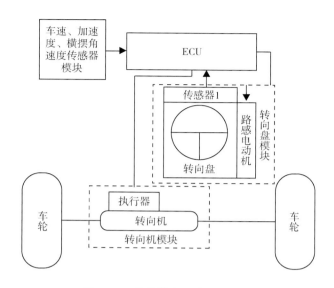

图7-4　线控转向系统基本构成

动力传递媒介，控制单元及执行机构布置的比较集中，有液压备份制动系统，也可以称之为集中式、湿式制动系统，是目前的主流技术方案。EHB 主要由电子踏板、ECU、液压执行机构组成（图7-5），电子踏板由制动踏板和踏板传感器组成，踏板传感器用于检测踏板的位移情况，将位移信号转化成电信号传送给 ECU，实现制动工作。

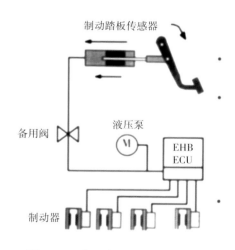

图7-5　液压式线控制动系统示意

EHB 根据集成度的高低（AEB/ESP 系统是否和电子助力器集成在一起），分为两大技术方案，即 One-Box 和 Two-Box。从图 7 – 6 中可以看出，One-Box 的集成度高、体积、重量上也具有优势，制造成本更低所以售价也会相对低一些，更有机会成为未来主流技术方案。目前，市场上博世公司的 iBooster ＋ ESP 系统的市场占有率最高，它采用的是 Two-Box 方案。另外，大陆集团的 MK C1 采用的是 One-Box 方案，这也是最早实现量产的 One-Box 产品。

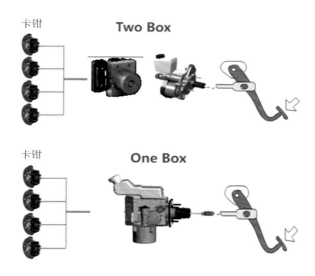

图 7 – 6　EHB 两大技术方案示意

机械式线控制动（纯线控）（Electro-Mechanical Brake，EMB）系统也被称为分布式、干式制动系统。EMB 和 EHB 的最大区别就在于它不再需要制动液和液压部件，制动力矩完全是通过安装在 4 个轮胎上的由电机驱动的执行机构产生（图 7 – 7）。EMB 系统的 ECU 根据制动踏板传感器信号及车速等车辆状态信号，驱动和控制执行机构电机来产生所需要的制动力，无液压备份制动系统。从目前整个市场来看，线控制动技术尚处于发展的早期阶段，目前渗透率较低，仅有少量车型配备，新能源汽车配置率相对较高。

线控换挡（Shift-By-Wire，SBW）系统不需要任何机械结构，仅通过电控来实现传动。线控换挡的运用属于辅助驾驶运用在智能驾驶中的重要组成部分，其中主要包含了自动变速、自动 P 档、驾驶员安全带保护、开门安全保护、驾驶习惯自动学习、整体防盗等功能。线控换挡系统的构成包括控制器、电子档位选择、发动机

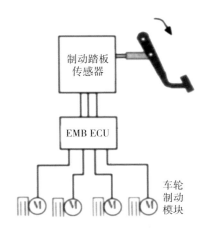

图7-7 机械式线控制动示意

和变速器模块、换挡执行器和整车信号模块（图7-8）。线控换挡系统将换挡指令传递给控制器，随后控制器通过分析车辆运行状态来自行判断是否能够操作，确保安全后向执行器传递换挡信号，随后实现换挡操作，另外第一时间把换挡信息通过仪表盘呈现给驾驶人，进而顺利完成换挡流程。若控制器判定车辆状态存在安全隐患，也能够把相关信息显示到仪表盘上，驾驶人能够第一时间采取对应措施进行处理。

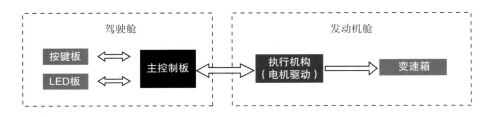

图7-8 线控换挡系统示意

线控悬架系统（Suspension By Wire），也称为主动悬架系统，是智能网联车辆的重要组成部分，可实现缓冲振动、保持平稳行驶的功能，直接影响车辆操控性能及驾乘感受。线控悬架系统主要由模式选择开关、传感器、ECU和执行机构等部分组成（图7-9）。汽车行驶过程中，传感器可以及时将汽车行驶的路面情况（通过汽车的振动感知）、车速及启动、加速、转向、制动等工作状态转变为电信号，传输给ECU，ECU将传感器送入的电信号进行综合计算处理，输出对悬架的刚度、阻尼及车身刚度进行调节的控制信号。

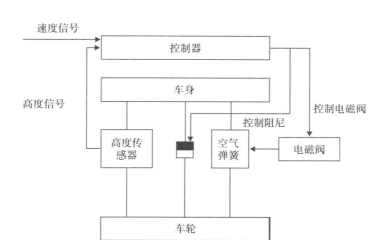

图 7 - 9 线控悬架系统示意

3. 线控底盘的特征和优势

自动驾驶系统共分为感知、决策和执行 3 个部分,底盘系统属于自动驾驶中的执行模块,执行决策层所给出的指令,是实现自动驾驶的核心功能模块。线控底盘具有响应快、控制精度高、能量回收强 3 个主要特点。而有条件自动驾驶级别(L3)及更高级别的自动驾驶的实现离不开底盘系统的快速响应和精确执行,最终达到和上层感知和决策模块的高度协同,底盘系统升级也就意味着其中的驱动、制动、转向等系统的升级,线控底盘是未来发展自动驾驶的关键技术。

相较于传统底盘,线控底盘的优势在于:提升车辆的安全性,具备响应速度快和控制精度高的特点;集成度高,优化原有机械结构,实现更加灵活的功能系统布置;使用电机作为执行器的线控系统整体上降低了系统质量,减少了力在传导过程中的能量损耗,从而有利于节能环保;更加便利地实施二次开发并提供更加多元化的定制功能;由于具备电信号控制的执行机构为智能驾驶系统的研发与更新带来充分保障。

(二) 发展历程

线控技术最早应用于航空领域,即飞行控制系统。线控技术可以将飞行员的操纵、操作命令转换成电信号，利用计算机控制飞机飞行，这样飞行员的工作量就大大降低，实现了自动驾驶功能（图 7-10）。飞机的体型非常庞大，线控系统相较于传统的机械或液压系统在控制方面更加精准、便捷，而且也能够节省空间，使整体质量更轻，降低制造成本，给飞机的设计带来许多新的可能性。第一架线控技术的飞机是于 1964 年试飞的美军 F111 "土豚" 战斗机。1972 年，美国国家航空航天局（NASA）推出了线控飞行技术的飞机，目前绝大部分军用飞机和大部分民用飞机都采用这项技术。

图 7-10 波音飞机自动驾驶控制面板

随着汽车领域的不断发展，对于汽车电动化、智能化、轻量化等相应需求不断提高，而传统的机械式系统精度不足以满足需求，而且结构也很复杂，因此汽车领域设计也引入了线控技术。线控底盘系统使用线（电信号）的形式取代了传统机械、液压等形式的连接，线控技术的应用一方面节省了空间，另一方面可以降低能耗，能够满足汽车领域发展需求，能够为自动驾驶提供坚实的技术基础，未来滑板底盘的设计也将依赖线控技术的应用和发展。汽车线控技术的研究在国外起步较早，且已经取得了一些成果，也有部分量产车型；国内研究起步较晚，以理论研究为主。线控底盘主要分为线控油门系统、线控转向系统、线控制动系统、线控换挡系统、线控悬架系统 5 个子系统，下面将分别介绍 5 个子系统的发展历程。

1. 线控油门系统发展历程

油门系统经历原始机械油门、传统机械油门、电子油门 3 个阶段。传统油门的油门踏板和发动机之间采用的是机械式连接，原始机械油门最开始是直接控制油量，后来传统机械油门变成通过杠杆或者油门拉线直接控制发动机的节气门开度。传统油门的控制方式非常简单易行，响应速度非常快，但是无法应对复杂道路下的各种情况，无法很好地控制油耗，不利于节能环保。在现代化汽车发展的需求下，线控油门系统应运而生，它取消了踏板和节气门之间的机械连接，用导线来代替拉线或者杠杆，将由油门踏板所产生的位移电信号传给 ECU，进行发动机控制（图 7 - 11）。1988 年，第一个线控驾驶电子节气门控制系统（ECT）问世，BMW 7 系是首款配备电子节气门体（ETB）的汽车。如今线控油门技术已经得到大量应用，技术已经基本成熟，技术壁垒相对较低，渗透率接近 100%，一般燃油车、混合动力汽车、纯电动车都配备线控油门，未来自动驾驶车辆中线控油门的实现也相对容易。定速巡航系统是线控油门的基础应用，凡具有定速巡航功能的汽车都配备有线控油门。

图 7 - 11　电子油门踏板

2. 线控转向系统发展历程

转向系统的发展经历了机械式转向系统、液压助力转向系统、电控液压助力转向系统、电动助力转向系统的过程。机械式转向（Manual Steering）系统是最早的汽车转向系统，借助方向盘、转向器和转向传动机构等机械机构，在驾驶员的力的基础上实现转向，机械式转向系统对方向盘的压力负担较重。液压助力转向（Hydraulic Power Steering，HPS）系统，最早由福特提出，动力源是发动机，驾驶员轻微用力即可转动方向盘，利用发动机的动力来带动油泵，转向控制阀控制油液流动的方向和油压的大小，给机械转向提供转向助力。1954 年，液压助力转向系统首次商用。丰田首推的电子液压助力（Electro Hydraulic Power Steering，EHPS）系统与HPS 系统相比，增加了电控单元，该系统中的车速传感器对车速实时监控，电控单元可以获取数据并通过控制转向控制阀的开启程度改变油液压力，从而实现转向控制，该系统是液压助力和电动助力的过渡技术，1988 年该系统首次被装备到汽车上。电动助力转向系统（EPS），主要由 ECU、转向扭矩传感器、助力电动机和减速机构等组成，ECU 根据驾驶员转动方向盘转向及转矩的数据进行计算并发送指令，使电动机产生助力，结构合理、耗用电能较少、能够根据车速调节助力大小、操纵稳定可靠，最终的线控转向（SBW）系统就是在 EPS 的基础上发展而来的，取消了方向盘和车轮之间的机械连接，比 EPS 的响应速度更快，并且能够满足自动驾驶控制精确、安全可靠的需求。20 世纪五六十年代，TRW 公司最早提出用控制信号代替转向盘和转向轮之间的机械连接，但受制于电子控制技术，直到 20 世纪90 年代线控转向技术才有了较大的进展。2014 年，英菲尼迪在其 Q50 轿车上首次搭载了线控主动转向系统（图 7 - 12），这是全球首款搭载线控转向系统的量产车型。

3. 线控制动系统发展历程

制动系统经历了机械制动、压力制动、电子制动、线控制动 4 个发展阶段。机械制动系统的制动能量完全由驾驶员提供，驾驶员操纵一组简单的机械装置向制动器施加作用力，从而达到制动效果。压力制动系统，主要包含气压制动和液压制动，由于汽车质量和车辆速度都不断提升，汽车对制动系统要求越来越高，因此制

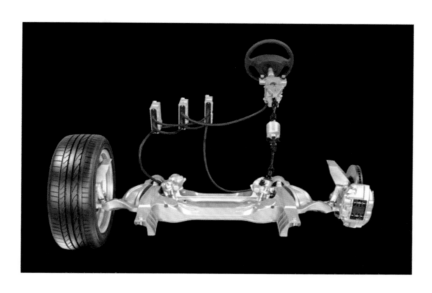

图 7 - 12 英菲尼迪 Q50 线控主动转向系统展示

动过程必须借助助力器，通过压缩气体或者制动液传递制动压力，进而完成制动工作。随着防抱死制动系统（ABS）、车身稳定控制系统（ESP）逐步产生，线控制动系统也在传统制动系统上慢慢发展起来。液压式线控制动（EHB）即非纯线控制动系统，是以传统液压制动系统为基础的，用电子器件取代了一部分机械部件的功能，有备用制动系统，安全性较高。线控制动系统（EMB）即机械式线控制动，是完全不依赖液压的制动系统，简化结构、且利于环保，但是对可靠性要求很高，电机功率限制会使动力不足，很多问题都阻碍了 EMB 的量产。线控制动的发展时间较长，其实在传统汽车上已经有过应用，如 1997 年丰田 Prius 上的 ECB，2001 年博世开发的 SBC 应用于奔驰 CLS 跑车、SL 跑车和 E 级车等，但是当时线控制动技术还不太成熟，许多产品都经过了很多次改版和完善，来不断适应汽车的安全性要求。现阶段混合动力汽车基本都采用的是高压蓄能器为核心的 EHB，电动车基本也都采用的是 EHB，线控制动目前还处于早期发展阶段，仅有少量车型配备。图 7 - 13 为 iBooster 产品的组成部件。

4. 线控换挡系统发展历程

汽车的换挡杆经常被比喻为整个换挡系统浮在水面上的冰山一角，因为面板下面是一个比换挡杆大很多倍的换挡机构，传统的手动换挡机构和自动换挡机构与变

1 前围板接口		**4** 制动主缸	
2 踏板行程差传感器		**5** 电控单元	
3 制动液存储罐		**6** 踏板接口	

图 7 – 13　博世公司的 **iBooster** 系统 （**EHB**）

速器之间还有拉线，通过拉线变速箱才实现变速。换挡系统最开始是机械式换挡，手动挡汽车最开始的换挡杆只有 2 个档位，换挡操作过程非常复杂，驾驶员的压力也比较大。随着技术的发展与进步，出现了 5 速、6 速的手动挡变速箱和相应的换挡手柄。后来换挡系统继续发展，出现了自动挡车型，操作更加简便，瞬间在市场中占据重要地位，自动挡车型的机械换挡杆主要有直排式和阶梯式 2 种类型，其中阶梯式在日系车型上应用较多。线控换挡取消了机械连接，仅通过电控实现传动，相较于自动换挡系统，线控换挡系统质量更轻、体积更小、功能也更多。宝马汽车最早引入了线控换挡杆（图 7 – 14），最早出现在 E65/E66 宝马 7 系上，后来宝马 E70 X5 车型上首次推广了电子式换挡杆。1991 年，奔驰第一次量产配备了线控换挡技术的车型，目前线控换挡技术发展比较成熟，且换挡方式也非常灵活，各大公司推出了各种充满新意、充满科技感的换挡方式，主要可以分为按键式、旋钮式、怀挡式、挡干式 4 种。

5. 线控悬架系统发展历程

悬架系统是汽车的重要组成部分，与车辆操控性能及驾乘感受有直接关系，线控悬架技术已经发展有一段时间，目前高端车型上正在普及线控悬架。悬架技术早在马车出现的时候就已经开始不断研发和进步，1886 年生产的世界第一辆汽车的悬

图7-14 宝马线控换挡杆

架系统就采用的是马车的悬架系统。最开始的汽车悬架系统使用的是螺旋弹簧，后来的空气悬架就装备的是空气弹簧。1920年，一名法国人设计出了第一个真正意义上的空气弹簧，但受到制造工艺和材料限制，还未达到实用目的。1933年，空气弹簧首次在汽车上使用，后来独立悬架出现并不断发展。20世纪50年代，液压悬架系统诞生，汽车采用最为广泛的是麦佛逊式悬架。1980年，博世公司成功研发了电磁主动悬架系统（图7-15），完全由线性电动机电磁系统组成电磁减震器。1984

图7-15 博世电磁主动悬架系统

年，电控空气悬架出现，林肯汽车成为第一个采用可调整线控空气悬架系统的汽车。目前来看，宝马的"魔毯"悬架系统、凯迪拉克的 MRC 主动电磁悬架系统、自适应空气悬架系统都属于线控悬架系统。

（三）关键技术

1. 信息获取与传输技术

信息获取技术对应的是传感器技术，信息传输技术对应的是总线技术，其目标是实现控制器准确获取汽车状态和路面环境信息并保证信息传输具有实时可靠性。传感器的精度和分辨率直接影响着控制系统的精度和性能，研制成本低、可靠性好、精度高、体积小的传感器十分关键；总线技术对信息的传输起着决定性的作用，线控技术要求用于线控的网络数据传输速度很快，时间特性很好，可靠性高。

2. 驾驶意图与工况识别

对于线控汽车的控制，底盘系统需要及时辨识驾驶员的驾驶意图，并结合驾驶环境工况做出相应的动作。驾驶意图主要包括驱动意图和制动意图，分别通过加速踏板和制动踏板来实现，驾驶意图会随着车辆运行状态及工况环境实时变化。驾驶环境工况一般包括拥堵、城区、城郊、高速等类型，行驶速度、加速度、减速度等特征数据时刻变化，工况识别综合运用各种算法对过去一段时间的行驶状态进行分析，判断并识别车辆当前所处的工况。

3. 电机及其控制器

线控系统主要通过控制器驱动各种电机实行执行机构的目标控制。电机及其控制器性能很大程度上影响着线控汽车的整体性能。纯线控系统由于多个电机同时工作，需要消耗更多的电能，因此需要提高电机的功率密度、控制器功率密度及系统效率等指标，扩大高效性能区的范围。这样不仅可以降低电机控制器和系统电源的负荷，提高设计的冗余度，还对线控系统工作节能，增强系统动力性能方面具有重要的意义。

4. 故障诊断与容错识别

汽车线控技术具备传统机械或液压系统不具备的优势，但是它是复杂的高级电子系统，还没有达到机械或液压部件那样可靠的程度，故障失效模式也与传统系统不一样，所以系统的故障诊断与容错识别是实际应用必须要解决的问题。线控系统要能及时检测到系统故障，确定故障源，并做出相应容错控制动作。在线控系统中，相对于 ECU 来说，传感器和执行器更加容易发生故障，所以很多传感器和执行机构之间都存在冗余备份。硬件冗余成本高的问题是线控技术目前发展的一大瓶颈，更多地利用解析冗余方法来提高容错性，是目前重要的发展方向。

5．电源与能量管理

线控系统的执行器主要是大功率的电动机及伺服电机，其相对于传统的执行器功率而言，消耗极高，要保证整套线控系统的稳定工作，对车载电源的功率和能量管理方面也相应提出了更高的要求。

6．线控底盘集成控制技术

底盘控制功能、执行机构、传感器等增加时，子系统间的耦合、影响甚至控制动作的冲突将不可避免，所以如何做好系统间的协调、稳定工作将是未来线控底盘技术的关键技术。

二、 政策与动态

（一）政策

1．美国

美国作为世界第二大碳排放国和汽车生产与消费大国，新能源汽车和智能网联汽车发展都处于全球领先位置，自然离不开联邦政府和各州政府政策的推进和支持。2008 年，美国联邦政府就通过了《能源独立与安全法》，其中有条款专门针对新能源汽车出台专项税收抵扣，促进了新能源汽车的销量和使用量。除了税收抵扣外，联邦政府还支持研发工作有序开展，汽车、动力电池、氢能利用等领域一直是美国政府部门多年重点支持的领域，其中就包括"先进车辆制造贷款支持"项目，这个项目是为了支持美国先进汽车及零部件的生产。2021 年 8 月，拜登政府签署了"加强美国在清洁汽车领域领导地位"行政命令，设定了美国到 2030 年零碳排放汽车销量达 50% 的重大目标，并联合通用、福特和斯特兰蒂斯等美国主要车企发布联合申明，希望在 2030 年美国电动汽车渗透率达到 40% ~ 50%，确保美国汽车行业在全球的领先地位。此外，许多州政府也都提供了额外的针对新能源汽车的补贴或优惠政策。

车联网政策方面，网联自动驾驶是美国在自动驾驶领域重点打造的核心之一。2015 年，美国交通部曾发布《美国智能交通系统（ITS）战略规划（2015—2019 年）》，汽车智能化和网联化是该战略计划的核心。2020 年 1 月，交通部发布的《确保美国自动驾驶汽车技术领导地位：自动驾驶汽车 4.0》中整合 38 个联邦政府部门/机构的自动驾驶相关工作，明确提出推动自动驾驶技术发展 10 项原则。内华达州是美国第一个批准自动驾驶汽车在道路行驶的州，此外还有许多州政府也陆续批准自动驾驶汽车测试，不断促进自动驾驶汽车创新发展。

2. 欧盟

欧盟作为全球最大的经济、政治共同体，高度重视全球生态环境的改善，高度重视新能源汽车发展，为新能源汽车制定一系列优惠政策，不断推动新能源汽车市场扩大。欧盟要求自 2021 年起，欧盟境内的新乘用车的平均二氧化碳排放量不得高于每千米 95 克，2025 年新乘用车二氧化碳排放量在 2021 年基础上降低 15%，2030 年再在 2025 年的基础上降低 37.5%。同时，欧盟还准备成立一项 400 亿 ~ 600 亿欧元的清洁能源汽车投资资金保障新能源汽车相关配套设施的发展。在欧盟及欧洲各国政策和欧洲新能源汽车技术的推动下，欧洲新能源汽车开始飞速发展，目前欧洲已经成为全球第一大新能源汽车销售市场。

2018 年 5 月，欧盟委员会发布了《欧盟 2030 自动驾驶战略》，提出到 2030 年步入完全自动驾驶社会。2021 年 10 月，欧洲道路运输研究咨询委员会（ERTRAC）继续对自动驾驶技术路线图进行修正与更新，此次提出了未来在高速公路上，配备不同级别 ADAS 高级驾驶员辅助系统的车辆将占大多数，而高级别的自动驾驶的实现离不开线控底盘技术的应用和发展，汽车底盘线控化大势所趋。

3. 德国

德国是汽车工业发源地，汽车工业实力雄厚，始终处于全球汽车强国的领军位置，德国政府一直努力推动电动汽车规模商业化发展。德国不断明确电动汽车发展的战略规划、目标，采取了购车补贴、税收减免、充电设施建设等一系列政策措施。2009 年，德国出台的《国家电动汽车发展规划》中就明确了电动汽车的国家战略地位，致力于增强德国在电动汽车领域的国际竞争力，推动德国成为电动汽车领先市场，实现能源与环境政策目标。近年来，诸多利好政策的推出有利于德国新能源汽车产销量和保有量高速增加，迎来高速发展期，其欧洲第一大新能源汽车市场的地位将愈加稳固。

2013 年，德国允许博世、奔驰等公司的自动驾驶汽车在国内进行道路测试，可以在德国高速公路、城市交通和乡间道路等多种环境开展自动驾驶汽车的实地测试。2017 年，德国通过了第一部关于自动驾驶的法律，但是该法律并没有为提供无人驾驶员在驾驶过程中的法律框架，因此从法律上说，高度或全自动的车辆上路（L4 级以上）是不可能的。2021 年，德国联邦政府通过了《自动驾驶法》，旨在通过补充现有的道路交通法规来创建合适的法律框架，以启动德国自动驾驶汽车的常规运营。允许 L4 级完全无人驾驶汽车行驶在德国的公共道路上及指定区域内，德国将成为世界上第一个在公共道路上无限制使用自动驾驶汽车的国家。

4. 日本

作为汽车制造强国的日本，也是最早开始发展电动汽车的国家之一。日本政府从自身资源状况出发，特别重视新能源汽车的研发和市场发展。2010 年，日本经济产业省牵头发布了《下一代汽车战略（2010）》，围绕实现下一代汽车市场目标，从电池、资源、基础设施和标准国际化制定等方面制定了发展战略、目标及行动计划。2014 年，日本政府明确提出加速建设"氢能社会"的战略方向，并发布《氢能/燃料电池战略发展路线图》，提出"三步走"战略并提供研发、示范和补贴等优惠政策，面向 2050 年，日本提出 xEV（BEV/PHEV/HEV/FCV）战略，推进全球日系车 xEV 化以实现从油井到车轮的零排放，围绕促进开放性创新、积极参与国际协调、确立社会系统等方面做出具体部署。在研发创新方面，日本高校、科研院所都加大电动化、智能化领域人才培养力度。推广方面，日本实行购车补贴、税收优惠，2021 年 1 月，日本经济产业省宣布，将纯电动汽车最高补贴金额由 40 万日元提升至 80 万日元，插混车型最高补贴金额由 20 万日元增至 40 万日元，燃料电池车最高补贴金额由 225 万日元增至 250 万日元。

2013 年 10 月，日本国土交通省下属的自动驾驶系统理事会宣布引入自动驾驶系统的路线图，该路线图的目标是到 21 世纪 20 年代初在高速公路上部署自动驾驶技术。2015 年安倍政府宣布了《振兴日本战略》，将自动驾驶汽车列为 2015 年的战略项目，以确保日本在自动驾驶系统领域的竞争力并解决全球范围内的各种社会问题。2018 年，日本政府发布了《自动驾驶系统安全技术指南》，主要对 L3 和 L4 级别的自动驾驶汽车需满足的安全要求进行了规定。2020 年 4 月，日本允许 L3 级别的自动驾驶车辆合法上路，标志着日本自动驾驶进入到了新的阶段。

5．中国

我国高度重视新能源汽车和智能网联汽车的发展，推动汽车产业实现电动化、智能化健康发展，对未来汽车线控底盘技术的创新发展也提出了明确要求，如 2018 年工业和信息化部就在其印发的《车联网（智能网联汽车）产业发展行动计划》中指出要加快推动高性能车辆智能驱动、线控制动、线控转向的开发和产业化；2020 年 10 月，国务院办公厅印发的《新能源汽车产业发展规划（2021—2035 年）》专门对新能源汽车核心技术的攻关做出了规划，文件指出了要重点开展研发线控执行系统等核心技术和产品，强调线控执行系统是智能网联的核心技术；2021 年发布的"十四五"规划中也明确提出要加快研发智能（网联）汽车基础技术平台及软硬件系统、线控底盘和智能终端等关键部件。除国家层面外，北京、上海、江苏、浙江等地也出台相应政策，提出加强线控底盘相关技术攻关、支持相关企业加强合作，加快实现线控底盘技术产业化，提升自主创新水平。

（二）专家观点

1．上海拿森汽车电子有限公司董事长陶喆

如果把自动驾驶的汽车比喻成一个人的话，那么自动驾驶由 3 个部分构成，环境感知、智能决策和线控底盘，线控底盘就是我们通常意义上的手跟脚，用来做控制执行。线控底盘是一个广泛的含义，它是迎合自动驾驶和辅助驾驶的叫法，实际

上线控底盘要应用在新能源车，也用在辅助驾驶的车，更要用在未来自动驾驶的车。陶喆认为，在能源、环保、安全等因素的推动下，底盘零部件有望大幅受益，成为汽车进化的新风口。现在行业基本达成共识，线控执行端是自动驾驶非常重要的环节，"无线控，不自动驾驶"。未来十年是中国智能电动车高速发展的阶段，在线控底盘这条赛道上，要想不受制于人，中国力量不可或缺。

2. 中国汽车工业协会副秘书长杨中平

我国汽车产业经过多年发展，市场及产销规模已连续多年稳居全球第一，成为名副其实的汽车大国，为我国供应链的发展带来广阔空间和无限机遇。在新一轮科技浪潮的推动下，智能网联新能源汽车市场也迎来了拐点，已经成为我国汽车市场发展的主要牵引力。作为新能源智能网联汽车的关键支撑，智能线控底盘以电信号取代传统底盘中的机械联结和机械能量传递，响应速度更快、控制精度更高。伴随着新能源智能网联汽车的爆发式增长，智能线控底盘市场也迎来了广阔的发展空间，越来越受到行业和企业的重视。各大车企及底盘供应商纷纷进行了线控底盘技术及产业布局，加大了对线控刹车、线控转向、线控悬挂、CTC 底盘、底盘域集成控制系统等技术的开发及应用；同时，线控底盘市场份额的快速增长也在推动传统底盘供应链转型升级，不少企业在积极谋划转型，加大线控技术研发投入，未来发展可期。他还强调指出发展线控底盘，实现传统底盘零部件的转型升级，既要自立、自主，保证关键部件供应链实现自主可控，又要持续保持高水平开放，吸引更多的国际高端线控底盘供应商参与到我国智能网联汽车生态建设中，更要积极地推动自主线控企业走向海外，将中国智能新能源汽车生态建设的经验与世界共享。

3. 中国汽车工业协会副秘书长罗军民

底盘技术是汽车的关键技术之一。如果用人体来比喻，控制系统就是汽车的"大脑"，底盘就是汽车的"躯干"和"四肢"。在燃油汽车的比拼中，我们技不如人的重要短板正是底盘技术缺乏积累，没有掌握核心技术。在电动化、智能化时代，汽车底盘技术迎来换道晋级的新时代，也为中国品牌提供了赶超的新机遇。线控底盘技术是汽车强国必须掌握的核心技术，也是不同品牌之间核心竞争力的具体体现。

4. 长安汽车线控底盘总工程师余斌

从发展趋势来看，余斌认为，线控底盘将朝智能机器人方向发展，将变成一个类似于滑板、智能化并结合大数据应用的机器人平台；同时，线控底盘各子系统将标准化，它们将实现标准化识别，形成标准的执行单元，变成执行器、控制器属性，并形成行业标准。从线控底盘的主要子系统来看，线控制动技术整体上并不太成熟，目前 EHB 是主流，EMB 还处在预研阶段，当 EMB 取代 EHB 成为主流后更利于控制的实时性、软硬件解耦及上层的预控制，包括对自动驾驶的控制，但长远将集成到轮毂形式；线控转向还不太成熟，没有大规模量产和应用，主要难点是其安全性和可靠性，目前以 EPS 为主，未来将向 SBW 发展；悬架将逐步跟车体融合，它的软硬件将更模块化，系统将更加集成化，未来将变成云端线控的角模块。总之，未来线控底盘会完全取代机械式底盘。汽车电动化、智能化、网联化和共享化有利于促进线控技术发展，线控技术会让车辆变得更有思想、更可控，而不只是冷冰冰的机器。

5. 特斯拉首席执行官埃隆·马斯克

2021 年 6 月，特斯拉最新发布的 Model S Plaid 上采用了全新的轭式方向盘，人们认为这种方向盘在操控上存在问题，而马斯克却认为能解决问题的渐进式转向系统还需要几年时间。马斯克表示："我用轭式方向盘已经开了有一段时间，我觉得这很棒。渐进式转向需要复杂的传动装置或没有直接机械连接的线控系统驱动，预计在几年后才能实现。"

6. 中国科学院院士、汽车动力系统专家欧阳明高

滑板底盘再配合智能化主动避撞，将来碰撞越来越少，车身可以做得越来越轻，甚至用塑料或者布都可以。车型开发周期非常短，花样无限多，个性化非常强，这会给汽车设计制造带来一场革命。由于滑板底盘采用全线控技术，通过在底盘上集成整车动力、制动、转向、热管理及三电系统，从而实现独立的底盘系统，达到上下车体解耦，从而可适应多种动力总成和多级别车型，具备高拓展性、高通用率等优势，在提高车型开发效率的同时，可有效降低开发成本。

7. 清华大学车辆与运载学院研究员黄朝胜

电动底盘是智能电动汽车发展的基础，企业应加强 ESC 技术、冗余设计和失效

运行控制核心技术，布局 EMB 技术实现技术赶超。我国智能电动底盘路线图的总体目标是保证智能汽车产业链的安全，提升市场的竞争力，引导研发和产业化工作。底盘实际上是智能汽车的基础，底盘是自动驾驶的关键，我们要发展智能汽车，要发展自动驾驶，首先要突破底盘技术。博世等在积极应对智能汽车时代的到来，这种应对一个是整合自身内部和外部的资源和能力，这种整合对国内的产业发展来说，给我们带来了一个巨大的挑战，因为国内底盘技术能力和国际的供应商本来就有差距，国际的供应商通过整合形成了更高的技术门槛，如果我们不积极应对，在我们的产品研发中、市场竞争中，都会面临巨大的困难，所以说智能底盘会影响我们产业的安全。

（三）行业动态

1. 重要会议

（1）中国汽车供应链大会

中国汽车工业协会在国内率先举办了线控底盘主题论坛，此后线控底盘话题开始引起业内外广泛关注，并开始成为行业内讨论热点。

2021 年 10 月，"2021 中国汽车供应链大会"在业内首次设置了以线控底盘为主题的分论坛，举办了以"线控底盘与传统零部件新发展"为主题的专题论坛；2022 年 6 月，"2022 中国汽车供应链大会"再次设置了以线控底盘为主题的分论坛，举办了以"智能线控——构建智能汽车新底盘"为主题的专业论坛。这 2 次专业论坛在业内迅速引起了热烈反响，助推着线控底盘在国内汽车市场的快速发展。

（2）上海国际汽车底盘系统与制造工程技术展览会

上海国际汽车底盘系统与制造工程技术展览会（AMEE）创办于 2018 年，是全球汽车底盘工程技术领域的旗帜展览会，AMEE 为中国汽车底盘技术创新与持续发展搭建了高质量平台，促进全球汽车制造商综合竞争力的提升，AMEE 已成为汽车底盘研发、技术、工艺、采购、质量和管理人员每年必参加的重要活动之一。

（3）慕尼黑国际底盘研讨会

慕尼黑国际底盘研讨会（chassis. techplus）是底盘领域内在底盘、转向、制动器、轮胎/车轮及自动驾驶子技术领域的一个重要的全球性研讨会。该会议由Springer Nature出版集团旗下的一个部门——ATZ live主办，合作主办方还有TÜV南德意志集团，会议地点在德国慕尼黑。主要的学科领域包括集成底盘系统、定制底盘系统、创新底盘系统、现代制动系统、智能转向系统、轮胎车轮部件。参会者包括乘用车和商用车制造商及其供应商、开发服务提供商、大学和研究机构、政府协会及机构、测试和模拟系统制造商等。

2. 市场动态

线控底盘最终将取代传统的机械底盘并成为现代化汽车的标配已成为业内共识，新能源智能网联汽车为线控底盘技术快速发展创造了新的契机。早在20世纪90年代，博世、采埃孚、大陆等国际零部件巨头就开始研发线控底盘系统，掌握了全球领先的核心技术。近年来，传统一级供应商（Tier 1）巨头纷纷宣布加入"线控大军"，在新解决方案的研发上持续发光发热，并将线控技术的量产计划提上日程。2021年，国内的很多线控底盘供应商也都基本拿到了新一轮的融资。2021年7月，海之博宣布完成数千万元A+轮融资，由顺为资本（背后是小米汽车）独家投资，公司累计融资金额达1.23亿元，其公司旗下的核心产品是智能助力器、电子真空泵和线控传感器等；9月，同驭汽车宣布完成近亿元人民币规模的A轮融资，同时公司完成第60 000台EHB下线，本轮融资将丰富产品线，深化下一代线控底盘关键技术的研发及产业化布局；英创汇智宣布完成2亿元B轮融资，资金将用于扩大公司ESC产能、建立eBooster产线、推进ADAS、L3 – EPS、IBC等新产品量产。随着不断有企业顺利融资，也不断地提升了融资规模。

2021年11月，Rivian在纳斯达克上市，市值一度突破1400亿美元，仅次于特斯拉和丰田，超越通用、福特和本田等，创下了当年美股最大IPO纪录。滑板底盘是Rivian的核心技术，滑板底盘概念也迅速被炒热。美国Canoo、英国Arrival和以色列REE等公司，国内PIX Moving、悠跑科技和易咖智车等企业都进入了滑板底盘领域。国内拓普集团与Rivian在滑板底盘领域建立了合作，为其提供轻量化底盘系统，其中包括副车架、控制臂、转向节等产品，拥有悬架系统、线控刹车、线控转向等丰富产品线及底盘调校能力，将推行Tier 0.5合作模式，为主机厂提供"2 +

3"平台化研发、制造和服务，预计滑板底盘项目两年后正式投产。

线控制动方面，国际厂商较早布局 EHB 技术，博世、大陆、采埃孚等国际零部件龙头公司具备先发优势，目前已经形成了成熟的技术成果和稳定的品牌形象，其中博世（65%）、大陆（23%）和采埃孚（8%）共占据全球超过 95% 的市场份额，在中国市场，博世（89.4%）市占率高居榜首，处于垄断地位。但我国自主品牌依靠出色的技术水平逐渐追赶上国际领先厂商步伐，伯特利、同驭、拿森等厂商已经具备了产品量产能力，伯特利更是成为国内首个实现 One－Box 产品量产的企业，目前正处于快速开拓客户阶段，未来有望依靠本土供应链及成本优势实现国产突围。EMB 仍处于起步初期，国内长城汽车有望最早实现量产。当前 EMB 技术仍需解决安全冗余、电机制动力等技术难题，因此目前市场还未出现可量产的 EMB 产品，但包括布雷博、大陆、西门子、博世等 Tier1 厂商均已加紧布局。国内主机厂长城汽车于 2021 年 4 月在上海车展发布自研的 EMB 制动系统，有望于 2023 年实现量产。

线控转向方面，2022 年 6 月上市的丰田 bZ4X 车型提供了线控转向版本，但目前仅在国外市场可选，尚未在国内上市。bZ4X 再次将线控技术引入汽车市场，为线控技术的大规模量产应用提供先行经验。特斯拉计划在 Cybertruck 纯电皮卡上率先搭载 SBW 技术，长城汽车新一代智慧底盘也采用了线控转向技术并计划于 2023 年量产，SBW 有望迎来更广泛的市场验证。

三、 竞争与合作

从论文数据和专利数据 2 个视角，对全球线控底盘技术的基础理论研究和技术创新态势、竞争态势、技术分布进行了分析，检索时间范围为 2012 年 1 月 1 日至 2021 年 12 月 31 日，论文和专利检索库分别为 Web of Science 核心合集数据库和万象云专利数据库。

（一）创新趋势

1. 论文视角

近 10 年全球范围内线控底盘技术及其 5 个子系统研究相关的论文共有 705 篇，

其中 SCIE 收录的期刊论文共 325 篇，CPCI-S 收录的会议论文共 380 篇。

由图 7-16 可以看出，线控底盘技术相关研究期刊论文发表数量波动上升，2018 年开始增加速度较快，近两年的发表数量达到新高点，而会议论文则在 2013—2015 年处于发表高峰期，后续几年有所下降。总体来看，线控底盘技术相关研究论文的发表数量分别在 2014 年和 2020 年达到两个高峰期，而 2014—2020 年那几年的发表数量相对较低，处于先波动下降后持续上升阶段。由此可见，对于基础理论研究，总体来看近 10 年论文发表数量并不算特别多，且上升趋势也相对缓慢，可见对于基础研究来说线控底盘技术的研究趋缓，研究重点已经多向应用方面转移。

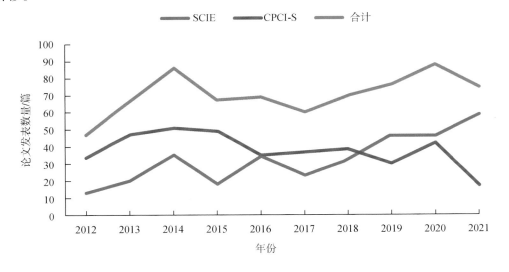

图 7-16 线控底盘技术相关研究论文发表数量情况

2. 专利视角

近 10 年全球范围内线控底盘及其 5 个子系统相关专利申请数量为 17 485 件，在这 10 年间被授权的相关专利共 8125 件，无论是申请还是授权的数量，都有明显上升的趋势，专利申请数量从 2016 年开始处于迅速上升阶段，而授权数量则一直呈快速上升趋势（图 7-17）。

从具体数量来看，线控底盘领域 2014 年专利申请数量首次突破 1000 件，2017 年首次突破 2000 件（专利申请后公开有时间滞后性，因此 2021 年数据仅供参考），

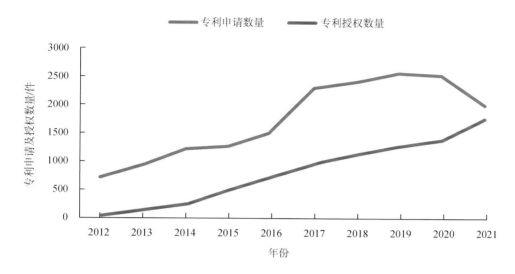

图 7 - 17 线控底盘技术相关专利申请及授权数量情况

而专利授权数量在 2015 年首次突破了 500 件，2018 年首次突破 1000 件，专利授权数量上升速度较快，可见近 5 年全球线控底盘技术专利申请及授权均处于迅速增长期。

（二）国家（地区）竞争态势

1. 论文视角

最近 10 年各国发表论文数量排名前 10 位的国家如图 7 - 18 所示，中国的论文发表数量以 274 篇位居第一且与其他国家差距较大，单独成为第一梯队，可见中国在线控底盘技术的基础研究成果数量最多。其次是汽车产业的强国美国和德国，在基础研究方面成果也比较多，但论文发表数量均在 100 篇以下。另外，澳大利亚、韩国、日本、意大利也同样属于第二梯队，论文发表数量均在 30 篇以上，其中韩国和日本也是比较知名的汽车强国。剩余的英国、瑞典、马来西亚则属于第三梯队，论文发表数量相对较少，均在 20 篇以下。

2. 专利视角

图 7 - 19 展示了线控底盘领域近 10 年公开于不同国家（地区、组织）的专利的分布情况，数值代表着在该国家（地区、组织）公开的相关专利数量，也就是专

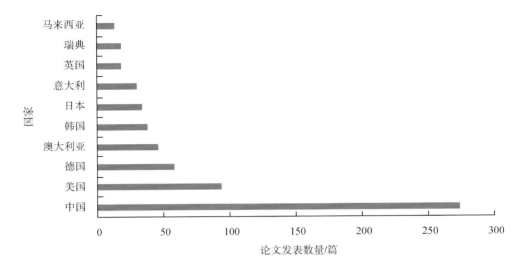

图 7 – 18　发表论文数量排名前 10 位的国家论文发表数量

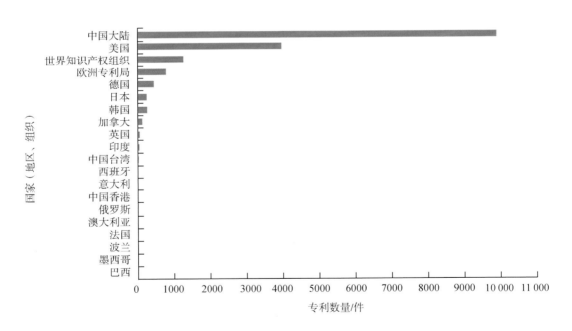

图 7 – 19　各国家（地区、组织）专利分布

利申请人更愿意优先进入该国家（地区、组织）的市场中，中国、美国、世界知识产权组织、欧洲专利局、德国为公开专利数量最多的 5 个国家（组织），其中中国以接近一万件的专利公开数量位居第一，世界知识产权组织、欧洲专利局和德国公

2．专利视角

最近10年线控底盘领域专利主IPC分类号中专利数量排名前10位（图7-25）的分别是B62D5/04（电力助力的或电力驱动的转向机构）、B62D6/00（根据所检测和响应行驶条件自动控制转向的装置）、B60T13/74（由电力助动或传动装置的车辆制动控制系统或其部件）、B62D5/00（助力的或动力驱动的转向机构）、H04R1/10（电通信传感器的零部件受话器口）、B60G17/015（包括电气或电子元件的车辆悬架控制装置）、G05D1/02（陆地、水上、空中或太空中的运载工具的二维位置或航道非电变量的控制或调节系统）、B60T8/40（包括装有改变制动流体压力的流体充压装置附加流体回路）、B60T13/66（流体压力制动系统中的电气控制装置）、B60T7/04（脚操纵的制动作用启动装置）。由此可见，目前线控底盘领域内专利申请主要集中在线控制动、线控转向以及线控悬架几个子系统，同时也包括传感器和电控系统的相关零部件技术，其中线控转向的专利申请量是最多的。

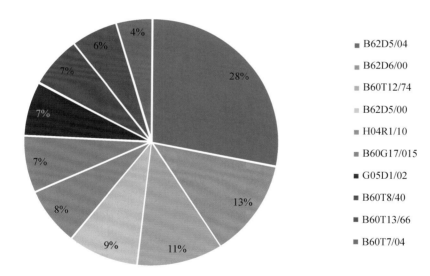

图 7-25　专利主 IPC 分类号中专利数量排名前 10 位的分布情况

对专利申请量最高的10个专利权人的IPC分类号分布情况（专利数量排名前10位的IPC分类号，图7-26）进行分析，吉林大学、本田汽车、通用汽车、南京航空航天大学在这10个IPC分类号下的技术均有研究成果，且吉林大学和本田汽车的技术分布相对都比较均匀，通用汽车更专注于自动驾驶汽车的控制或调节系统研发，南京航空航天大学更专注于线控制动系统研发。捷太格特和德国大陆集团涉及的 IPC 分类号相对较少，前者以线控转向相关技术研发为主，后者以线控制动相关技术研发为主。另外，通用汽车、本田汽车、福特汽车、江苏大学在这 10 个 IPC 分类号下的专利申请总体数量相比其他几个专利权人并不太多。

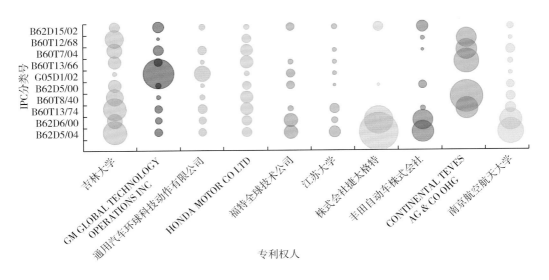

图 7 - 26 主要专利权人 IPC 分布情况

四、 优秀研究团队

（一）中国电动汽车联盟线控制动与底盘智能控制工作组

为了进一步凝聚整车、零部件及科研院所优势力量，形成合力，推动线控制动与底盘智能控制共性技术突破及产业化发展，电动汽车产业技术创新战略联盟于 2021 年 4 月，在三届二次理事会上审议成立了"线控制动与底盘智能控制工作组"，由联盟技术专家委员会委员、清华大学教授张俊智担任工作组主任，比亚迪汽车工程研究院副院长凌和平，奇瑞新能源副总经理、汽车工程研究院院长倪绍勇，清华大学研究员、汽车新技术研究院总工黄朝胜担任工作组副主任，来自整车企业、零部件企业、高校及研究院所等 37 家单位的 41 名专家共同组建了工作组。

主要成果是由电动汽车产业技术创新联盟、中国汽车工程学会、清华大学牵头联合国内主流整车企业、零部件企业、高校及研究所等 50 多家单位的 100 多位专家编制《电动汽车智能底盘技术路线图》，路线图的总体目标是 2025 年的时候装载自主品牌线控制动、线控转向智能底盘在行业影响力企业实现批量应用，2030 年整车和零部件企业初步形成品牌效应，培育国际竞争力。路线图研制设立咨询组和总体组，按照两纵四横的理念设 6 个工作组：两纵是乘用车智能底盘组、商用车智能底盘组，四横是线控制动组、线控转向组、开发与测试平台组、标准规范组，其中乘用车智能底盘组和商用车智能底盘组统领其他 4 个工作组。线控制动系统板块由"线控制动系统组"完成，牵头单位为清华大学，目前参与单位包括浙江万安科技、长城汽车、浙江亚太机电、瑞立科密、拿森电子、北京航空航天大学、长安新能源、蜂巢智能转向、万向钱潮、比亚迪、北京新能源汽车、江铃汽车、一汽集团、中国汽研、精诚工科。线控转向系统板块由"线控转向组"完成，牵头单位为蜂巢智能转向，目前参与单位包括清华大学、吉林大学、吉利汽车、北京新能源汽车、北京航空航天大学、合肥工业大学、一汽集团、江铃汽车、长城汽车、一汽解放商用车。

（二）澳大利亚莫道克大学王海教授团队

王海曾任合肥工业大学电气与自动化工程学院教授，现任澳大利亚莫道克大学电气工程高级讲师（终身）、博士生导师，仪器控制工程和工业计算机系统工程学术主席，先进机电一体化、机器人和控制实验室主任，在非线性控制理论及其应用、机器人及机电一体化、汽车动力学及控制领域等领域发表了近 80 篇高水平 SCI 引用期刊论文（包括 30 多篇 IEEE 汇刊论文），并担任多家国际 SCI 期刊主编或副主编。主要研究方向为滑模控制与观测器、自适应控制、机器人技术和机电一体化、神经网络、非线性系统、车辆动力学与控制，线控底盘领域内主要研究线控转向技术。表 7－1 所示为王海教授团队发表论文被引频次 TOP 10 相关情况。

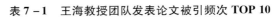

表 7 – 1　王海教授团队发表论文被引频次 **TOP 10**

论文题目	作者	来源出版物	出版年份	被引频次
Sliding Mode Control for Steer-by-Wire Systems With AC Motors in Road Vehicles	Wang, H; Kong, H F; Man, Z H; Tuan, D M; Cao, Z W; Shen, W X	IEEE TRANSACTIONS ON INDUSTRIAL ELECTRONICS	2014	137
Design and Implementation of Adaptive Terminal Sliding-Mode Control on a Steer-by-Wire Equipped Road Vehicle	Wang, H; Man, Z H; Kong, H F; Zhao, Y; Yu, M; Cao, Z W; Zheng, J C; Do, M T	IEEE TRANSACTIONS ON INDUSTRIAL ELECTRONICS	2016	97
Robust Control of a Vehicle Steer-by-Wire System Using Adaptive Sliding Mode	Sun, Z; Zheng, J C; Man, Z H; Wang, H	IEEE TRANSACTIONS ON INDUSTRIAL ELECTRONICS	2016	76
Adaptive Sliding Mode-Based Lateral Stability Control of Steer-by-Wire Vehicles With Experimental Validations	Zhang, J; Wang, H; Zheng, J C; Cao, ZW; Man, Z H; Yu, M; Chen, L	IEEE TRANSACTIONS ON VEHICULAR TECHNOLOGY	2020	51
Adaptive fast non-singular terminal sliding mode control for a vehicle steer-by-wire system	Sun, Z; Zheng, J C; Wang, H; Man, Z H	IET CONTROL THEORY AND APPLICATIONS	2017	39
Robust adaptive integral terminal sliding mode control for steer-by-wire systems based on extreme learning machine	Ye, M; Wang, H	COMPUTERS & ELECTRICAL ENGINEERING	2020	35
Active Front Steering-Based Electronic Stability Control for Steer-by-Wire Vehicles via Terminal Sliding Mode and Extreme Learning Machine	Zhang, J; Wang, H; Ma, MY; Yu, M; Yazdani, A; Chen, L	IEEE TRANSACTIONS ON VEHICULAR TECHNOLOGY	2020	22
A Novel Integral Terminal Sliding Mode Control of Yaw Stability for Steer-by-Wire Vehicles	Shi, L H; Wang, H; Huang, Y Z; Jin, X Z; Yang, S L	2018 37TH CHINESE CONTROL CONFERENCE (CCC)	2018	22
Adaptive neural network sliding mode control for steer-by-wire-based vehicle stability control	Wang, H; He, P; Yu, M; Liu, L F; Do, M T; Kong, H F; Man, Z H	JOURNAL OF INTELLIGENT & FUZZY SYSTEMS	2016	9
Robust Chattering-free Sliding Mode Control of Electronic Throttle Systems in Drive-by-Wire Vehicles	Liu, L F; Wang, H; He, P; Kong, H F; Yu, M; Jiang, C H; Man, Z H	PROCEEDINGS OF THE 36TH CHINESE CONTROL CONFERENCE (CCC 2017)	2017	2

（三）美国斯坦福大学 J. Christian Gerdes 教授团队

J. Christian Gerdes 是斯坦福大学机械工程系名誉教授，斯坦福汽车研究中心（CARS）联合主任。Gerdes 教授团队在自动驾驶运动控制领域的研究工作具有标杆意义。他在担任美国交通部第一任首席创新官的同时，还帮助制定了美国联邦自动化车辆政策。Gerdes 教授和他的团队已经获得了多个奖项的认可，包括 Presidential Early Career Award for Scientists and Engineers，SAE 国际协会颁发的 Ralph Teetor Award，以及美国工程协会颁发的 Rudolf Kalman Award。他的主要研究领域是控制理论、控制工程、汽车工程和车辆动力学。表 7 - 2 为 J. Christian Gerdes 教授团队发表论文被引频次 TOP 10 相关情况。

表 7 - 2　J. Christian Gerdes 教授团队发表论文被引频次 TOP 10

论文题目	作者	来源出版物	出版年份	被引频次
Model Predictive Control for Vehicle Stabilization at the Limits of Handling	Beal, C E; Gerdes, J C	IEEE TRANSACTIONS ON CONTROL SYSTEMS TECHNOLOGY	2013	266
Shared Steering Control Using Safe Envelopes for Obstacle Avoidance and Vehicle Stability	Erlien, S M; Fujita, S; Gerdes, J C	IEEE TRANSACTIONS ON INTELLIGENT TRANSPORTATION SYSTEMS	2016	172
Designing Steering Feel for Steer-by-Wire Vehicles Using Objective Measures	Balachandran, A; Gerdes, J C	IEEE – ASME TRANSACTIONS ON MECHATRONICS	2015	66
Staying within the nullcline boundary for vehicle envelope control using a sliding surface	Bobier, C G; Gerdes, J C	VEHICLE SYSTEM DYNAMICS	2013	47
Design of Variable Vehicle Handling Characteristics Using Four-Wheel Steer-by-Wire	Russell, H E B; Gerdes, J C	IEEE TRANSACTIONS ON CONTROL SYSTEMS TECHNOLOGY	2016	36
On infusing reachability-based safety assurance within planning frameworks for human-robot vehicle interactions	Leung, K; Schmerling, E; Zhang, M X; Chen, M; Talbot, J; Gerdes, J C; Pavone, M	INTERNATIONAL JOURNAL OF ROBOTICS RESEARCH	2020	23

续表

论文题目	作者	来源出版物	出版年份	被引频次
Incorporating Non-Linear Tire Dynamics into a Convex Approach to Shared Steering Control	Erlien, S M; Funke, J; Gerdes, J C	2014 AMERICAN CONTROL CONFERENCE (ACC)	2014	23
Predictive Haptic Feedback for Obstacle Avoidance Based on Model Predictive Control	Balachandran, A; Brown, M; Erlien, S M; Gerdes, J C	IEEE TRANSACTIONS ON AUTOMATION SCIENCE AND ENGINEERING	2016	20
Low Friction Emulation of Lateral Vehicle Dynamics Using Four-Wheel Steer-by-Wire	Russell, H E B; Gerdes, J C	2014 AMERICAN CONTROL CONFERENCE (ACC)	2014	5
Creating Predictive Haptic Feedback For Obstacle Avoidance Using a Model Predictive Control (MPC) Framework	Balachandran, A; Brown, M; Erlien, S M; Gerdes, J C	2015 IEEE INTELLIGENT VEHICLES SYMPOSIUM (IV)	2015	4

五、 创新企业代表

目前来看，整个市场内线控油门已实现较高渗透率，对比而言，线控悬架与驾驶舒适性相关，线控换挡是实现智能化泊车的基础，而线控转向与线控制动涉及底盘两大重要的子系统，是自动驾驶的核心技术，渗透率有望随着自动驾驶的推进大幅提升。随着汽车的电动化、智能化、轻量化发展，各车企都关注到了线控底盘领域，全球范围内也涌现出许多出色的创新企业。

（一）美国耐世特公司

美国耐世特公司曾是美国通用汽车全资子公司，是一家集研发、制造、销售于一体的全球化集团公司，总部位于美国密歇根州沙基诺，是在汽车转向领域具有100多年研究和生产经验的系统集成专家。该公司为60多家汽车制造商设计、制造、销售电动助力转向器、液压助力转向器、转向管柱和传动轴产品，是全球一级汽车零部件供应商。

自动驾驶是未来汽车行业的发展趋势，转向系统是支撑未来自动驾驶的重要技术，耐世特因此加大了研发投入力度，2020年和2021年，公司研发费用率分别为

5.1%和3.5%。2021年年末，耐世特有795项专利申请及1126项已授权专利。其中，SBW和ADAS/AD的专利占比25%（2019年为22.7%，2018年为21%），可以看出公司在自动驾驶领域的布局。公司的高可用EPS适用于L2～L5级自动驾驶汽车，已经为全球Robotaxi巨头Waymo与克莱斯勒合作的L4级无人驾驶出租车进行配套。线控制动技术和电子助力转向系统中的R-EPS在技术方面最为接近，耐世特的R-EPS市场占有率为全球第一，有望凭借其所积累的技术和产品优势，未来占据线控转向的主导地位。图7-27为耐世特高助力电动助力转向系统。

图7-27　耐世特高助力电动助力转向系统

（二）中国伯特利公司

中国伯特利公司始建于2004年6月，是一家专业从事汽车安全系统和高级驾驶辅助系统相关产品研发、制造与销售的国家级高新技术企业。公司的主营业务为汽车制动系统和汽车智能驾驶相关产品的研发、生产和销售，主要产品分为机械制动产品和智能电控产品两大类。其中，智能电控产品包括电子驻车制动系统（EPB）、制动防抱死系统（ABS）、电子稳定控制系统（ESC）、线控制动系统（WCBS）、电动尾门开闭系统（ELGS）及基于前视摄像系统的ADAS系统集成。

EPB是伯特利公司最为主要的电控制动产品，EPB是指利用电子控制的方式实现驻车制动的技术，通过电子按钮释放功能拉起开关从而实现车辆的驻车动作，代替了传统的机械式手刹。2012年，伯特利公司成了国内首个量产EPB产品的自主供应商；2020年，公司在已有的SmartEPB基础上自主研发并推出了双控电子驻车制动系统，并且已经在新能源车型上量产应用。

随着电子驻车制动系统、汽车制动防抱死系统、汽车电子稳定控制系统的研发和量产，公司在线控制动领域积累了雄厚的技术实力。线控制动系统是伯特利公司着力研发并生产的新一代电控制动产品。2016 年，公司在国内率先开展了线控制动系统的研发工作；2019 年 7 月，发布了线控制动系统的新产品。伯特利公司于 2020 年年底完成了 30 万套产能的产线建设，2021 年 6 月初实现了国内首个车型线控制动系统的批量生产。WCBS 集成了真空助力器、电子真空泵、主缸和 ESC 的功能，能更好地满足新能源汽车及整车智能驾驶对制动系统新的需求（图 7 – 28）。伯特利的 WCBS 采用的也是 EHB One-Box 技术方案，在国内目前属于行业引领者，具有三个方面的比较优势：一是自主性，从产品研发、精密制造、供应商体系建立到核心部件都是自主研发制造的；二是成本，无需新增 ECU 控制器，所以可以在电动汽车上实现电控驻车冗余，降低重量和体积，为客户节省采购成本；三是安全性，通过 EPB 夹紧力的线性控制响应驾驶员的制动请求，制动冗余更大，提升了安全性。图 7 – 28 为伯特利 WCBS 集成式线控制动系统。

图 7 – 28　伯特利 WCBS 集成式线控制动系统

（三）中国拓普集团

中国拓普集团于 1983 年创立，总部位于中国宁波，是一家汽车零部件企业，主要致力于汽车动力底盘系统、饰件系统、智能驾驶系统等领域的研发与制造。集团主要生产汽车 NVH 减震系统、内外饰系统、车身轻量化、底盘系统、智能座舱部件、热管理系统、空气悬架系统和智能驾驶系统等产品。2001 年，成立拓普NVH 研发中心进入国际市场；2011 年，橡胶减震产品销售额国内排名第一；2013年，公司在国内率先量产机电一体化产品电子真空泵；2014 年，量产轻量化产品锻铝控制臂；2015 年，公司上市；2017 年，并入福多纳强化轻量化底盘业务，后续智能刹车系统等新产品有望量产，产品进一步向电子化及轻量化升级稳步推进。

拓普集团的智能刹车系统（IBS）（图 7 – 29），采用的是 EHB One-Box 设计，有着高效的制动力并实现了制动能量回收，这一电子制动系统将串联主缸（TMC）、制动助力器、控制系统、制动防抱死系统和电子稳定控制系统整合成为一个结构紧凑、重量轻的制动模块，系统重量减轻近 25%，可以在 150 毫秒的时间里建立起制动压力，比现今所用的传统型系统要快，该系统对安全动态驾驶及提高能效做出了重大贡献。IBS – PRO 智能刹车系统工厂位于宁波，已投入 SMT、ECU 组装、传感器组装、电磁阀装配、总成自动化装配、智能仓储等先进制造设施，满产可实现年50 万辆车的 IBS – PRO 智能刹车系统产品配套能力。

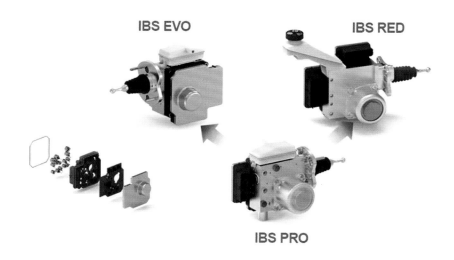

图 7 – 29　IBS 产品系列

基于 IBS 技术体系，拓普已深入多个高端行业领域，涉及电动助力转向系统、主动后轮转向系统、电动调节管柱、热管理系统泵阀、空气悬架集成式充气及控制单元等，未来公司还将开发线控滑板底盘。

（四）经纬恒润公司

北京经纬恒润科技股份有限公司（简称"经纬恒润"）是 2003 年成立的一家高新技术企业，从事汽车（智能驾驶、车联网）领域的电子产品研发生产、解决方案咨询服务、研发工具代理及运维服务等，专注于为汽车、无人驾驶、高端装备等领域的客户提供产品、服务、解决方案。经纬恒润在产品研发方面，建立了汽车电子开发平台和环境，拥有专业的研发团队和现代化工厂，公司涉及的汽车电子开发领域包括底盘域安全系统、车身舒适域系统、动力总成系统、车载信息系统、传感器等。其中，底盘域安全系统包括电动助力转向系统（EPS）、线控制动系统（EWBS）、底盘域控制器（CDC）等，传感器包括汽车方向盘转角传感器。

经纬恒润产品矩阵持续拓展，部分产品与车厂深度绑定。公司汽车电子产品不断发展，产品矩阵清晰，覆盖了包括车身和舒适域电子产品、底盘控制电子产品、新能源和动力系统电子产品等多维度产品。其中，防夹控制器（APCU）配套凯迪拉克 XT5、捷豹 F－PACE、现代索兰托等车型，电动助力转向控制器配套东风风神 D01、D02 等车型（图 7－30）。

图 7－30　经纬恒润电动助力转向控制器

经纬恒润 2006 年成立了 EPS 研究团队，采用国际标准和技术，开发了针对低成本应用的匹配有刷电机的 EPS 和针对高端应用的匹配无刷电机的 EPS，产品类型包括分体式和 PowerPack 2 种类型，功率范围涵盖 20～650 W，支持的转向系统类型包括管柱式 CEPS、齿条式 REPS、双小齿轮式 DPEPS，现已给国内外多名厂商提供配套产品与服务。

（五）宁波高发公司

宁波高发汽车控制系统股份有限公司（简称"宁波高发"）成立于 1999 年，是一家专业从事集汽车操纵控制、产品设计、开发、制造及经营为一体的高新技术企业。公司产品涵盖变速操纵控制系统、电子油门踏板、汽车拉索等系列共上万种产品。宁波高发的产品档位操纵器、电子油门踏板在自主品牌汽车零部件细分市场中的占有率居于首位，且公司完成了产品升级换代，电子换挡器、汽车拉索、电子油门踏板等产品（图 7 - 31、图 7 - 32）在传统车和新能源车上皆可应用。

图 7 - 31　宁波高发 ES3 电子油门踏板　　　图 7 - 32　宁波高发电子旋钮换挡器总成

2004 年，宁波高发开发了电子油门踏板并获得了国家专利授权；2005 年，企业被认定为浙江省高新技术企业，电子油门踏板获国家重点新产品。宁波高发目前已经成为线控油门的国内主要供应商，为埃安、吉利、上汽、比亚迪等品牌供应。

宁波高发表示，公司将紧随汽车"新四化"趋势，持续加大投入开发新产品，争取尽快在汽车电子、电控、电机和机电一体化产品方向上有所突破。据悉，宁波高发的汽车电子换挡器正在逐步放量，已经批量供应吉利汽车、长城汽车、理想、威马、上汽通用五菱等主机厂，随着汽车电子换挡器市场渗透率的提升，预计该产品销量有望继续增长。

六、 未来展望

在世界生态环境问题日趋严重的背景下，新能源汽车的发展受到了广泛关注和支持，成为全球汽车产业转型升级的重要方向，世界各国也都相继出台政策保障新能源汽车的快速发展。与此同时，智能化也逐渐成为汽车的重要发展趋势，各国政府都积极营造自动驾驶的政策法规环境，在保证自动驾驶系统合法性的同时，也将促进自动驾驶产业的发展。在新能源汽车和智能网联汽车加速发展的趋势下，汽车底盘技术作为支撑汽车电动化、智能化发展的关键核心技术之一，其技术领域必然会发生深刻变革，传统的机械、液压或气动等形式的汽车底盘将会不断向线控底盘、智能底盘的方向转变。需求端方面，用户对汽车安全、舒适和个性化等方面的需求不断升级，线控底盘可实现更高效的响应速度和更舒适的消费者体验；供给端方面，整车厂具备降低成本、缩短开发周期和布局智能驾驶的内在驱动力，能够加速线控底盘的搭载应用。线控底盘具有响应速度快、控制精度高、能够实现更高的能量回收和满足高级别智能驾驶性能要求等特点，作为未来高阶自动驾驶的执行端，其技术创新发展至关重要，同时其研发所面临的技术难题和挑战也必须高度重视并不断攻克。

线控底盘主要包括了线控制动、线控转向、线控换挡、线控悬架、线控油门5个子系统，几个子系统发展的历程不同，各自的技术成熟度和市场渗透率不同，其中线控油门、线控换挡渗透率已有一定规模，线控油门的技术发展已经基本成熟，线控悬架技术相对成熟，整体竞争格局由外资厂商主导，而线控制动和线控转向系统是面向自动驾驶最为核心的产品，是未来发展的关键技术，技术难度相对较高，因此目前技术成熟度和渗透率都较低，未来将会处于蓬勃发展时期。线控制动系统目前已经处于大规模渗透前夜，线控制动市场将迎来快速增长，并且我国国内零部件供应商也有突出技术有望占到市场优势；线控转向随着智能驾驶级别的逐步进阶，也有希望实现渗透率的快速提升，实现商业化并优先应用于高端车型，在不断推进技术水平的同时我国相关企业要尽快占领市场优势。

美国、德国、日本作为世界汽车强国，在底盘领域的技术创新成果均较为突出，特别是日本的几家汽车企业针对线控底盘技术的专利创新成果质量非常高，而德国的线控制动相关技术也具有强大的技术基础和领先优势。从目前国内的研究现状来看，我国专利和论文均以高校和科研院所科研产出为主，无论是论文发表数量还是专利申请数量都位居世界第一，但是国内车企的研究成果数量和质量短时间内仍无法与美国、德国、日本等国家的老牌车企抗衡，而且目前看来线控底盘的技术创新优势掌握在许多国内初创企业手中。因此，今后宏观层面及时把握技术发展动向和趋势，制定相关政策法规继续支持新能源汽车和智能网联汽车的发展，不断加强产学研深度融合，加快实现科技成果转化；微观层面新兴的创新型汽车零部件企业要不断发挥技术创新优势，尽快抢占技术高地，抓牢发展机遇，制定合理的技术路线，提升自主创新水平，摆脱"卡脖子"困境，在线控底盘赛场上尽快找到属于自己的赛道。

参考文献

［1］刘建铭，刘建勇，张发忠. 新能源汽车智能驾驶线控底盘技术应用研究［J］. 时代汽车，2022（3）：101－103.

［2］王灏. 智能线控底盘新蓝海［J］. 汽车纵横，2022（7）：64－68.

［3］魏青，杨建森，李飞. 新一代线控底盘集成控制策略研究［J］. 汽车技术，2017（3）：1－7.

［4］郑雪芹. 线控底盘是未来发展趋势［J］. 汽车纵横，2021（11）：80－83.

［5］甄文媛. 聚焦线控底盘领域，舍弗勒发力智能化新赛道［J］. 汽车纵横，2022（9）：66－69.

［6］魏岚. 杨中平：大力发展线控底盘是汽车新生态建设重要一环［J］. 智能网联汽车，2022（4）：70－71.

［7］段红艳，王建锋. 智能网联汽车底盘线控系统与控制技术［J］. 汽车实用技术，2022，47（17）：40－45.

［8］赵苗苗，陈志元，袁葭杰．基于纯电动客车自动驾驶线控底盘技术［J］．客车技术与研究，2020，42（6）：15－18．

［9］杨中平．抓住线控底盘战略发展机遇期［J］．汽车纵横，2022（10）：3．

［10］毛吉伟．新一代线控底盘集成控制策略研究［J］．建筑工程技术与设计，2017（14）：5000，257．

［11］黎冲森．余斌：长安汽车深谋线控底盘布局［J］．汽车纵横，2022（9）：42－46．

［12］罗宁延．智能网联背景下汽车底盘线控子系统及其集成的综述［J］．汽车实用技术，2021，46（4）：14－17．

［13］未来智库．汽车线控底盘行业深度报告：为自动驾驶奠基，线控底盘崛起［DB/OL］．（2022－05－18）［2022－08－01］．https://new.qq.com/rain/a/20220518A02D3D00．

［14］未来智库．汽车线控底盘行业研究：变革已至，国产替代进行时［DB/OL］．（2022－05－20）［2022－08－01］．https://new.qq.com/rain/a/20220520A07QRY00．

［15］新能源自动驾驶．万字解析智能网联汽车线控底盘技术［DB/OL］．（2022－01－16）［2022－08－05］．https://c.m.163.com/news/a/GTQ7FQFK05522TYQ.html．

［16］蜡笔小星．像开飞机一样操控汽车，线传操控系统［DB/OL］．（2017－10－19）［2022－08－05］．https://www.infineon－autoeco.com/BBS/Detail/1484#．

［17］未来智库．2022年汽车线控底盘行业研究报告为什么要重视线控底盘赛道［DB/OL］．（2022－07－15）［2022－10－02］．https://www.vzkoo.com/read/20220715324f97fab24c6dfd68725232.html．

［18］智驾最前沿．一文解读底盘线控的关键技术［DB/OL］．（2022－04－24）［2022－10－04］．https://new.qq.com/rain/a/20220424A01DMS00．

［19］商用车开发院试验部．面向自动驾驶的线控底盘系统及主要供应商名单［DB/OL］．（2019－02－15）［2022－10－04］．https://www.auto－testing.net/news/show－100493.html．

［20］中国汽车工程学会．智能底盘技术路线图框架［DB/OL］．（2021－10－24）［2022－10－05］．http://www.caev.org.cn/newslist/a4913.html．

［21］红色星际．无人驾驶政策比较：中国最投入，美国最灵活，德国最激进，英法最懒散！［DB/OL］．（2021－03－03）［2022－10－06］．https://www.sohu.com/a/453783797_121030653．